权威·前沿·原创

皮书系列为

“十二五”“十三五”“十四五”时期国家重点出版物出版专项规划项目

智库成果出版与传播平台

中国可持续发展评价报告
（2024）

EVALUATION REPORT ON THE SUSTAINABLE DEVELOPMENT OF CHINA (2024)

中国国际经济交流中心
组织编写／美国哥伦比亚大学地球研究院
联想集团
大道应对气候变化促进中心

社会科学文献出版社
SOCIAL SCIENCES ACADEMIC PRESS (CHINA)

图书在版编目(CIP)数据

中国可持续发展评价报告 . 2024 / 中国国际经济交流中心等组织编写 . --北京：社会科学文献出版社，2024. 11. --（可持续发展蓝皮书）. -- ISBN 978-7-5228-4366-7

Ⅰ . X22

中国国家版本馆 CIP 数据核字第 20241JZ143 号

可持续发展蓝皮书

中国可持续发展评价报告（2024）

组织编写 / 中国国际经济交流中心 美国哥伦比亚大学地球研究院 联想集团
大道应对气候变化促进中心

主　　编 / 刘向东 郭 栋 王 军 陈 妍

出 版 人 / 冀祥德

责任编辑 / 陈 颖

责任印制 / 王京美

出　　版 / 社会科学文献出版社 · 皮书分社（010）59367127
地址：北京市北三环中路甲 29 号院华龙大厦 邮编：100029
网址：www. ssap. com. cn

发　　行 / 社会科学文献出版社（010）59367028

印　　装 / 三河市东方印刷有限公司

规　　格 / 开 本：787mm × 1092mm 1/16
印 张：23. 75 字 数：358 千字

版　　次 / 2024 年 11 月第 1 版 2024 年 11 月第 1 次印刷

书　　号 / ISBN 978-7-5228-4366-7

定　　价 / 168. 00 元

读者服务电话：4008918866

丛书编委会

Drew Reetz　美国哥伦比亚大学政治和社会学研究助理

苏筱雅　中央财经大学外国语学院研究助理

Kayden Hansong　美国霍瑞斯曼学校见习研究助理

飞利浦公司：

张丹丹　飞利浦大中华区公共事务负责人

田璐璐　飞利浦大中华区政府事务部高级经理

《财经》杂志社：

邹碧颖　《财经》区域经济与产业科技研究院研究员

张　舸　《财经》区域经济与产业科技研究院副研究员

张明丽　《财经》区域经济与产业科技研究院助理研究员

孙颖妮　《财经》区域经济与产业科技研究院助理研究员

主编简介

刘向东　中国国际经济交流中心科研信息部副部长（主持工作），研究员。毕业于北京大学光华管理学院，获管理学博士学位。主要研究方向为宏观经济、产业政策、可持续发展。开展重大课题或咨询项目研究分析工作40余项，主持并参与国家发改委、中财办、中宣部等交办的任务20余项，撰写内参稿件60余篇，10余篇内参或上报件获得国家领导同志重要批示。公开发表期刊论文合计60余篇，出版专著1部《从量变到质变：中国经济的现代化理路》（入选2020年经典中国国际出版工程项目，第二十三届输出版优秀图书），合著《当前中日政经关系问题研究》《“十四五”时期中国经济发展新动力与宏观调控体系研究》《服务构建新发展格局　高质量推进制造业数字化转型研究》，参与编写《中国可持续发展评价报告》（2018~2023）等。

郭　栋　哥伦比亚大学可持续发展政策与管理研究中心副主任、教授，纽约亚洲协会政策研究所研究员。讲授微观经济学、可持续指标、气候风险与场景分析、可持续城市等课程。主要研究方向为可持续企业管理、可持续城市政策及评价、可持续金融。曾任哥伦比亚大学地球研究院研究员、中国项目主任、国际与公共事务学院客座教授、专业研究学院高级招生顾问等职。在中国曾任上海财经大学特聘教授（讲授可持续金融学）、上海国际金融与经济研究院特聘研究员、河南大学讲席教授等，并在清华大学、北京大学等学校授课。领导设计了城市可持续发展绩效评价系统，评估中国110座大中城市的可持续发展水平。连续多年主编《中国可持续发展评价报告》，合著《金融生态-金融如何助力可持续发展》《可持续城市》等书，分别由中国金融出版社及中信出版集团在中国翻译出版。获哥伦比亚大学经济与教育学博士学位、哥伦比亚大学国际与公共事务学院公共管理硕士学位、伦敦大学学院经济学学士学位，获亚洲协会授予的亚洲青年领袖等称号。

王　军　华泰资产管理有限公司首席经济学家，中国首席经济学家论坛理事，研究员，博士。曾供职于中共中央政策研究室，任处长；曾任中国国际经济交流中心信息部部长；曾任中原银行首席经济学家。研究方向为宏观经济理论与政策、金融改革与发展、可持续发展等。先后在《人民日报》《光明日报》《经济日报》《中国金融》《中国财政》《瞭望》等国家级报刊上发表学术论文300余篇，已出版《中国经济发展“新常态”初探》《抉择：中国经济转型之路》《打造中国经济升级版》《资产价格泡沫及预警》等10余部学术著作，多次获省部级科研成果奖。作为主要组织者和参与者，共主持完成深改办、中财办、中研室、国研室、国家发改委、财政部、商务部、外交部、国开行、博鳌亚洲论坛秘书处等部委及机构委托的重点研究课题40余项。

陈　妍　中国国际经济交流中心科研信息部副部长、研究员。毕业于中国人民大学人口、资源与环境经济学专业，获经济学博士学位。主要研究方向为绿色低碳转型、区域协调发展。参与完成中央财办、国家发改委、财政部、工业和信息化部等部门及地方政府委托的研究课题约40项。作为主要负责人，围绕碳达峰碳中和、绿色低碳转型、重大区域战略等主题，完成国家部委委托研究课题10余项。撰写相关内参报告60余篇，多篇内参获得国家和省部级领导同志肯定性批示。直接参与国家政策文件起草、前期研究和第三方评估等工作10余次。获得省部级科研成果奖励3次。合作出版著作7部，在核心期刊、重要报刊公开发表文章80余篇。

摘　要

中国共产党第二十次全国代表大会确立了以中国式现代化全面推进中华民族伟大复兴的中心任务。中国式现代化有着鲜明的中国特色和时代特征，是进一步推进可持续发展的根本遵循。可持续发展是经济、社会和环境三个系统相互关联和统筹兼顾的发展。其中，经济可持续发展是可持续发展的核心要义，社会可持续发展是可持续发展的根本目的，环境可持续发展是可持续发展的应有之义。中国推进经济、社会、环境可持续发展，将为推进全球可持续发展和落实全球发展倡议作出重要贡献。

本年度可持续发展评价仍沿用《中国可持续发展评价报告（2021）》构建的“中国可持续发展指标体系（CSDIS）”及各指标的权重分配，从全国、省（区、市）和城市层面分别开展可持续发展综合评价和分类评价。从综合评价结果看，中国可持续发展综合指数从2017年度的57.1攀升至2024年度的84.4，累计增幅达到47.8%，连续7年呈现稳步增长。分年度看，综合指数增速个别年份有所放缓，多数年份增速在5%以上。总体来看，东部地区可持续发展综合排名较高，有8个省（区、市）跻身前十位，西部和中部地区各有1个省（区、市）进入前列。中国城市可持续发展水平在持续提升，综合能力较强的城市均位于中国经济最活跃的地区。未来，应以高质量发展为引领推动经济可持续发展，以完善公共服务为抓手推动社会可持续发展，以经济社会绿色转型为核心推动环境可持续发展，加强经济、社会和环境发展三者协同，统筹兼顾，着力推进可持续发展的现代化。

本研究还分析了阿塞拜疆巴库、印度德里、日本东京、澳大利亚悉尼、美国旧金山、挪威奥斯陆、南非开普敦、埃及开罗以及俄罗斯莫斯科 9 座国际大都市的可持续发展政策与成果，并与中国城市的可持续发展水平进行了横向比较。同时，围绕可持续发展全球实践、中国碳市场建设、ESG 投资、绿色金融等主题做了专题研究，对河南、上海及成都等地，以及联想、飞利浦公司的可持续发展实践进行了总结分析。

关键词： 中国式现代化　可持续发展　高质量发展

目　录

Ⅰ　总报告

Ⅱ　专家视角

Ⅲ 分报告

Ⅳ 专题篇

Ⅴ 案例篇

Ⅵ　国际借鉴篇

皮书数据库阅读**使用指南**

总报告

B.1 2024年度中国可持续发展评价报告

中国国际经济交流中心课题组*

摘　要： 当前和今后一个时期是以中国式现代化全面推进强国建设、民族复兴伟业的关键时期。中国式现代化具有鲜明的中国特色和时代特征，实现高质量发展、实现全体人民共同富裕、促进人与自然和谐共生等是中国式现代化的本质要求，也为中国进一步推进可持续发展目标提出了更高要求和根本遵循。中国始终积极参与落实全球可持续发展目标，加强经济、社会和环境系统协同发展，致力于探索建设经济高质量发展、社会和谐富裕、人与自

* 课题组成员：王一鸣，中国国际经济交流中心副理事长、学术委员会主任，研究员，博士，主要研究方向为发展战略和规划、宏观经济和政策、科技创新和产业发展；陈妍，中国国际经济交流中心科研信息部副部长，研究员，博士，主要研究方向为绿色低碳转型、区域协调发展；刘向东，中国国际经济交流中心科研信息部副部长（主持工作），研究员，博士，主要研究方向为宏观经济、产业政策、可持续发展；郭栋，美国哥伦比亚大学可持续发展政策与管理研究中心副主任，教授，博士，主要研究方向为可持续企业管理、可持续城市政策及评价、可持续金融；刘梦，中国国际经济交流中心科研信息部助理研究员，博士，主要研究方向为能源和环境经济；翟羽佳，中国国际经济交流中心助理研究员，主要研究方向为创新战略、可持续发展；王佳，中国国家开放大学研究实习员，主要研究方向为统计学、可持续发展、教育管理。

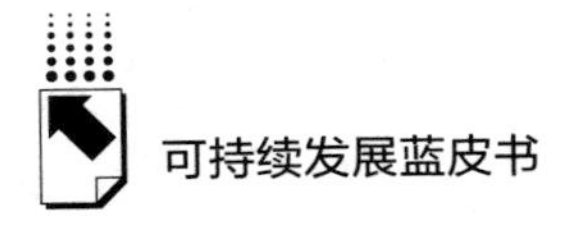

然和谐共生的现代文明新形态。本报告延续《中国可持续发展评价报告（2021年）》构建的“中国可持续发展指标体系”（CSDIS），分别对全国、省（区、市）和城市的可持续发展水平进行评价，并具体展示经济、社会和环境三个层面可持续发展成效及存在的短板弱项。未来，应以高质量发展为引领推动经济可持续发展，以完善公共服务为基础推动社会可持续发展，以经济社会绿色转型为核心推动环境可持续发展，统筹兼顾，着力推进可持续发展的现代化。

关键词： 中国式现代化　可持续发展　高质量发展

一　中国式现代化是可持续发展的现代化

中国共产党第二十次全国代表大会确立了以中国式现代化全面推进中华民族伟大复兴的中心任务，对推进中国式现代化作出战略部署。中国式现代化，是人口规模巨大的现代化，是全体人民共同富裕的现代化，是物质文明和精神文明相协调的现代化，是人与自然和谐共生的现代化，是走和平发展道路的现代化。这些鲜明特色和时代特征决定了推进可持续发展，既是中国式现代化的目标，也是实现路径，中国式现代化是可持续发展的现代化。

（一）可持续发展与新发展理念一脉相承，体现了中国式现代化的本质要求

可持续发展成为全球共识和共同话语，始于20世纪60年代人们环境保护意识的觉醒。1992年，联合国通过《21世纪议程》，使得可持续发展概念成为全球共识；2000年，联合国发布可持续发展目标和指标，被称为“千年发展目标”；2015年，联合国成立70周年之际，发布《变革我们的世界：2030年可持续发展议程》（以下称“2030年议程”），明确了新的全球可持续发展目标，由17个总体目标和169个具体目标组成。

当前，落实“2030年议程”是全球发展领域的核心工作。中国始终是联合国可持续发展的重要支持者，于1994年发布《中国21世纪议程》，将可持续发展纳入国家战略；高度重视落实“2030年议程”，自2016年起，持续发布立场文件和国别方案等，为推动全球可持续发展贡献中国智慧和中国方案。

无论是联合国《21世纪议程》还是“2030年议程”，始终将可持续发展的构成要件和内涵范畴明确为经济、社会和环境三个系统的可持续发展，以及三者的相互关联和统筹兼顾。中国在联合国发展目标框架下，结合自身国情，系统确立可持续发展目标要求，并推进具体实践。

2015年中国共产党第十八届五中全会提出“创新、协调、绿色、开放、共享”的新发展理念。在新发展理念中，创新、协调、开放是经济可持续发展的核心要求，绿色和共享则体现了人与自然、人与社会和谐的发展理念。可以说，新发展理念是可持续发展中国实践的高度凝练，体现了中国适应新发展阶段要求、对发展理念的一次全新升级。党的二十大又进一步提出中国式现代化的本质要求，包括实现高质量发展，实现全体人民共同富裕，促进人与自然和谐共生等，明确了坚定不移走生产发展、生活富裕、生态良好的文明发展道路，实现中华民族永续发展。这些新理念对加强经济、社会、环境三个系统的统筹协调提出了新要求。中国推进经济、社会、环境可持续发展，将不断丰富中国式现代化的内涵，也将为丰富全球可持续发展实践作出贡献。

（二）经济可持续发展是可持续发展的核心要义

经济可持续是实现可持续发展目标的物质保障。中国改革开放40多年取得的巨大发展成就，充分证明发展是解决中国一切问题的基础和关键。在全球发展倡议中，我国也提出发展是解决全球性挑战的重要基础，是人类社会的永恒追求，要坚定不移走发展优先的道路。可持续发展从来不是不发展或慢发展，而是不超出生态环境承载能力的发展，是充分考虑代际公平、和谐均衡的发展。经济可持续发展可为社会和环境的可持续发展提供重要物质保障，有助于推动社会和环境可持续目标的实现。

经济可持续发展的时代要求和实现路径是高质量发展。高质量发展是全面建设社会主义现代化国家的首要任务，是新时代的硬道理。进入新时代，中国社会主要矛盾已经转化为人民日益增长的美好生活需要和不平衡不充分的发展之间的矛盾。人民日益增长的美好生活需要更加立体全面，除了物质水平的提升，还有精神需求的满足，以及对更加优美的生态环境、更高品质的生活环境的期待。当下发展目标已经从主要解决“有没有”转向着力解决“好不好”。在这样的时代背景下，中国进一步明确了经济发展的新方位，即高质量发展。高质量发展既是中国式现代化的本质要求，也是推进中国式现代化的路径选择，是经济形态更高级、分工更优化、结构更合理的发展，也是经济可持续发展新的表现形式和根本要求。

经济可持续发展成效体现在实现经济质的有效提升和量的合理增长上。当前中国经济发展中的矛盾问题仍集中体现在发展质量上。新时代对经济可持续发展的评价，要与高质量发展要求相适应。一方面，要保持合理经济增速。中国已经明确了到 2035 年基本实现社会主义现代化的宏伟目标，要求人均 GDP 达到中等发达国家水平，这就要确保经济增速保持在一定水平之上。经济发展中，量的合理增长是基础和保障，没有合理的增速，经济可持续发展难以实现。经济社会运行中的矛盾问题只有在合理的经济增长支撑下，才能以较低成本得到解决。一旦经济增速大幅下滑，会引发各类矛盾风险集中爆发，可持续发展也无从谈起。另一方面，要通过质的有效提升，为经济增长提供更可持续的动能。其中，创新是高质量发展的第一动力，创新能力是评价一个国家或地区经济可持续发展能力和潜力最重要的指标。通过创新驱动，支撑传统产业转型升级和战略性新兴产业发展，形成结构更加合理的现代化产业体系，也是评价经济可持续发展能力的关键考量。协调是高质量发展的内生特点，城乡区域融合发展可为高质量发展培育新的动力源，协调发展水平也是对经济可持续发展的有效评价。开放是高质量发展的必由之路，体现了中国式现代化的鲜明特征，开放能力和水平始终是评判经济发展的关键标准。

（三）社会可持续发展是可持续发展的根本目的

社会可持续发展既是发展的目标也是发展的保障。中国式现代化是全体人民共同富裕的现代化，坚持把实现人民对美好生活的向往作为现代化建设的出发点和落脚点，坚持发展为了人民、发展依靠人民、发展成果由人民共享，坚决防止两极分化，正是中国式现代化区别于西方现代化的本质特征之一，也必将推动构建一个可持续发展的社会。和谐稳定、公平正义、共同富裕的社会，本身就是高质量发展成效的最好体现。社会可持续发展是经济和环境可持续发展的重要保障。一个动荡的、充斥着风险的社会，无法实现发展，也无法形成保护生态环境的长远共识。人们对于社会稳定和公平的预期，也对经济发展有决定性影响。

社会可持续发展成效体现在增进民生福祉、促进人的全面发展、实现共同富裕的稳步推进上。三者高度统一，体现了以人民为中心的发展思想。社会可持续发展要求以实现共同富裕和促进人的全面发展为目的，在发展中保障和改善民生，提高公共服务水平，增强基本公共服务的均衡性和可持续性。具体而言，对民生福祉的评价应关注对就业、收入分配、教育、医疗、住房、养老等民生问题的解决，建立起完善的基本公共服务体系，体现民生保障的普惠性、基础性、兜底性；以收入水平、教育水平和预期寿命等基础性指标，作为对人的全面发展的基本评价；以城乡之间在人均收入、基础设施、基本公共服务水平等方面差距缩小，作为对共同富裕目标实现程度的评价标准。

（四）环境可持续发展是可持续发展的应有之义

环境可持续发展是可持续发展的狭义内涵。可持续发展是既可以满足当代人的需要，又不对后代人满足其需要的能力构成危害的发展。这一概念的提出就源于呼吁人们关注经济发展造成的环境污染和生态破坏。起初的可持续发展是从环境保护的视角倡导尊重自然、敬畏自然、保护自然，尊重自然规律和发展规律，倡导发展和保护并重。目前，应对全球气候变化成为广泛

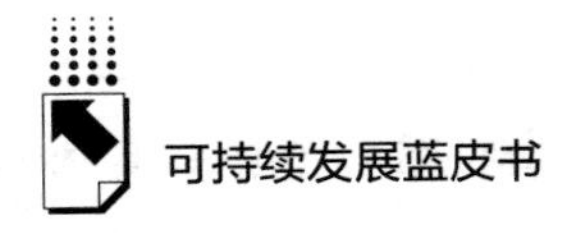

国际共识和共同行动，进一步提升了环境可持续发展的重要性和影响力。随着全球可持续发展实践深入推进，人们越来越意识到经济、社会的可持续发展水平同样是可持续发展不可或缺的重要评价标准。“2030 年议程”中的 17 个总体目标和 169 个具体目标涵盖了对经济、社会、环境三方面可持续的目标要求，只有三者统筹推进，才能实现更高水平的可持续发展。

环境可持续发展是经济和社会发展的新动能。绿色发展是最可持续的发展动能，良好的生态环境是最普惠的民生福祉。我国进入高质量发展新阶段，绿色发展是高质量发展的底色。当前我国正在全力推动经济社会发展全面绿色转型，加快发展绿色生产力，全面深入探索绿水青山就是金山银山、高质量发展和高水平保护相协同的现实路径和中国方案，将为中国式现代化提供强劲的绿色发展新动能。同时，环境可持续发展要求把经济活动限制在自然资源和生态环境承载范围内，通过维护良好的生态环境，提供丰富的绿色产品，充分保障人民健康，满足人民对美好生活的向往和对优美生态环境的期待，同时也为子孙后代留下足够的发展空间，实现发展公平和代际公平。

环境可持续发展的成效体现在降碳、减污、扩绿、增长协同推进上。环境可持续发展首先要有良好的环境质量和稳定的生态功能，包括空气、水体和土壤质量等。同时，在推动经济社会发展全面绿色转型中，实现经济增长与能源资源消耗、碳排放和污染物排放逐步脱钩，消耗和排放强度下降意味着发展的质量效益得到了有效提升。绿色产业规模也是可持续发展的重要评价标准，包括绿色产品的生产和消费、绿色投资、绿色技术研发应用等，充分体现绿色发展对新质生产力和新兴产业的持续推动。

二　2024年度中国可持续发展评价

《中国可持续发展评价报告（2021）》构建了“中国可持续发展指标体系”（CSDIS），该体系的设计过程经过多轮分析验证，数据分析方法、框架设定、数据合成、加权策略、评分方法具有科学性和可操作性（具体请参考 2021 年报告），最终形成的可持续发展指标体系数据连续完整，指标构建具有全面性和可比性，同时兼具内在一致性。本次评价仍沿用该指标体系以及各指标的权重分配，以确保评估结果纵向可比较。2024 年度中国可持续发展评价仍然从全国、省（区、市）和城市层面展开，以 2022 年的统计数据为基础①，开展可持续发展综合评价和分类评价，进行年度对比。

（一）中国国家可持续发展评价

中国国家可持续发展指标体系由 5 个一级指标、25 个二级指标和 53 个三级指标构成（见表 1），基于统计年鉴、统计公报等公开数据，计算得出可持续发展综合指数和各分项指数，并与 2017 年至今的连续评价结果进行了比较分析。由于部分初始指标数据缺失，在实际计算中只采用了 47 个初始指标，6 个未纳入计算的指标在表 1 中用“ * ”标识。不同指标的量纲不同，故在得到初始指标之后，对指标值进行了标准化处理（详见本报告 B6）。

表 1　中国可持续发展指标体系及权重

一级指标（权重%）	二级指标	三级指标	单位	权重（%）	序号
经济发展（25）	创新驱动	科技进步贡献率	%	2.08	1
		R&D 经费投入占 GDP 比重	%	2.08	2
		万人有效发明专利拥有量	件	2.08	3
	结构优化	高技术产业主营业务收入占工业增加值比重	%	3.13	4
		数字经济核心产业增加值占 GDP 比重*	%	0.00	5
		信息产业增加值占 GDP 比重	%	3.13	6

① 当年开展的评价是以上一年度公布的统计年鉴中的数据为依据（数据发布通常有一年半到两年的滞后期，例如 2024 年度报告的评价是基于 2023 年底至 2024 年初发布的 2023 年统计年鉴中的数据，而 2023 年年鉴呈现的是 2022 年的数据）。

续表

一级指标（权重%）	二级指标	三级指标	单位	权重（%）	序号
经济发展（25）	稳定增长	GDP 增长率	%	2.08	7
		全员劳动生产率	元/人	2.08	8
		劳动适龄人口占总人口比重	%	2.08	9
	开放发展	人均实际利用外资额	美元	3.13	10
		人均进出口总额	美元	3.13	11
社会民生（15）	教育文化	教育支出占 GDP 比重	%	1.25	12
		劳动人口平均受教育年限	年	1.25	13
		万人公共文化机构数	个	1.25	14
	社会保障	基本社会保障覆盖率	%	1.88	15
		人均社会保障和就业支出	元	1.88	16
	卫生健康	人口平均预期寿命	岁	0.94	17
		人均政府卫生支出	元	0.94	18
		甲、乙类法定报告传染病总发病率	%	0.94	19
		每千人口拥有卫生技术人员数	人	0.94	20
	均等程度	贫困发生率	%	1.25	21
		城乡居民可支配收入比	—	1.25	22
		基尼系数	—	1.25	23
资源环境（10）	国土资源	人均碳汇*	吨二氧化碳	0.00	24
		人均森林面积	公顷/万人	0.83	25
		人均耕地面积	公顷/万人	0.83	26
		人均湿地面积	公顷/万人	0.83	27
		人均草原面积	公顷/万人	0.83	28
	水环境	人均水资源量	立方米	1.67	29
		全国河流流域一二三类水质断面占比	%	1.67	30
	大气环境	地级及以上城市空气质量达标天数比例	%	3.33	31
	生物多样性	生物多样性指数*	—	0.00	32
消耗排放（25）	土地消耗	单位建设用地面积二三产业增加值	万元/公里^2	4.17	33
	水消耗	单位工业增加值水耗	米^3/万元	4.17	34
	能源消耗	单位 GDP 能耗	吨标煤/万元	4.17	35
	主要污染物排放	单位 GDP 化学需氧量排放	吨/万元	1.04	36
		单位 GDP 氨氮排放	吨/万元	1.04	37
		单位 GDP 二氧化硫排放	吨/万元	1.04	38
		单位 GDP 氮氧化物排放	吨/万元	1.04	39

续表

一级指标（权重%）	二级指标	三级指标	单位	权重（%）	序号
消耗排放（25）	工业危险废物产生量	单位 GDP 危险废物产生量	吨/万元	4.17	40
	温室气体排放	单位 GDP 二氧化碳排放	吨/万元	2.08	41
		非化石能源占一次能源比重	%	2.08	42
治理保护（25）	治理投入	生态建设投入占 GDP 比重*	%	0.00	43
		财政性节能环保支出占 GDP 比重	%	2.08	44
		环境污染治理投资占固定资产投资比重	%	2.08	45
	废水利用率	再生水利用率*	%	0.00	46
		城市污水处理率	%	4.17	47
	固体废物处理	一般工业固体废物综合利用率	%	4.17	48
	危险废物处理	危险废物处置率	%	4.17	49
	废气处理	废气处理率*	%	0.00	50
	垃圾处理	生活垃圾无害化处理率	%	4.17	51
	减少温室气体排放	碳排放强度年下降率	%	2.08	52
		能源强度年下降率	%	2.08	53

中国可持续发展水平不断提高。过去几十年，中国持续保持高速经济增长，成功让数亿人口摆脱了贫困，全面普及了九年义务教育，大幅提高了医疗服务质量和可及性，人民生活水平得到显著提高，在生态环境保护和基础设施建设方面取得了重要进展，为全球可持续发展作出了重要贡献。中国可持续发展综合指数从 2017 年度的 57.1 攀升至 2024 年度的 84.4（见图 1），累计增幅达到47.8%，连续 7 年呈现稳步增长。分年度看，综合指数增速除 2019 年有所放缓外，其余年份增速均在 5%以上，体现了中国可持续发展工作的良好成效。

从分项评价结果看，经济发展、社会民生、资源环境、消耗排放和治理保护五个单项指数总体保持上升态势。经济发展、社会民生和消耗排放三项指数保持了不断上升态势，资源环境和治理保护两项指数总体保持上升，但

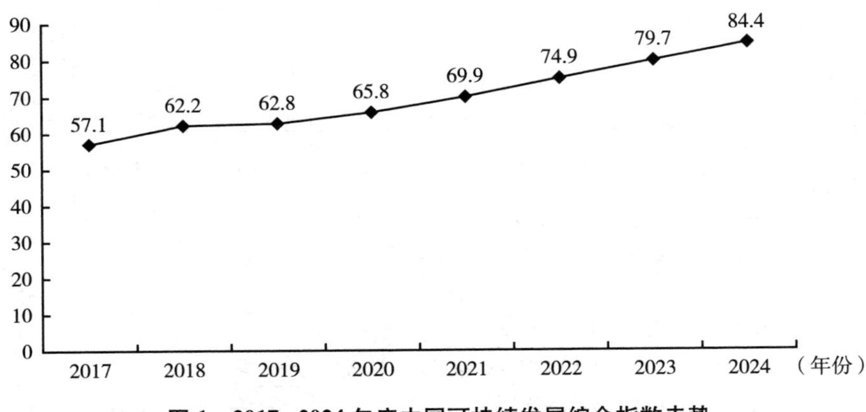

图 1　2017~2024 年度中国可持续发展综合指数走势

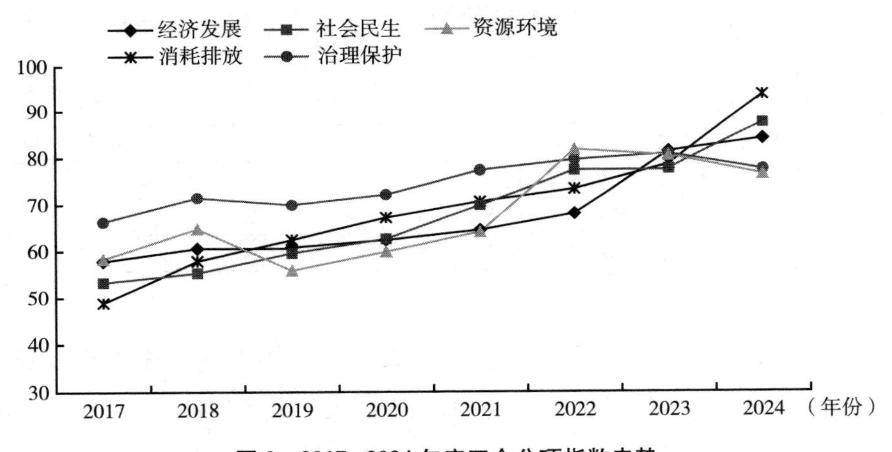

图 2　2017~2024 年度五个分项指数走势

近期增速有所下降（见图 2）。具体而言，2024 年度经济发展单项指数为 83.9，同比增长 3.3%，较 2017 年提高了 45%；社会民生单项指数为 87.4，同比增长 12.8%，较 2017 年提高了 63.8%；消耗排放单项指数为 93.6，同比增长 19.4%，较 2017 年增长 91.4%。资源环境和治理保护两项指数分别在 2022 年和 2023 年度达到峰值，2024 年均出现了一定幅度下降。其中，资源环境单项指数 2024 年度为 76.3，同比下降 4.9%，较 2022 年度峰值下降 6.4%；治理保护单项指数 2024 年度为 77.3，较 2023 年度峰值下降 4.1%。

经济实现稳中有进的合理增长。经济发展指数从2017年度的57.8提升至2024年度的83.9，年均增幅为5.5%，较2023年度增长3.3%。虽受疫情冲击和外部压力影响，中国经济在这一年实际增速仍达到3%，高于全球主要经济体，同时进出口贸易保持平稳增长，物价和就业保持平稳。从二级指标项看，“创新驱动”、“结构优化”和“开放发展”三项均保持稳步增长，反映了中国经济发展质量得到有效提升。其中，“创新驱动”在四项指标中增速最快，2024年度该指标达到95.0，从2017年度以来年均增速达到11.3%。原因在于，中国科技创新投入持续增长。这一年，中国研发（R&D）经费支出突破3万亿元，同比增长10.4%。世界知识产权组织发布的《2024年全球创新指数报告》显示，在全球130多个经济体中，中国创新力排名居第11位。在创新驱动发展战略推动下，“结构优化”指标实现稳步增长，2024年该指标同比增长0.9%，高技术产业得以迅速发展，规模以上高技术制造业、装备制造业增加值同比增长7.4%、5.6%。近年来，中国坚持对外开放基本国策，推动高水平对外开放，“开放发展”指标2024年度上升至95.0，同比增长了10%。相比而言，2024年度“稳定增长”相关指标出现小幅下滑。

社会民生得到持续改善。社会民生指数2024年度攀升至七年来的最高点87.4，同比增长12.8%，自2017年度以来年均增速达到7.3%。近年来，中国持续推进社会事业进步，提高公共服务水平，民生福祉得到持续改善，人民群众的获得感、幸福感、安全感不断增强。从二级指标项看，“教育文化”“社会保障”“卫生健康”和“均等程度”四个指标总体保持上升态势。卫生健康指标增长较快，2024年度该指标达到95.0，同比增长15.9%，年均增长11.3%，反映了中国卫生健康领域投入不断增加，医疗卫生资源提质扩容，卫生服务体系不断健全。这一年，中国卫生人员总数比上年增加了42.5万人，医疗卫生机构增加近2000个，医疗卫生机构床位数量同比增长3.2%。中国持续改善民生福祉，社会保障指标升至95.0，同比增长4.7%，年均增速为11.3%。同时，教育文化和均等程度指标也实现同比增长，2017年度以来两项指标年均增速分别达到3.5%和

4.0%。

资源环境状态稳定。2024年度，资源环境指数为76.3，同比下降4.9%，主要源于人均湿地面积、水资源等指标值有所下滑。2017年度以来，该项指数走势有所起伏，但总体呈现趋势性上升，年均增速约为3.9%。从二级指标项看，2024年度，“国土资源”“水环境”“大气环境”三项指标均出现不同程度下滑。具体而言，国土资源指标跌至68.6，同比下降0.7%，自2017年度以来年均降幅约为1.7%，主要源于人均湿地、草原等面积的下滑。水环境和大气环境指标2024年度也出现了下降，但自2017年度以来的年均增速分别为4.2%和10.5%，反映了中国生态环境质量持续改善，环境安全形势基本稳定。

能源资源消耗和相关排放控制取得积极成效。消耗排放指数实现了快速增长，2024年度达到93.6，同比增长19.4%，2017年度以来年均增长率达到9.7%，2项增幅均在5个分项指数里最高。主要因为中国政府高度重视推进节能减排工作，并出台多项政策控制污染物和温室气体排放，包括实施能源消费强度和总量双控制度、主要污染物排放总量控制制度等。从二级指标项看，2024年度，土地消耗、水消耗、能源消耗、主要污染物排放、工业危险废物产生量和温室气体排放6项指标均实现了快速增长，除主要污染物排放指标升至86.7以外，其余5项指标值均升至95.0，体现节能减排工作取得了实质性进展。

环境治理效果整体向好。2024年度，治理保护指数下降至77.3，同比下降了4.1%，主要源于治理投入减少和能耗强度下降率走低；从趋势上看，自2017年度以来治理保护指数年均增长2.2%，反映了中国生态环境治理能力和治理水平不断提升。从二级指标项看，治理投入和减少温室气体排放两项指标有所下滑。具体而言，治理投入指标降至56.3，同比下降了11.6%，其原因可能在于经济增速放缓情况下，部分地区环境治理资金筹集困难，投入力度有所减小。同时，减少温室气体排放指标降至54.2，同比下降25.1%，其原因在于能源保供稳价形势下，煤炭等化石能源需求不断加大。

（二）省（区、市）可持续发展评价

中国省（区、市）可持续发展指标体系由 5 个一级指标、25 个二级指标和 53 个三级指标构成（见表 2）。按照这一指标评价体系，课题组对中国 30 个省区市可持续发展情况进行综合测度（因数据缺乏，西藏自治区及港澳台地区未被选为研究对象）。

表 2　中国省（区、市）级可持续发展评价指标体系及权重

一级指标（权重%）	二级指标	三级指标	单位	权重（%）	序号
经济发展（25）	创新驱动	科技进步贡献率*	%	0.00	1
		R&D 经费投入占 GDP 比重	%	3.75	2
		万人有效发明专利拥有量	件	3.75	3
	结构优化	高技术产业主营业务收入占工业增加值比重	%	2.50	4
		数字经济核心产业增加值占 GDP 比重*	%	0.00	5
		电子商务额占 GDP 比重	%	2.50	6
	稳定增长	GDP 增长率	%	2.08	7
		全员劳动生产率	元/人	2.08	8
		劳动适龄人口占总人口比重	%	2.08	9
	开放发展	人均实际利用外资额	美元	3.13	10
		人均进出口总额	美元	3.13	11
社会民生（15）	教育文化	教育支出占 GDP 比重	%	1.25	12
		劳动人口平均受教育年限	年	1.25	13
		万人公共文化机构数	个	1.25	14
	社会保障	基本社会保障覆盖率	%	1.875	15
		人均社会保障和就业支出	元	1.875	16
	卫生健康	人口平均预期寿命*	岁	0.00	17
		人均政府卫生支出	元	1.25	18
		甲、乙类法定报告传染病总发病率	%	1.25	19
		每千人口拥有卫生技术人员数	人	1.25	20
	均等程度	贫困发生率	%	1.875	21
		城乡居民可支配收入比		1.875	22
		基尼系数*		0.00	23

续表

一级指标（权重%）	二级指标	三级指标	单位	权重（%）	序号
资源环境（10）	国土资源	人均碳汇*	吨二氧化碳	0.00	24
		林地覆盖率	%	0.83	25
		耕地覆盖率	%	0.83	26
		湿地覆盖率	%	0.83	27
		草原覆盖率	%	0.83	28
	水环境	人均水资源量	立方米	1.67	29
		全国河流流域一二三类水质断面占比	%	1.67	30
	大气环境	地级及以上城市空气质量达标天数比例	%	3.33	31
	生物多样性	生物多样性指数*		0.00	32
消耗排放（25）	土地消耗	单位建设用地面积二三产业增加值	万元/公里^2	4.17	33
	水消耗	单位工业增加值水耗	米^3/万元	4.17	34
	能源消耗	单位 GDP 能耗	吨标煤/万元	4.17	35
	主要污染物排放	单位 GDP 化学需氧量排放	吨/万元	1.04	36
		单位 GDP 氨氮排放	吨/万元	1.04	37
		单位 GDP 二氧化硫排放	吨/万元	1.04	38
		单位 GDP 氮氧化物排放	吨/万元	1.04	39
	工业危险废物产生量	单位 GDP 危险废物产生量	吨/万元	4.17	40
	温室气体排放	单位 GDP 二氧化碳排放*	吨/万元	0.00	41
		非化石能源占一次能源消费比重	%	4.17	42
治理保护（25）	治理投入	生态建设投入占 GDP 比重*	%	0.00	43
		财政性节能环保支出占 GDP 比重	%	2.50	44
		环境污染治理投资占固定资产投资比重	%	2.50	45
	废水利用率	再生水利用率*	%	0.00	46
		城市污水处理率	%	5.00	47
	固体废物处理	一般工业固体废物综合利用率	%	5.00	48
	危险废物处理	危险废物处置率	%	5.00	49
	废气处理	废气处理率*	%	0.00	50
	垃圾处理	生活垃圾无害化处理率	%	2.50	51
	减少温室气体排放	碳排放强度年下降率*	%	0.00	52
		能源强度年下降率	%	2.50	53

*：指未纳入计算体系。

总体来看，东部地区[①]可持续发展综合排名较高，有8个省（市）跻身前十位，北京市和上海市持续保持领先地位，西部和中部地区各有1个省（市）进入前列，东北地区发展相对较弱（见表3）。

表3　2024年度头部省（市）可持续发展综合评估得分

单位：分

省份	总得分	省份	总得分
北京	81.43	天津	72.26
上海	77.75	福建	71.74
广东	72.77	江苏	70.43
重庆	72.50	海南	69.92
浙江	72.48	湖南	69.33

整体来看，中国各省（区、市）间可持续发展较均衡的省份数量少，发展不均衡问题较为突出（见图3），尤其是资源环境与经济发展之间的不协调较为明显，将资源优势转化为经济优势的有效路径尚在探索中。

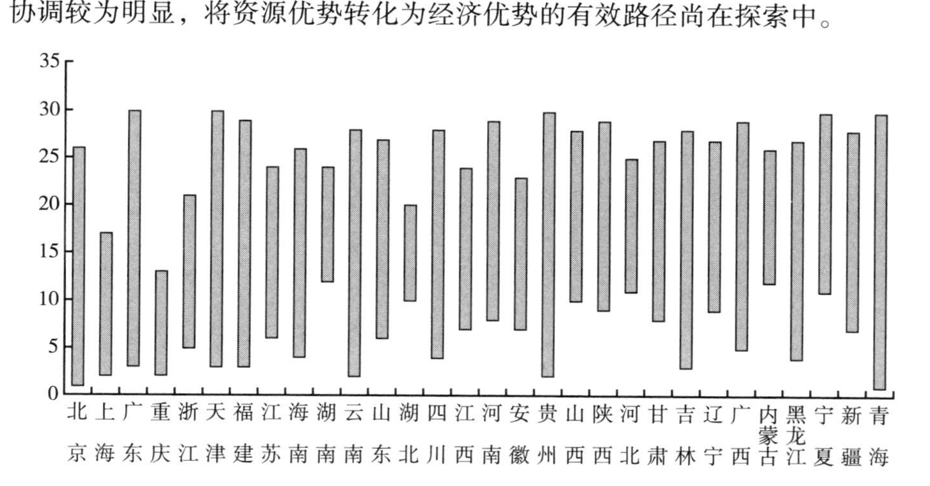

图3　2024年度各省（区、市）可持续发展均衡程度

① 统计中所涉及东部、中部、西部和东北地区的具体划分为：东部10省（市）包括北京、天津、河北、上海、江苏、浙江、福建、山东、广东和海南；中部6省包括山西、安徽、江西、河南、湖北和湖南；西部11省（区、市）包括内蒙古、广西、重庆、四川、贵州、云南、陕西、甘肃、青海、宁夏和新疆；东北3省包括辽宁、吉林和黑龙江。

（三）重点城市可持续发展评价

中国城市可持续发展指标体系，基于经济发展、社会民生、资源环境、消耗排放、环境治理五大领域，由 5 个类别、24 个分项指标构成（见表 4）。本次评估选取中国 110 个大中型城市，对城市可持续发展情况进行综合测度。

表 4　中国城市可持续发展指标体系与权重

单位：%

类别	序号	指标	权重
经济发展（21.66）	1	人均 GDP	7.21
	2	第三产业增加值占 GDP 比重	4.85
	3	城镇登记失业率	3.64
	4	财政性科学技术支出占 GDP 比重	3.92
	5	GDP 增长率	2.04
社会民生（31.45）	6	房价-人均 GDP 比	4.91
	7	每千人拥有卫生技术人员数	5.74
	8	每千人医疗卫生机构床位数	4.99
	9	人均社会保障和就业财政支出	3.92
	10	中小学师生人数比	4.13
	11	人均城市道路面积+高峰拥堵延时指数	3.27
	12	0~14 岁常住人口占比	4.49
资源环境（15.05）	13	人均水资源量	4.54
	14	每万人城市绿地面积	6.24
	15	年均 AQI 指数	4.27
消耗排放（23.78）	16	单位 GDP 水耗	7.22
	17	单位 GDP 能耗	4.88
	18	单位二三产业增加值占建成区面积	5.78
	19	单位工业总产值二氧化硫排放量	3.61
	20	单位工业总产值废水排放量	2.29
环境治理（8.06）	21	污水处理厂集中处理率	2.34
	22	财政性节能环保支出占 GDP 比重	2.61
	23	一般工业固体废物综合利用率	2.16
	24	生活垃圾无害化处理率	0.95

2024 年度，从城市可持续发展综合得分看，珠海、青岛、杭州、广州、北京、上海、南京、无锡、长沙、合肥等城市可持续发展水平较高，均位于中国经济最活跃的地区，这些经济发达城市的可持续发展综合水平依然较高（见表 5）。总的来看，虽然各指标间的城市排位存在一定波动，但中国城市整体可持续发展水平在平稳提升。

表 5　2024 年中国头部城市可持续发展综合评估得分

单位：分

城市	综合得分	城市	综合得分
珠海	87.40	上海	82.19
青岛	85.78	南京	81.63
杭州	84.38	无锡	80.24
广州	82.61	长沙	79.90
北京	82.54	合肥	79.51

从各城市五大类一级指标来看，在“经济发展”方面，本年度经济发展质量领先的城市与上年度大致相同，从各城市经济发展方面的排名来看，中国东部地区城市经济发展总体上表现依旧最佳，经济发展排名比较靠前的城市大部分是长三角和珠三角地区的城市。在“社会民生”方面，本年度社会民生保障方面排名领先的城市分布比较广泛，社会民生领域领先的城市均不是经济发展质量领先的城市，表明城市的经济发展与社会民生发展存在严重的不平衡、不协调。在“资源环境”方面，本年度生态环境领先城市的主要特点是城市自然资源丰富、生态环境良好。在“消耗排放”方面，本年度消耗排放领先的城市与上年相比基本相同，但是指标排名稍有变化，消耗排放表现突出的城市均属于经济较为发达的城市，且各单项指标排名比较均衡，排位都相对靠前，表明经济发展较好的城市更加重视资源的高效利用和绿色发展。在“环境治理”方面，本年度领先的城市与上年相比变化不大，近年来环境治理领先城市都是以自然环境较好的地区和中部治理投入较多的城市为主，随着经济社会发展全面绿色转型，城市环境治理能力将快速提高。

三　走向未来的中国可持续发展

中国坚持推进可持续发展工作，可持续发展综合指数稳步提升，为全球可持续发展贡献中国力量和中国方案。但当前仍面临经济、社会和环境三个系统协同难度较大，经济发展成就仍未转化成可持续发展的保障，地区间可持续发展能力水平仍有较大差距，绿水青山转化为金山银山的现实路径还有待探索等问题。未来，仍需以高质量的经济发展、全体人民共同富裕的社会、人与自然和谐共生为目标，统筹推进可持续发展的现代化。

（一）以高质量发展为引领推动经济可持续发展

未来的中国经济可持续发展将以高质量发展为根本着力点，实现经济质的有效提升和量的合理增长，坚持以科技创新为引领，建设现代化产业体系，持续推进高水平对外开放。

1. 着力增强国家创新能力

党的二十届三中全会提出“教育、科技、人才是中国式现代化的基础性、战略性支撑”，中国将统筹好教育、科技、人才资源，“三位一体”协同推进科技创新，全面提升国家创新能力和科技水平。强化高质量教育体系建设，集中优势资源建设高水平世界一流大学和一流学科，加强基础学科建设，推进高水平教育开放。强化国家战略科技力量建设，健全支持基础研究和原始创新的体制机制，实现关键核心技术攻关和前瞻性颠覆性技术突破。强化国家战略人才力量建设，建设高水平创新人才队伍，完善海外引进人才支持保障机制，提升对海外高技术人才的吸引力。

2. 着力建设现代化产业体系

坚持以科技创新引领现代化产业体系建设，围绕产业发展全局和产业创新重大需求有针对性地部署创新资源，建设产业科技创新平台、中试和应用验证平台等，加大产业技术攻关力度，塑造更多依托前沿颠覆性技术的新产业形态，支撑现代化产业体系构建。抓住新一轮科技革命和产业变革的新机遇，加快前沿技术研发与产业化应用，培育壮大新能源、生物技术、新材料、高端装备、绿色环保等战略性新兴产业，前瞻布局人工智能、人形机器人、下一代互联网、量子信息、生物制造等一批未来产业新领域新赛道。加快制造业数字化、智能化、绿色化转型，推动传统产业塑造发展新优势。

3. 着力推进高水平对外开放

以开放促改革、促发展、促创新，是中国经济发展的宝贵经验。目前中国参与国际合作面临越来越多的困难阻力，但中国坚持对外开放，推动国际合作的决心和力度不会减弱。中国将有序推进国内改革，逐步实现规则、规制、管理、标准与国际相通相容，稳步扩大制度型开放。深化服务业扩大开放，培育数字贸易新业态新模式，构建与国际高标准规则相衔接的制度体系和监管体系。营造一流营商环境，依法保护外商投资权益，缩减外资准入负面清单，推动电信、互联网、教育、文件、医疗等领域有序扩大开放，持续推进高水平的对外开放。

（二）以优化公共服务为基础推动社会可持续发展

未来的中国社会可持续发展将始终以实现全体人民共同富裕为宗旨，以公共服务能力水平提升为基础保障，构建更加完备的就业及社会保障体系，实现区域城乡间基本公共服务均等化，全面加强社会治理能力建设。

1. 着力完善就业和社会保障体系

完善就业公共服务体系，加强对高校毕业生等重点群体的全方位就业支持和保障，关注和支持新的就业形态发展。发挥创业带动就业效应，降低创业门槛，为创业提供更宽松的环境，搭建创业就业服务平台。逐步完善基本养老、基本医疗保险制度，完成基本养老保险全国统筹，鼓励商业保险有序发展。建立多支柱养老保险制度，持续推进个人养老金试点，持续完善基本制度体系，加大鼓励支持力度，加快扩大第三支柱规模，形成对第一支柱的有效补充。扩大养老保险参保范围，大幅提升灵活就业人员、农民工等群体参加养老保险比例。建立优质高效的医疗卫生服务体系，强化重大疾病防治和基本公共卫生服务，助力健康中国建设。

2. 着力推进基本公共服务均等化

推动城乡基本公共服务制度一体化，全面统筹城乡基本公共服务制度体系，加强科学管理，补齐基层短板。提升公共服务管理水平，以国家基本公共服务标准为基准，实现基本公共服务提供质量的规范化，确保人们公平可及地获得大致均等的基本公共服务。对于基本公共服务盲区，由政府提供兜底保障。加强教育资源合理配置，推进学校建设标准化、城乡教育一体化，保障落后地区的教育机会公平。改善基层医疗服务条件，推动优质医疗资源向基层下沉，提高医疗服务可及性和质量。

3. 着力提升社会治理能力

支持社会组织发展，降低登记门槛，拓展发展空间，扩大其承接政府职能和获取政府购买公共服务范围，鼓励社会组织提供多层次多样化特色服务。大力发展枢纽型社会组织和公益慈善类社会组织，培育社会工作者队伍。建立有效协调机制，防范化解社会矛盾和安全隐患，发挥人大、政协、人民团体、社会组织和大众传媒的社会利益表达功能，引导群众积极有效、依法理性地表达诉求和主张权益。将群众利益贯穿到科学民主依法决策全过程，在决策环节中引入群众权益评估机制，从源头上减少社会矛盾风险点。

（三）以经济社会绿色转型为核心推动环境可持续发展

未来的中国环境可持续发展，将坚持减污与降碳同步推进，以高品质生态环境支撑高质量发展，构建经济高质量发展和生态环境高水平保护相协同的长效发展机制。

1. 着力推进经济社会全面绿色转型

中国已全面推进经济社会发展绿色化、低碳化，将绿色转型融入经济社会发展全局。基于地区和行业发展实际，探索绿色低碳转型的不同模式和路径，打造不同形态的绿色低碳发展高地，建设美丽中国先行区。积极推进传统高耗能制造业加快用能方式、技术工艺等绿色低碳转型，建设绿色低碳产业链供应链。优化产业布局和结构调整，鼓励高载能产业向可再生能源资源丰富地区转移。积极支持绿色低碳新兴产业，培育经济新动能。以新型能源体系建设推进能源结构优化，推动化石能源与新能源融合发展，加强煤炭对新能源发展的支撑调节，加快提升可再生能源消费占比。坚持能源消费增长合理适度，重点控制煤炭消费。

2. 着力构建绿色价值实现机制

充分发挥市场在资源配置中的决定性作用，推动绿色价值核算和市场化交易。完善全国碳排放权交易市场机制。打造多层次全国碳市场格局，加快将重点行业逐步纳入强制性碳减排市场的进程，科学核定各重点行业碳排放配额，构建完善配额分配机制。发挥温室气体自愿减排市场（CCER）作为强制性碳市场有益补充的作用，丰富产品类型，吸引更多交易主体。逐步扩大交易主体范围，适时允许个人投资者和境外合格投资者参与碳市场交易。加强与国际碳市场衔接。持续探索绿水青山转化为金山银山的实现路径，推进生态产业化和产业生态化，提升生态产品生产能力和完善价值实现机制。鼓励探索自然资源资产价值核算机制。完善生态保护补偿机制，鼓励区际建立横向生态补偿机制，提升生态系统碳汇能力。

3. 着力健全绿色低碳发展保障体系

强化财政资金对于新动能的引导和培育，奖补资金进一步向绿色产业、绿色基建和绿色低碳技术等领域和方向倾斜。大力发展绿色金融，引导推动绿色投资和消费。完善价格机制，继续推进实施差别化的电价、水价等价格激励政策，实施分行业的强制性能耗限额标准；建立全国统一电力市场体系，推动绿色电力及绿色电力证书交易。系统构建国家碳排放统计核算制度，完善碳排放核算的科学方法和明确标准，强化碳排放核算的数据基础。加快建立与国际标准接轨的产品碳足迹管理体系和产品碳标识认证制度。

参考文献

王一鸣：《新形势下的科技创新战略和以科技创新引领现代化产业体系建设的路

径》，《全球化》2024 年第 1 期。

王一鸣：《坚持把高质量发展作为新时代的硬道理》，《人民政协报》2024 年 1 月 22 日。

王一鸣：《科学把握推动高质量发展的着力点》，《光明日报》2022 年 12 月 6 日。

孙金龙、黄润秋：《新时代新征程建设人与自然和谐共生现代化的根本遵循》，《人民日报》2023 年 8 月 1 日。

中国国际发展知识中心：《中国落实 2030 年可持续发展议程进展报告（2023）》，2023 年 9 月。

专家视角

B.2 中国迈向碳中和的绿色转型：进程和展望

王一鸣*

摘　要： 全球应对气候变化紧迫性不断上升，中国推进实现“双碳”目标为全球应对气候变化作出重要贡献。作为一个正在推进现代化进程的超大规模经济体，绿色转型已成为中国式现代化的重要内涵，需在经济增长目标和碳中和目标的双重约束下寻求最优路径，最重要的是推进能源、工业、交通、建筑领域绿色转型。在这个过程中，发挥绿色金融的作用不可或缺。中国的绿色转型对全球碳中和有重要影响，加强国际合作有助于推动建设全球气候治理体系。

关键词： 气候变化　“双碳”目标　碳中和　绿色转型

* 王一鸣，中国国际经济交流中心副理事长、学术委员会主任，研究员，博士，主要研究方向为发展战略和规划、宏观经济和政策、科技创新和产业发展。

气候变化是人类面临的重大而紧迫的全球性挑战。实现“双碳”目标，是中国向世界作出的庄严承诺，也是一场广泛而深刻的经济社会系统性变革。作为一个正在推进现代化进程的超大规模经济体，中国实现现代化目标既要保持较高经济增速，又要在2030年碳达峰后用30年时间实现碳中和目标，无论是从时间的紧迫性，还是从变革的系统性，中国走向碳中和都将面临更为复杂严峻的挑战，需要在经济增长目标和碳中和目标的双重约束下寻求最优路径，这本质上就是发展模式转型的过程，也就是要转向可持续发展的绿色发展模式。在这个进程中，需以碳中和目标为硬约束，推进能源体系、产业体系、交通体系、建筑体系和金融体系转型，以及生产方式、生活方式转变，并在全球碳中和进程中发挥更为重要的作用。

一　全球应对气候变化的紧迫性和中国加快推进实现“双碳”目标

（一）全球应对气候变化的紧迫性进一步上升

工业革命以来全球二氧化碳浓度已经超出正常范围，碳排放带来的气候变化造成频发的自然灾害，给人类社会带来日益严峻的挑战。根据联合国政府间气候变化专门委员会（IPCC）评估报告，如果全球变暖在未来几十年或更晚的时间内超过1.5℃，人类自身、自然系统、生物多样性都将面临额外的严重风险。中国气象局全球表面温度数据集分析表明，2023年全球平均温度为1850年有气象观测记录以来最高值，最近10年（2014~2023年）全球平均温度较工业化前水平（1850~1900年平均值）高出约1.2℃。2023年亚洲区域平均气温较常年值偏高0.92℃，为1901年以来第二高；2023年中国地表年平均气温较常年值偏高0.84℃，为1901年以来最暖年份[①]。

根据国际能源署（IEA）的数据，2023年全球二氧化碳排放量创下历史

① 中国气象局气候变化中心编著《中国气候变化蓝皮书（2024）》，科学出版社，2024。

新高，达到374亿吨，部分原因是全球水力发电因干旱而减少，导致化石燃料使用量大幅增加。国际货币基金组织曾强调指出，全世界必须在21世纪第二个十年结束前将温室气体排放量减少至少1/4，才能在2050年之前实现碳中和。要实现这一重大转变，将不可避免地带来短期经济成本上升，但与减缓气候变化的诸多长期收益相比，这些成本微不足道。

受全球气候变化加剧影响，近年来，世界各地高温热浪、陆冰融化、超强降水和严重干旱等极端气候事件频发。随着全球气温不断升高，极端气候事件将更加频繁，烈度不断加强，全球气候变化形势更趋严峻。同样，根据中国气象局的《中国气候变化蓝皮书（2024）》，中国极端高温和极端强降水事件也趋多趋强，而极端低温事件总体减少。联合国秘书长古特雷斯曾发出警告："我们踏上了通往气候地狱的高速公路，我们的脚踩在了油门上"①，人类必须有决心行动起来为应对气候变化而战。

（二）中国加快推进实现"双碳"目标

2020年9月22日，习近平总书记在第七十五届联合国大会宣布，中国力争2030年前二氧化碳排放达到峰值，努力争取2060年前实现碳中和，宣誓了中国应对气候变化和推动绿色转型的决心。自此之后，中国已将"双碳"目标纳入国家经济社会发展战略。在政策层面，制定了中长期温室气体排放控制战略，形成碳达峰碳中和"1+N"政策体系，编制实施国家适应气候变化战略。在行动层面，推进从能源消费总量和强度"双控"转向碳排放总量和强度"双控"，构建清洁低碳安全高效的能源体系，加快构建新型电力系统，完善碳排放统计核算制度，推进全国碳排放权交易市场建设，巩固提升生态系统碳汇能力等。

2023年，中国单位GDP二氧化碳排放量比2012年累计下降超过35%②，

---

① 古特雷斯：《地球正迅速接近气候变化临界点》，新华网，2022年11月8日，http://www.xinhuanet.com/2022-11/08/c_1129110846.htm。

② 《七十五载长歌奋进 赓续前行再奏华章——新中国75年经济社会发展成就系列报告之一》，国家统计局网站，2024年9月10日，https://www.stats.gov.cn/sj/sjjd/202409/t20240909_1956313.html。

天然气、水电、核电、新能源（风电、太阳能及其他能源）等清洁能源消费占能源消费总量比重从2012年的14.5%提高到2023年的26.4%，煤炭占能源消费总量比重从68.5%降至55.3%①；可再生能源发电总装机15.2亿千瓦，占全国发电总装机的比重达到52.0%，占全球可再生能源发电总装机近四成。其中，风电和太阳能发电装机分别达到4.4亿千瓦和6.1亿千瓦，总规模突破10亿千瓦②，均居世界第一。这些事实和数据表明，中国推进碳达峰碳中和行动坚定不移，取得的成效前所未有，为全球应对气候变化作出重要贡献。

作为一个正在推进现代化进程的超大规模经济体，中国推进的现代化以人与自然和谐共生为鲜明特征，以推进经济社会发展全面绿色转型为重要内涵，并更好地在经济增长目标与碳中和目标间实现平衡。中国的绿色转型以实现碳中和目标为硬约束条件，只有加快转向绿色发展模式，才能确保在迈向碳中和进程中实现现代化的既定目标。

二　推进绿色转型要把握好经济增长目标与碳中和目标间的平衡

中国宣布“双碳”目标的时间节点，恰逢中国完成第一个百年奋斗目标，即全面建成小康社会，并开启第二个百年奋斗目标，即全面建设社会主义现代化国家新征程。这意味着，中国推进现代化建设与实现“双碳”目标，不仅具有战略方向和目标的一致性，而且具有时间进度和节奏的同步性。走向未来，要在2030年基本实现社会主义现代化，在2050年建成社会主义现代化强国，中国需要保持较高的经济增速，不可能以降低增速为代价

① 中华人民共和国国务院新闻办公室：《中国的能源转型》，《人民日报》2024年8月30日，第14版。

② 《能源供给保障有力 节能降碳成效显著——新中国75年经济社会发展成就系列报告之十三》，国家统计局网站，2024年9月23日，https://www.stats.gov.cn/sj/sjjd/202409/t20240918_1956558.html。

实现碳中和目标。同样，中国也不可能按照传统发展方式去实现较高经济增速，否则就难以实现碳中和目标，唯一的选择就是较高增速与碳中和的组合，既要保持较高经济增速以实现现代化目标，又要加大减碳力度以实现碳中和目标，在这两个约束条件下寻求最优的路径。

（一）保持较高经济增速

党的二十大提出，我国到 2035 年人均国内生产总值达到中等发达国家水平。从世界银行划分标准看，发达经济体的门槛值为人均国民收入 2 万美元，发达经济体平均水平高达 4.8 万美元，剔除卢森堡、新加坡等体量偏小的经济体，人均 GDP 中位数也在 3.5 万美元。中国必须通过保持合理的经济增速迈过人均 GDP2 万美元的台阶，然后通过提高经济增长质量和改善经济基本面带动汇率提升，努力实现 2035 年人均 GDP3.5 万美元目标。这意味着 2020~2035 年人均 GDP 要翻一番，经济年均实际增速必须达到 4.8%。考虑到前高后低的因素，2020~2025 年经济年均增速应达到 5%左右，2026~2035 年达到 4%左右。中等发达国家水平是动态的，我们要达到的是 2035 年的中等发达国家水平，国内生产总值应保持比预期增速更快的速度增长，才能确保实现既定目标。

（二）加大减碳力度

党的二十大提出碳达峰后稳中有降的目标。过去十年，中国碳排放进入平台期，但总量仍有上升。根据 IEA 的数据，2023 年中国二氧化碳排放量达到 126 亿吨，仍为全球碳排放量最大国家，全球占比超过 30%。同时中国从碳达峰到碳中和仅有 30 年时间，而多数发达国家 20 世纪 90 年代就已达峰，到 2050 年实现碳中和尚有 60 年时间，这意味着中国面临的碳中和任务更为艰巨。

力争 2030 年前碳达峰，碳达峰后稳中有降，关键在于尽可能提前达峰。碳达峰，实际上是要把排放增量速度尽可能降下来并使之趋向于零。达峰后稳中有降，实际上是增量速度降为零后开始趋于下降的过程。从国际上碳排放轨迹来看，早期工业化国家在20世纪90年代甚至更早时期就实现了碳达峰，但达峰之后的碳排放下降速度十分缓慢。达峰后可能是一个平台期，并可能会出现波动，还可能出现多峰突起、波动下降。

中国可能会出现类似情况，最重要的是保持战略定力，坚持推进减碳进程。中国产业结构偏重、能源结构偏煤、能源效率偏低，给实现碳中和目标带来更多挑战。中国钢铁、有色金属、建材、石化、化工等高能耗产业比重偏高，2023年煤炭消费比重已下降到55.3%，但占比仍然较高。这就要求立足能源资源禀赋，坚持先立后破，对未来煤、电、油、气、新能源和可再生能源进行科学合理的战略部署，煤炭等传统能源逐步退出要建立在新能源安全可靠的替代基础上，加快规划建设新型能源体系，逐步提高风电、光伏、生物质发电等发电装机和发电量的比重，更好发挥零碳能源在能源保供增供方面的作用，创造条件尽早实现从能耗“双控”向碳排放总量和强度“双控”转变，确保实现“双碳”目标。

（三）加快推进绿色转型

把握好经济增长目标与碳中和目标间的平衡，在双重目标约束下寻求最优路径，本质上就是发展模式的转型过程，也就是要转向绿色发展模式。

绿色转型的关键是科技创新。从科学技术发展规律看，在技术没有取得突破性进展前，碳减排速度相对缓慢。在减排的平台期，技术的发展处于量变积累之中，但一旦量的积累转化为质变，技术发生革命性突破，碳排放便将进入快速下降通道。因此，要加强科技创新能力建设，加大低碳、零碳、负碳技术的研发和产业化投入，加快先进适用技术研发和推广应用，构建有利于碳中和的科技创新体制机制。

绿色转型降低传统产业沉没成本。中国工业化城镇化尚未完成，仍有不少产品和服务未达到需求峰值，加快推动绿色转型，有利于降低传统产业沉没成本。同时，加快推动物联网、大数据、人工智能技术向制造领域的广泛渗透，促进制造业高端化、智能化、绿色化发展，这既能推动传统产业减碳，又能降低绿色转型的重置成本。

绿色转型为经济增长注入新动力。绿色转型无疑将为中国创造发展高端零碳技术、零碳制造、零碳服务的巨大机遇，塑造具有国际竞争力的零碳科技和零碳产业。近年来，中国以风电、光伏发电为代表的新能源发展成效显著，装机规模稳居全球首位，发电量占比稳步提升，成本快速下降，已基本进入平价无补贴发展的新阶段；新能源汽车异军突起，年产量突破 1000 万辆。这些都有效对冲和抵补传统产业增长动力的衰竭，成为经济增长新引擎。

三　以碳中和为硬约束推进能源、工业、交通、建筑绿色转型

（一）能源领域绿色转型

化石能源是人类活动温室气体排放的主要来源。由于二氧化碳以外的其他温室气体的零排放更难实现，而通过森林碳汇、碳捕集利用与封存（CCUS）等实现碳中和的空间相对有限，因此，实现碳中和目标要以能源绿色转型为核心。

推进能源绿色转型，需要处理好与能源安全的关系。保障能源安全，短期内需充分利用既有能源供应能力，确保市场供需平衡，并有效应对市场经济条件下的价格波动和经济风险，中长期最重要的是能源资源的可靠保障和资源利用的可持续性。随着能源资源开发利用技术和经济条件的变化，特别是新能源技术迅速发展，中国能源资源禀赋条件正在发生变化。从传统能源视角看，中国能源资源的基本特点是“富煤缺油少气”，但从新能源视角看，中国风能、太阳能、生物质能等可再生能源是赋存最多的能源资源。中国石油、天然气等优质化石能源资源难以自给，长期依靠煤炭不可持续，但丰富的风能、太阳能、生物质能等可再生资源可以保障能源长期可持续供应，同时也可以逐步摆脱对化石能源的依赖。

中国风能、太阳能等可再生能源资源十分丰富。随着风能、太阳能开发

利用技术进步和经济条件的变化，风电、光伏发电成本大幅下降，已经可以平价上网，成本甚至低于火电。随着大规模储能系统成本迅速下降，大幅度降低稳定安全供电成本成为可能。从技术条件看，传统化石能源经过多年发展，已经进入技术成熟阶段，难以有重大技术突破，而可再生能源还处在技术发展前期，随着新技术不断涌现，大幅度提高能源效率和降低成本的空间还很大。以风电、光伏发电为主的非化石能源一次电力和终端用能高度电气化，将大幅度降低碳排放。

提高能源安全保障水平，要不断加快发展非化石能源，提高零碳能源供给能力。化石能源逐步退出须建立在可再生能源安全可靠替代的基础上，要控制化石能源规模扩张，尽可能用可再生能源替代化石能源。

推进碳中和要加快规划建设新型能源体系。这个体系以风电、光伏发电、生物质能发电为主要能源，构建源网荷储多能互补的零碳能源格局。目前，风电、光伏发电成本持续降低，市场竞争力逐步增强，未来除了少量工业生产仍然需要煤炭外，绝大多数用能场景都可以通过零碳能源来实现。生物质能可以固态、液态和气态等多种形态存在，发电更加稳定可控，开发和利用有巨大潜力，应成为零碳能源的重要组成部分。需要把生物质能纳入国家能源发展规划的总体战略，加大生物质能开发力度，使其与风电、光伏发电、水电等共同构成零碳能源体系。

建设以零碳能源为主体的新型能源体系，要构建新型零碳能源供应系统和重构终端能源消费系统。能源供给端逐渐转向发展零碳能源，用水电、太阳能、风能、生物质能和其他可再生能源替代煤炭、石油、天然气，能源消费端向高度电气化、数字化、智能化的绿色低碳模式转型。随着供应端零碳能源规模扩大，如果消费终端不能同步发展有利于消费零碳能源的电能替代，零碳能源就无用武之地。因此，需要加快在能源消费终端全面布局电能替代，提升电气化水平。在新型能源体系下，从非化石能源直接得到电力，实现终端用能高度电气化，大幅度简化用能过程。除生物质能源燃料外，绿氢成为重要二次能源，这将推动能源体系的系统性转变，并将大幅度提高能源利用效率。

电力系统零碳化是整个能源供应系统中碳中和的基础和主要路径。要推动电力体制改革，加快建设适应新能源占比逐渐提高的新型电力系统。推进适应能源结构转型的电力市场建设，有序推动新能源、储能、互动式有序用电的发展，实现电力系统稳定可靠安全运行。

（二）工业领域绿色转型

制定和实施煤炭、石油天然气、钢铁、有色、石化、化工、建材等传统产业碳达峰碳中和方案，确定各行业具体碳达峰时间和峰值范围，确定2030年碳排放增量控制目标，逐年降低排放增量。滚动更新行业能效标杆水平和基准水平，鼓励工业企业实施节能降碳改造、工艺革新和数字化转型，引导工业企业开展清洁能源替代，降低单位产品碳排放，逐步形成零碳能源消费模式。

抓住新一轮科技革命和产业变革机遇，促进数字技术与实体经济深度融合，推动大数据、物联网、人工智能等新一代信息技术在工业领域的广泛应用，加快产业数字化、智能化、绿色化转型，推动低碳用能技术、低碳生产工艺、低碳新型原材料及制造技术和工艺、高度电气化终端用能系统等技术创新。坚决遏制高耗能、高排放项目盲目发展，依法依规退出落后产能。

（三）交通领域绿色转型

优化交通运输结构，加快发展以铁路、水路为骨干的多式联运，协同推进交通出行的智能化、绿色化。推广节能低碳型交通工具，推行大容量电气化公共交通和电动、氢能等清洁能源交通工具。

推进新能源汽车与电网能量互动试点示范，促进电动车成为电力运行的储能系统和可调度储电电源。尽快实现电动车大规模有序充放电系统技术标准化，降低交通运输领域清洁能源用能成本。推进交通基础设施绿色化提升改造，开展多能融合交通供能场站建设，完善充换电、加氢、加气（LNG）站点布局及服务设施。

（四）建筑领域低碳转型

优化建筑用能结构，推动超低能耗建筑建设。加快既有建筑节能改造，提升建筑节能标准，健全建筑能耗限额管理制度。推动超低能耗建筑、低碳建筑规模化发展，发展先进建筑结构。

推广保温绝热、高效空气热交换、热泵、空气质量控制等技术，降低建筑物对采暖制冷等的能源需求。完善建筑可再生能源应用标准，提高可再生能源使用比例。鼓励光伏建筑一体化应用，支持利用太阳能、地热能和生物质能等建设可再生能源建筑供能系统。

四　绿色金融体系、碳交易市场和统计核算制度建设

（一）建设绿色金融体系

实现碳中和目标，需要在绿色转型、绿色技术领域进行大量投资。据有关方面测算，所需资金达到百万亿元人民币的量级。如此大规模的资金需求，政府资金只能覆盖一小部分，主要应引导调动社会资金参与。目前，中国已经形成以绿色贷款和绿色债券为主、多种绿色金融工具蓬勃发展的多层次绿色金融市场体系。

在绿色贷款和绿色债券方面，截至2023年末，中国绿色信贷余额已逾30.08万亿元人民币，位居世界第一。绿色债券存量规模约1.99万亿元人民币，位居世界第二。绿色证券方面，已建立上市公司环境信息披露制度，强化拟上市公司IPO的环境信息披露。绿色基金方面，主要投向可再生能源、环境保护与治理、节能减排和清洁技术、可持续农业等领域，有效推动了经济社会的绿色转型。建设绿色金融体系的主要举措包括如下。

一是完善绿色金融标准。完善绿色信贷、绿色债券、绿色基金等绿色金融标准，通过修订国内标准和加强国际合作，积极推动国内外绿色金融标准的趋同，便利国际投资者参与中国绿色金融市场。

二是加强环境信息披露。研究建立强制性的环境信息披露制度，明确披露标准，以确保碳排放数据真实准确，有效防范“漂绿”、资金套利、项目造假等风险。

三是完善政策激励约束体系。2021 年，中国人民银行设立碳减排支持工具和支持煤炭清洁高效利用专项再贷款两项货币政策工具，由人民银行按贷款本金的 60%提供一定期限的再贷款资金支持，利率为 1.75%，精准直达绿色低碳项目。同时，接受人民银行资金支持的金融机构，要对外披露发放碳减排贷款的余额、利率及相应碳减排效应等信息，并接受第三方独立机构的核查和社会监督。

四是提高环境和气候风险的分析和管理能力。跟踪分析环境气候风险对金融稳定的潜在影响，开展气候风险压力测试。中国人民银行于 2021 年构建气候风险压力测试框架，组织 19 家国内系统重要性银行开展了针对电力、钢铁、建材、有色金属、航空、石化、化工、造纸等八个重点排碳行业的碳成本敏感性压力测试。此外，还结合区域经济结构和转型政策，组织部分地区银行开展气候风险压力测试。

（二）建设碳交易市场

2021 年 7 月和 2024 年 1 月，先后启动了全国碳排放权交易市场和全国温室气体自愿减排交易市场，共同构成了全国碳市场体系。

碳排放权交易市场主要限于电力碳排放权交易，截至 2024 年 8 月底，累计成交量 4.76 亿吨、成交额达 279 亿元，碳价在每吨 90 元左右波动。2024 年《政府工作报告》要求，将水泥、钢铁、电解铝行业纳入全国碳排放权交易市场覆盖范围，有关部门制定了实施方案。如果把钢铁、水泥、电解铝等行业纳入市场，中国碳市场交易规模有望实现大幅提升。与此同时，全国温室气体自愿减排交易市场一经启动，就引起国内外各方的关注，充分显示了通过市场手段调动全社会积极参与降碳的有效性和重要性。

碳市场关键在合理定价，需要有明确的碳排放总量目标，而且在达到峰值后还要有每年的减排目标，进而形成碳市场的价格机制。这个总量在分配的时候，前期主要是免费配额，其后逐步削减免费配额，直至全部碳配额实现有偿分配，使碳价有效反映市场供需。碳价将通过碳市场推动工业、交通、建筑等领域变革，倒逼企业加大节能力度。碳排放指标也将成为影响企业融资成本、融资规模的重要评价指标，并促使金融机构加大对清洁能源的资产配置力度。发展碳市场会形成金融产品，包括金融衍生品和跨期产品，碳资产将通过金融手段实现其价值，进而形成碳金融市场。

完善碳排放权交易制度。2024 年 1 月，国务院正式颁布《碳排放权交易管理暂行条例》，形成了基本的制度架构。下一步，要构建由法规规章和技术规范等构成的全国碳排放权市场制度体系，建立健全碳排放权登记、交易、结算、企业温室气体排放核算报告核查等配套制度，完善相关交易规则和核算标准。加强对从业机构和重点排放企业监督管理，加强对企业碳排放报告编制的监督和审核，严厉打击弄虚作假和数据造假行为。

（三）完善碳排放统计核算制度

加强基础能力建设，建立涵盖国家、地方、企业、设施、产品等多层级碳排放统计核算体系，制定统一规范的碳排放统计核算体系实施方案，建立健全重点行业企业碳排放报告核查制度。定期编制和更新国家温室气体排放清单，逐步形成碳排放总量和强度发布机制。排放统计核算是管理和控制温室气体排放的基础。需建立碳排放普查制度，建设国家统一的碳排放管理信息系统。2024 年 5 月，14 个部委印发了《关于建立碳足迹管理体系的实施方案》，目前已经发布了产品碳足迹核算通则国家标准，为具体产品碳足迹核算标准制定创造了条件。

五　加强应对气候变化的国际合作

应对气候变化需要世界各国共同行动。中国的经济体量和排放规模，决定了其必将成为全球碳中和的重要参与者和建设者，推动建设全球气候治理体系。在多边框架下参与全球气候治理，是中国学习发达国家先进经验的重要机遇，也是为全球可持续发展贡献中国倡议和中国智慧、履行大国责任的历史机遇。中国通过二十国集团（G20）、央行与监管机构绿色金融网络（NGFS）、可持续金融国际平台（IPSF）等多个平台，参与全球气候变化治理，推动开展绿色金融、可持续金融议题并形成国际共识。

一是将绿色金融引入 G20 财金议程。2016 年，中国担任 G20 主席国，将绿色金融引入 G20 讨论，倡议设立由中国人民银行和英格兰银行共同主持的绿色金融研究小组，凝聚了国际绿色金融发展共识。

二是共同成立央行与监管机构绿色金融网络（NGFS）。2017 年 12 月，人民银行、英格兰银行、法国央行、新加坡金管局等八家机构共同发起成立央行与监管机构绿色金融网络（NGFS）。

三是可持续金融国际平台（IPSF）。2019 年，中国与欧盟等 8 个成员国联合发起可持续金融国际平台（IPSF）。中欧在 IPSF 下共同牵头成立了绿色分类术语工作组。近三年来，人民银行与欧方持续推动中欧绿色金融标准趋同，并于 2022 年 6 月更新了《可持续金融共同分类目录》。在最新一版目录中，中欧趋同率达到 80%。中国与国际标准的差异缩小，进一步促进绿色债券的境外市场发行，扩大中国绿色债券的规模和占比。多家国内外金融机构基于该目录发行、发放绿色债券和绿色贷款，得到市场高度认可。

四是牵头推进 G20 可持续金融工作。中国人民银行和美国财政部作为 G20 可持续金融工作组联席主席，于 2021 年牵头制定《G20 可持续金融路线图》，成为国际层面引导市场资金支持应对气候变化的重要指引。2022 年，人民银行牵头推动制定《G20 转型金融政策框架》，并在 2023 年 11 月的 G20 领导人巴厘岛峰会上通过，为各方建立转型金融体系提供了指引。

五是共同打造绿色“一带一路”。中国积极支持“一带一路”和发展中国家的低碳零碳发展和能力建设，助力“一带一路”国家绿色转型。2017 年，中国领导人倡议发起成立“一带一路”绿色发展国际联盟（BRIGC），推动“一带一路”绿色发展合作政策对话和沟通，推动绿色基础设施建设、绿色投资与贸易的发展。2019 年，中国财政部制定和发布了《“一带一路”债务可持续性分析框架》，为多边开发融资合作提供了重要的政策工具。

2019 年，在中国人民银行指导下，中国金融学会绿色金融专业委员会和伦敦金融城一道，联合多家中外金融机构共同发起《“一带一路”绿色投资原则》（GIP），帮助“一带一路”和发展中国家加强绿色金融能力建设，增强应对气候变化的能力。

六是积极参与多边机制。参与世界银行、亚洲基础设施投资银行、亚洲开发银行、新开发银行、全球环球基金、绿色气候基金等国际金融机构和机制合作，创新实践模式。

走向未来，全球气候变化治理体系建设将涉及更加广泛的议题，包括推动各方减碳和环境信息披露的基本方法及标准的国际趋同；消除环境贸易的非关税壁垒，参与碳中和贸易新规则制定和协调碳边境调节机制；协调国际碳定价机制，支持碳市场和抵销机制建设，连接跨境碳交易市场；建立具有韧性和适应性的全球系统，加强早期预警系统以及灾害风险的准备和应对等。中国将更加积极地参与国际规则制定进程，并将在全球气候变化治理体系建设中发挥重要作用。

参考文献

《中共中央国务院关于完整准确全面贯彻新发展理念做好碳达峰碳中和工作的意见》，《人民日报》2021 年 10 月 25 日。

中华人民共和国国务院：《2030 年前碳达峰行动方案》，《人民日报》2021 年 10 月 27 日。

中华人民共和国生态环境部：《中国应对气候变化的政策与行动 2023 年度报告》，2022 年 10 月。

朱民主编《范式变更——碳中和的长潮与大浪》，中译出版社，2023。

翁爽：《深刻认清碳中和核心路径及本质规律——专访中国社会科学院学部委员、国家气候变化专家委员会副主任潘家华》，《中国电力企业管理》2022 年第 8 期。

王一鸣：《中国碳达峰碳中和目标下的绿色低碳转型：战略与路径》，《全球化》2021 年第 6 期。

B.3

可持续发展与全球实践：从理念到行动的新路径

赵白鸽　李　博*

摘　要： 促进可持续发展，事关地球和全人类的前途命运，已成为全球共识。据联合国发布的《2024年可持续发展目标报告》，全球可持续发展取得相当成就，但也面临严峻挑战。在2030年期限即将到来之际，总结以往经验，探索可持续发展的新路径是当务之急。本文通过分析全球可持续发展面临的挑战与机遇，基于中国的成功实践，为可持续发展新路径的探索提供新思路。

关键词： 可持续发展　《2024年可持续发展目标报告》　高质量发展

一　处在历史十字路口的可持续发展

作为人类社会存续的必由之路，可持续发展已成为全球共同关注的焦点。距离巴黎协定提出的2030年期限已不足六年，在这承上启下的时刻，不仅要认真审视当前的发展进程，总结经验教训，更要持续探索可持续发展的新路径。

近年来，全球在推进可持续发展上取得显著成就。多国签署了《巴黎协定》，提交国家自主贡献计划，将适应气候变化的行动提上日程；全球可

* 赵白鸽，第十二届全国人大外事委员会副主任委员、蓝迪国际智库专家委员会主席；李博，蓝迪国际智库项目主管。

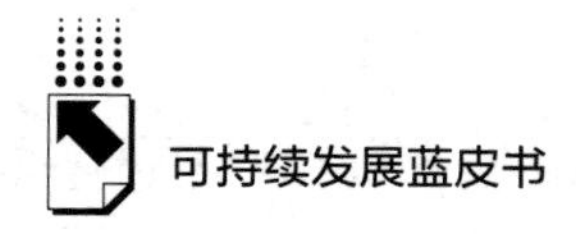

再生能源使用量迅速增长，太阳能、风能等清洁能源的装机容量不断刷新纪录，可再生能源领域的投资持续增加；相关国家立法和政策出台，绿色技术和绿色产业蓬勃发展，经济绿色转型加速；全球碳市场持续扩容，2023 年交易额达到 8810 亿欧元[①]，埃及、日本、印度尼西亚和中国台湾地区相继推出新的碳交易计划；推动实施了生物多样性保护计划，对生态系统的保护力度加大；国际社会在可持续发展方面的合作也日益增强，包括资金、技术和知识的共享。种种成就展示了各国在实现可持续发展目标上的决心和作出的努力，但可持续发展目标的实现不是一蹴而就的，依然任重而道远。

《2024 年可持续发展目标报告》指出，可持续发展目标中仅有 17%的目标目前进展顺利，近一半的目标进展甚微，超过 1/3 的目标停滞不前或出现倒退，进程不及预期。据欧盟哥白尼气候变化服务中心最新数据，截至 2024 年 6 月，过去 12 个月的平均气温创下了有记录以来的最高值，比工业化前平均气温高出 1.64℃，未达成巴黎协定提出的“将全球气温上升限制在不超过工业化前水平 1.5℃的范围内”目标。除日益加剧的气候危机外，饥饿、健康、生物多样性、污染、资源及和平社会等目标也在逐渐偏离正轨。

作为全球最大的发展中国家，中国一直是可持续发展坚定的支持者、参与者和实践者，为构建全球发展共同体作出巨大的贡献。中共二十届三中全会再次强调：“中国式现代化是人与自然和谐共生的现代化。必须完善生态文明制度体系，协同推进降碳、减污、扩绿、增长，积极应对气候变化，加快完善落实绿水青山就是金山银山理念的体制机制。要完善生态文明基础体制，健全生态环境治理体系，健全绿色低碳发展机制。”近年来，中国在贫困减少、环境治理、科技创新、健康与教育等领域取得了举世瞩目的成就；但城乡发展差异、资源分配失衡、环境污染等复杂挑战依然存在。

2030 年期限即将到来，可持续发展走到了历史的十字路口。面对全球发展赤字，各国应紧密合作，共同识别当前仍面临的挑战和机遇，积极探索实现可持续发展新路径。

---

① 伦敦证券交易所集团（LSEG）2024 年 2 月 20 日发布的《2023 年碳市场年度回顾》。

二　可持续发展迎来最后冲刺，挑战与机遇共存

可持续发展主题的全球“大考”即将收卷，中国的发展模式为人类实现可持续发展提供了新的思路。2023 年 9 月，中国国际发展知识中心发布《全球发展报告 2023》；同年 12 月，国务院发展研究中心发布《中国发展报告 2023》，与其他国家分享成功经验，以实际行动为全球可持续发展贡献智慧与力量。

（一）中国实践贡献的成功经验

国际上，中国积极开展国际合作与援助。国际合作方面，多个绿色项目落地共建“一带一路”国家，涉及可再生能源、生态基础设施建设、绿色交通系统、可持续金融、先进技术以及生态工业园区等，这些项目显著增强了参与国家的绿色发展能力；据生态环境部数据，截至 2023 年，中国已与 40 个发展中国家签署 48 份气候变化南南合作谅解备忘录，通过共同建设低碳示范区和实施减少温室气体排放及适应气候变化等各类项目，为其他发展中国家提供实质性支持。在区域合作上，启动中非应对气候变化 3 年行动计划专项；计划启动“非洲光带”项目，将利用中国光伏产业优势，帮助解决非洲地区贫困家庭用电照明问题。在国际援助上，据国家国际发展合作署的数据，截至 2024 年，中国已向 30 多个国家实施了 800 多个紧急人道主义援助项目。世界银行最新研究指出，预计到 2030 年，共建“一带一路”倡议有望帮助全球 760 万人摆脱极端贫困、3200 万人摆脱中度贫困。这都体现了中国的大国担当，以及对于全球可持续发展议程的承诺。

在国内，积极提出并落实应对气候变化国家战略。加入《巴黎协定》以来，中国攻坚克难，用一系列战略、措施和具体行动，在气候治理领域取得显著成效：提出“3060”双碳目标，搭建“1+N”政策体系，推动新能源产业发展，建立全国碳排放权交易市场，推动绿色低碳经济发展，促进高排放行业绿色转型，鼓励绿色技术创新等。据国家发改委数据，2012~2023

年，我国单位 GDP 能耗下降 26. 8%，单位 GDP 二氧化碳排放下降超 35%；建成全球最大、最完整和最具竞争力的清洁能源产业链，2023 年可再生能源装机规模突破 15 亿千瓦，历史性超过煤电装机；建成全球温室气体排放规模最大的碳市场，鼓励碳汇开发；新能源汽车产销量连续 9 年位居全球第一，2023 年销量占全球近 65%，市场占有率达到 31. 6%；此外，在 CCUS、环境监测与治理等技术领域都取得重要突破。

中国实践的成功经验不仅大力推进全球的可持续发展进程，也为其他国家和地区提供经验，为可持续发展新路径的探索提供中国思路。

（二）可持续发展面临的挑战

在肯定已取得成就的同时，需意识到可持续发展的道路并非一帆风顺，当前仍面临挑战；动荡的国际局势，严峻的气候危机、日益加剧的发展不平衡以及具体措施难以落实等都阻碍着可持续目标的推进。

一是动荡的国际局势。据联合国报告，2022~2023 年，武装冲突中的平民伤亡人数激增 72%。此外，2024 年是全球的超级大选年，换届后政府的政策选择和承诺履行将对全球气候治理的走向产生重要影响。地缘政治局势紧张和贸易关系的复杂化也对全球贸易和经济发展构成威胁。除政治和经济外，紧张的国际局势还对环境、能源和粮食安全产生了负面影响。

二是气候危机依然严峻。气候危机是可持续发展面临的最大挑战之一，当前已有 36 亿人生活在高度易受气候变化影响的地区，并对不同地区居民的健康产生差异化的影响（见图 1）。2024 年世界经济论坛指出，到 2050 年，气候变化可能导致全球范围内额外 1450 万人死亡，并造成 12. 5 万亿美元的经济损失。除自然灾害外，气候变化对气候敏感传染病和慢性非传染性疾病，以及精神心理健康等的威胁正在增加。世界卫生组织（WHO）指出，2030~2050 年，全球气候变化可能导致每年增加大约 25 万人因营养不良、疟疾、腹泻和热压力而死亡。此外，预计到 2030 年，气候变化在医疗卫生领域造成的成本将达到每年 20 亿~40 亿美元。

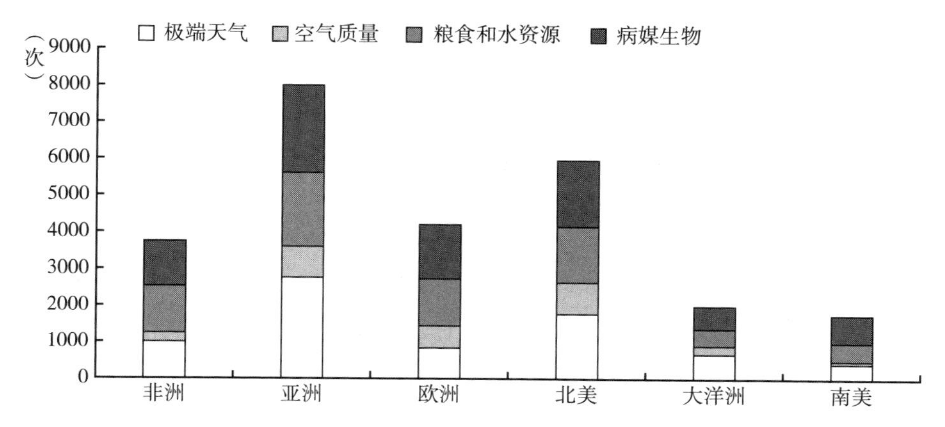

图 1　2018～2023 年气候变化对不同地区健康的差异化影响报告提及次数

资料来源：世界经济论坛：《全球气候变化对人类健康的影响》。

三是发展不平衡性加剧。根据联合国开发计划署发布的《2023-2024 年人类发展报告》，高收入国家的人类发展指数（HDI）创下历史新高的同时，最贫困国家的 HDI 却远未恢复到疫情前水平。乐施会（Oxfam）也指出，2023 年全球收入不平等在 25 年来首次出现加剧，主要是全球南北之间的不平等。据《2024 年可持续发展目标报告》，世界上一半最脆弱国家的人均国内生产总值增长速度首次低于发达经济体；与 2019 年相比，2022 年新增 2300 万人陷入极端贫困，1 亿多人遭受饥饿。若不采取任何措施改变这一趋势，预计到 2030 年，全球将仍有 5.75 亿人生活在极端贫困中，且饥饿水平可能回升至 2005 年的水平。

四是具体措施难以落实。据气候政策倡议组织（CPI）统计，为实现 1.5℃温控目标，2022～2030 年全球年气候融资总需求量预计将从 8.1 万亿美元升至 9 万亿美元，2031～2050 年将超过 10 万亿美元；然而，2021～2022 年的年均融资额仅达到了需求的 15.6%，资金缺口仍然巨大。发达国家在 2009 年承诺到 2020 年每年为发展中国家的气候行动筹集 1000 亿美元，但根据经合组织（OECD）报告，2021 年仅提供了 896 亿美元的气候资金。发展中国家实现 2030 年可持续发展目标每年仍存在 4.2 万亿美元资金缺口。此外，数据缺失、监测能力不足、法律约束力的制度安排缺乏、不同目标间的复杂性等均使得可持续发展措施的落实面临巨大挑战。

（三）可持续发展带来的机遇

2030 年可持续发展目标的实现在挑战中也蕴含着重大机遇。全球可持续发展意识提高、相关政策支持和法律的完善、绿色金融的发展以及科技进步和数字化创新都为可持续发展带来新的动力和方向。

一是全球可持续发展意识不断提高，由理念向行动落实。联合国设立了 17 个可持续发展目标，并通过《2024 年可持续发展目标报告》披露当前目标实现最新进程。全球对气候变化的认识趋同，越来越多的国家承诺实现净零排放，并参与年度联合国气候变化大会，共议气候治理进程。在推进可持续发展进程中，南南合作、南北合作、金砖国家机制等多边合作机制发挥着重要作用；中国同时也积极倡导"人类命运共同体"、"全球发展倡议"以及"一带一路"倡议，不断同世界分享中国经验。据《2022 低碳社会洞察报告》，年青一代更重视环境问题，在环保支付方面有着突出意愿，循环经济和可持续消费迅速发展；此外，企业在 ESG 领域的信息披露不断加强，为可持续发展的实现提供了社会基础。

二是政策支持和法律法规的完善。国际可持续发展准则理事会（ISSB）发布一套准则，对全球未来几十年制定可持续发展报告提出了要求。美国《两党基础设施法案》《减少通货膨胀法案》等系列法案相继颁布，提出每年为气候治理提供 790 亿美元的投资；且"公平 40 倡议"承诺将至少 40% 的气候投资收益用于弱势社区和群体。中国已推出支持可持续发展的多项政策和法规：国务院颁布《碳排放权交易管理暂行条例》、最高人民法院发布《关于完整准确全面贯彻新发展理念　为积极稳妥推进碳达峰碳中和提供司法服务的意见》以及生态环境部发布《碳排放权交易管理办法（试行）》等；这些文件构成了包含行政法规、部门规章、规范性文件和技术规范的多层次制度框架，为可持续发展提供了制度保障。

三是绿色金融多维度促进可持续发展进程。绿色气候基金（GCF）和全球环境基金（GEF）等组织持续为气候项目提供资金支持；COP27期间建立了“损失与损害基金”，旨在帮助特别容易受到气候变化影响的发展中国家和脆弱国家；世界银行、亚洲开发银行等在全球范围内提供绿色贷款和投资，促进资金高效配置；绿色金融产品创新与增长，引导着资金流向可再生能源、新能源汽车和节能建筑等领域，推动产业链、供应链绿色升级，加速绿色低碳技术创新。中国始终重视绿色金融在推进可持续发展中的作用，提出要做好包括绿色金融在内的“五篇大文章”，将其放在我国金融高质量发展中的关键位置；根据《2023中国气候融资报告》，2022年我国绿色贷款年末余额超22万亿元，位居全球第一，中国的绿色金融市场稳步发展。

四是科技进步与数字化带来新的工具和方法。可再生能源、碳捕捉与封存、生物降解、生命科学等领域的科技进步推动着多项可持续发展目标实现。人工智能、大数据、物联网、云计算等数字化技术发展，通过气候模型、灾害预警系统、智能电网、远程医疗、疾病监测，精准农业等手段，在提高气候治理效率、增强环境保护能力、改善医疗教育条件、消除贫困和提高生命健康水平上发挥巨大作用。中国的相关技术处于世界领先地位，光伏治沙、“农业+光伏”、可再生能源制氢等新模式新业态不断涌现，一批重大关键材料取得突破性进展，电除尘、袋式除尘、脱硫脱硝等烟气治理技术已达到国际先进水平等。

三　可持续发展新路径的探索

（一）探索国际合作新路径

面对日益严峻的国际局势和全球发展赤字，任何一个国家都无法独善其身，必须以全球合作应对全球挑战，从秉持真正的多边主义、加强制度体系建设以及创新合作模式等视角出发探索国际合作新路径。

一是要秉持真正的多边主义。在全球范围内建立以“发展”为核心，合作共赢的可持续发展体系。在持续深化绿色“一带一路”“全球发展倡议”“南南合作”等基础上，促成更多的多边主义机制建立，涵盖更多发展中国家，促进国际务实合作。创新可持续发展援助模式，扩大援助覆盖的国家和地区；可通过建立国际可持续援助统筹组织、设立多主题可持续发展援助基金以及拓展国际援助渠道等措施，切实发挥国际援助在推动全球可持续发展中的作用。

二是要加强制度体系建设。我们需基于可持续发展目标和全球各国的发展现状，建立并完善相应的制度体系和法律规章，推动全球治理体系的改革。在明确国际责任分担的基础上，保障各国特别是发展中国家参与全球治理决策的机会，形成更加公正合理的国际秩序，保障弱势地区利益。同时要建立评估和监督体系，定期审核国际合作项目；要强化监督与问责机制，敦促发达地区和国家的义务履行，确保具体治理措施的落实，维护全球各合作体系的稳定。

三是要创新合作模式。在当前已有的国际合作基础上，创新丰富多边合作模式，通过技术转移、能力建设、政策支持、示范项目、伙伴关系、金融支撑、技术和知识共享、生态补偿等多种方式，搭建各类国际合作交流平台，促进资源的优化配置；通过举办可持续发展国际论坛，汇聚全球城市、产业园区与企业等交流经验，共同商讨未来发展路径；创新与发达国家的第三方市场合作方式，推动发达国家对弱势地区发展的援助，缓解全球发展不均衡现状。

中国在坚持“共商共建共享”机制的同时，要参与全球政策制定、维护多边秩序和规则、完善应对各项危机的外交策略，不断提出新的理念和方案，为国际合作贡献中国智慧。

（二）探索金融支持可持续发展的新路径

金融体系在推动全球可持续发展中发挥着资源配置、风险防范、市场激励及信息流通等作用。在全球金融体系改革进程中，可从增强金融体系的韧性、促进金融相关措施落实和加强绿色金融创新等角度探索金融支持发展的新路径。

一是要增强金融体系的韧性。全球化使得各国的金融体系处于密不可分的网络中，牵一发而动全身，因此首先要提高金融体系自身的风险应对能力。通过持续完善全球金融政策体系、加强国际监督、建立全球金融稳定机制、提高市场透明度和信息披露以及建立多边金融协议等方式提高金融体系的韧性。

二是要促进金融相关措施落实。推动《联合国气候变化框架公约》下气候资金谈判，督促发达国家落实 1000 亿美元气候资金承诺，促成“损失与损害基金”投入运行。重视发展中国家关注的债务减免、特别提款权转借等问题，科学评估和调整可持续发展资金目标，响应贫穷国家和气候脆弱国家急迫资金需求。

三是要加强绿色金融创新。要提升绿色金融产品创新和服务能级，创新与“绿色”挂钩的金融产品，增强全球碳市场活力，引导资金流向绿色低碳项目；健全标准体系和统计方法，以便更好地量化金融活动对气候的影响，如国家、个人碳账户等；鼓励金融科技在绿色金融实践中的应用，用好数字化金融工具，提高绿色金融服务的效率和精准度。

中国需积极参与全球金融体系改革的政策和标准制定，深化国际合作，推动共建“一带一路”国家参与可持续发展投融资，促进发达国家资金承诺的落实。在国内，要通过进一步加快全国碳市场建设、推进气候投融资试点工作落实、鼓励绿色金融创新和碳汇的研究开发、制定绿色标准、完善企业 ESG 信息披露制度等举措，落实金融体系对可持续发展的支持作用。

（三）探索科技助力可持续发展的新路径

科技进步是推动全球经济增长、社会进步和环境可持续发展的核心驱动力。在新兴技术不断涌现的当下，只有用好科技力量，加快科技创新、推动技术在全球范围内转移与应用才能为可持续发展注入新生动力。

一是加快科技创新。可持续发展目标的实现需要大量科技创新的支持，如推进风、光、水电以及前沿的氢能、可控核聚变等新能源技术研发，实现能源脱碳，提升清洁能源的可得性；加强气候变化适应性农业技术的研究和应用，以实现2030年零饥饿目标；加速再生水源开发和海水淡化技术推广，满足全球水的利用效率再提高9%的需求；支持生命科学、灾害预警以及极端天气防控等技术发展，促进生命健康领域目标实现。鼓励全球研究机构、企业进行技术交流与合作，加快创新速度；建立创新激励机制，为科技创新提供资金支持、财政补贴和税收优惠等，保障科技创新发挥对可持续发展的支撑作用。

二是推动技术转移与应用。通过“一带一路”“南南合作”“金砖国家”和其他国际合作机制，建立技术交流和转移平台、加强基础设施建设，推动可持续发展相关技术在发展中国家的普及与使用；采取设立研究院、开展教育培训、科技人才输出以及建立创新产业园区等方式，逐步提升弱势地区的科技创新能力，为其实现可持续发展目标提供动能。

中国要始终坚持科技强国战略，推进前沿新能源、新材料、创新药等产业发展，培育新质生产力；发展战略性新兴产业、未来产业，如新型储能技术、未来网络、量子技术、生命科学等，为经济增长和可持续发展提供新动能。

（四）探索各方主体参与可持续发展的新路径

可持续发展作为全球性问题，其参与主体是多元的，除国家、国际组织外，还包含城市、企业、社会组织以及公众。调动所有力量推动全球可持续发展，探索各类主体参与的路径至关重要。

国家是推动可持续发展的主要力量，各国可通过参与国际合作、推动政策制定、提供发展资金支持以及监督措施落实等方式发挥作用；国际组织，如联合国、世界银行、世界卫生组织、国际能源署等，可通过协调国际合作、提供技术支持、资金援助和政策指导等在全球范围内统筹推动可持续发展。

城市在全球可持续发展治理中也扮演重要的角色。城市可以制定长期可持续发展规划，并通过政策和立法落实，在经济增长、环境保护和治理创新等方面发挥作用；可以加入城市间合作网络，如联合国人居署的“城市可持续发展项目”和“C40 城市集团”等，联合推进可持续发展项目落地；可在城市规划和建设中融入可持续发展理念，增加公园、绿色屋顶、城市森林以及绿色建筑等建设，建立绿色交通网络，推动可再生能源使用；可以借助数字化推行智慧城市建设，提高城市管理效率。

企业也应积极参与到推进全球可持续发展进程中，通过新技术、新产品和新服务开发，践行可持续消费和生产模式；实施节能降耗减排工艺，提高资源利用效率，实现生产和运营的绿色化；制定并落实可持续发展战略，定期发布可持续发展报告，加强 ESG 相关信息披露，承担企业的社会责任；通过供应链管理，确保供应链各环节的可持续性；积极参与“一带一路”建设，参与国际合作，通过“走出去”等方式，促进全球范围内的可持续发展资金配置、技术共享和项目共建。

社会组织也是促进可持续发展的关键一环。社会组织可以通过加强倡导和宣传、组织能力建设与培训，提高全社会对可持续发展议题的认知；也可通过监督和评估政府及企业可持续目标承诺履行情况，参与全球活动，以共享经验和共享资源等方式参与到全球可持续发展治理中。其中，智库要发挥关键作用。智库要通过研究分析，探索将可持续发展理念转化为实践的路径，并提供具体的策略和方案；参与政策制定，向政府提供专业意见和建议；发布研究报告，提供相关数据和分析支持；促进政府、企业、学术界等多方对话，搭建合作平台，共同解决可持续发展问题等措施发挥中国特色新型智库的功能。

公众是践行可持续发展理念的主体。公众可以通过加强学习，增强意识，了解可持续发展的概念、目标和实践方法；选择绿色消费，支持可循环经济；坚持绿色生活方式，节约能源、减少浪费；投资绿色金融产品，支持绿色项目和企业等方式参与到可持续发展中。

推动可持续发展是全人类共同肩负的事业，需汇聚起国际社会的广泛共识，需全球携手应对。在可持续发展的道路上，各国要通力合作，秉持创新、协调、绿色、开放、共享的新发展理念，为构建人类命运共同体贡献力量。

参考文献

傅伯杰、张军泽：《全球及中国可持续发展目标进展与挑战》，《中国科学院院刊》2024 年第 5 期。

黄存瑞、刘起勇：《IPCC AR6 报告解读：气候变化与人类健康》，《气候变化研究进展》2022 年第 4 期。

谢璨阳、董文娟、王灿：《从千亿向万亿：全球气候治理中的资金问题》，《气候变化研究进展》2023 年第 5 期。

B.4
得州能源危机对我国增强能源供应韧性的启示

仇保兴*

摘　要： 发生在美国得州大停电及其导致多重危机的教训，为我国增强能源供应韧性，确保能源安全提供了一个具有深刻借鉴意义的反面典型和分析样本。本文根据“美国得州能源危机事件”的经验教训提出以下五条增强我国能源供给韧性的建议：第一，在积极扩大太阳能光电、风电产能的同时，探索研究将现有部分燃煤发电厂改为煤/氨混烧，为系统提供容量支撑和应急“备胎”；第二，加大电网和油气管网的有效投资，扩大联网规模，增强能源供应韧性；第三，强化国有企业在主干能源供应和传输中的主导地位，确保兜底保障能力，同时引入市场机制，适度放开末端低压配电业务；第四，通过深化电力体制改革，尽快建立与培育灵活电源市场机制，确保电力建设适度超前，具备必要的安全裕度；第五，电力市场需做好政府保障性供应与市场调节手段有效衔接。

关键词： 得州能源危机　能源供应韧性　电力体制改革

习近平总书记早在2014年就指出，能源安全是关系国家经济社会发展的全局性、战略性问题，对国家繁荣发展、人民生活改善、社会长治久安至关重要。2021年发生在美国得州大停电及其导致多重危机的教训，为我国增强能源供应韧性、确保能源安全提供了一个具有深刻借鉴意义的反面典型和分析样本，值得我们认真研究并采取相应的对策。

---

* 仇保兴，国际欧亚科学院院士，住房和城乡建设部原副部长。

一 美国得州能源危机状况与主要原因分析

得克萨斯州（Texas，以下简称“得州”）位于美国正南方，国土面积和经济总量分别居美国本土各州的第一位和第二位，工商业发达，全社会用电量居全美各州首位。得州也是美国人口第二大州（2950万人）。得州大部分地区在北纬30°以南，属温带气候，与我国福建、浙江、广东、广西等南方省份相似，冬天很少下雪。

2021年2月中旬，得州遭遇了百年一遇的暴风雪严寒天气，部分地区的气温低至零下19摄氏度。一方面，需求侧严寒天气导致得州电力需求飙升，当地时间2月14日用电高峰需求达到了近70GW；另一方面，供应侧却有超过30GW的火电和15GW的风力发电设备无法工作。2月15日凌晨，得州电力可靠性委员会（ERCOT，负责电网运行和管理电力批发市场的运营）宣布进入三级紧急状态（最高级），并启动轮流停电预案，最大限电20GW，约占正常供电负荷的1/3，大约有450万个家庭和商店受到停电影响，500万人无电可用。截至2月19日，仍有超过19.5万户居民断电，1400万人停水。而且这场大风雪波及中南部多个州，有1.15亿人受影响，有76人死亡，其中一半是得州人。

在出现严重供不应求的市场形势下，当地能源价格飙升，电力批发电价从平时最高约10美分/千瓦时（约合0.645元人民币/千瓦时），飙升100倍之多，超过10美元/千瓦时（约合65元人民币/千瓦时），加上拥堵费等，部分地区达到12美元/千瓦时。天然气价格则由平时约8.5美分/米^3（约合0.55元人民币/米^3），飙升近170倍，至14.26美元/米^3（约合92元人民币/米^3）。而且，更可怕的是，许多人还无电可用、无气可烧，处于绝望的境地。其中，损失最严重的是当地单纯用电家庭（即平时仅用电力来照明、取暖和烹调的用户）。①

① 苗中泉、菅泳仿：《美国得州电力危机原因剖析及启示》，《电力决策与舆情参考》2021年第9期。

美国得州陷入历史上最为严重的能源危机而引发大停电，这是多方面因素综合作用的结果，但主要原因有以下几个方面。

（一）得州能源基础设施的防冻能力不够

从电源结构来看，得州最大的供电渠道是天然气发电厂，占 47%，第二位是可再生能源的风力涡轮机发电，约占 29%，第三位是煤炭发电，占 13%，核能约占 5%，剩余是包括太阳能等在内的其他能源。在这场暴风雪严寒中，得州近 1/3 的发电机组无法工作。天然气供应减少、中断是本次供电危机最主要的原因。由于得州气电厂不像美国其他地区具有一定的天然气存储能力（因为得州是美国主要天然气产地），一般由气田通过管道直接输送至电厂，极寒天气下由于井口结冰、输气管道冰堵等，得州天然气产量降低近一半，燃气机组因燃料供应短缺而被迫停机或降低出力。根据媒体报道，部分燃气机组也可能存在冷却水阀门、管道因保温措施失效而出现上冻、漏水、渗水、控制设备失能等引发部分火电厂停运。共计损失发电能力约 30GW。得州正常情况下冬季温暖，风电运营商普遍没有采取风机叶片防冰措施。本次寒潮覆冰造成叶片气动性下降，各部分载荷不平衡，造成运行中的风机发生强烈振动，被迫停运，影响风机容量约 15GW，共损失发电能力约 45GW。①

（二）得州能源投资不足，设备老旧

美国能源部（DOE）的统计显示，目前美国 70%的输电线路和变压器运行年限超过 25 年，60%的断路器运行年限超过 30 年。得州的电力市场设计理念以高效、经济为导向，追求低成本供电，不鼓励投资，导致电力基础设施老化、备用容量低，应对极端情况的韧性不足。得州电力系统备用容量率通常在 8%左右，本次供电危机发生前仅不足 3%，远低于美国其他州和我国 15%～20%的水平。这次得州发生的能源危机，在很大程度上要归咎于基础设备老化，对抗不了百年一遇的恶劣天气。

---

① 苗中泉、訾泳仿：《美国得州电力危机原因剖析及启示》，《电力决策与舆情参考》2021 年第 9 期。

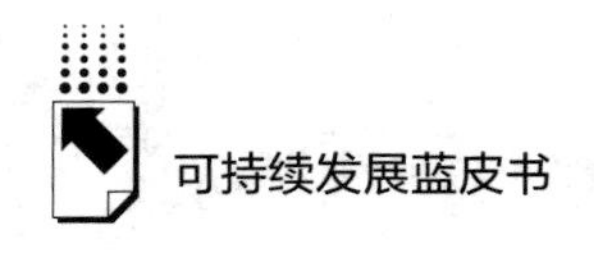

（三）得州的电网高度独立，缺乏与外界互联

美国目前有三大电网，分别是东部电网、西部电网和得州独立电网。其他州可以在电网发生故障时从相邻地区购买电力，而得州是美国本土 48 个州中唯一一个电网独立的州（被称为“孤星之州”），经营着自己的电网，与东部电网仅通过两个背靠背直流连接，另有若干小容量 110/220 千伏交流线路与墨西哥北部电网相连，合计联网容量仅 125 万千瓦，互联规模不足系统容量的 2%。在极端情况下，一旦不能自给自足，也无法及时得到外部支援，只能采取切负荷、限电等措施，导致得州出现大规模停电。事实上，电网孤立是得州这次大面积停电的主要原因。

（四）市场机制不完善，电力分配机制失灵

在电力严重短缺的紧急情况下，得州电力市场依然遵循“价高者得”的原则。得州公用事业委员会规定，在供电紧缺情况下优先保障重要工业用户，医院、警察局等公益性用户，需要依靠电动医疗设备的病危及慢性病居民用户供电，并未将一般居民生活用电纳入优先保障范围。一般居民作为市场中的弱势群体，极易受电力短缺影响，450 万普通居民被迫遭受停限电，接近供电居民总数的 20%，部分公益保障性用户电力供应也被迫中断，如得州一新冠疫苗储存地停电，8000 剂疫苗面临失效风险，但各市中心区域及富人区依旧灯火通明，能源“贫富差距”问题明显。

二　对我国增强能源供应韧性的启示

（一）能源转型需要有“备胎”

从近年来美国电力结构的变化趋势看，煤电的发电量呈现明显的下降趋势，天然气、风电、太阳能等新能源发电逐渐成为美国能源的主力军。特别是得州的风力发电逐渐成为该州的第二大发电源。2020 年 8 月美国加州大

停电的主要原因就是加州计划实现100%可再生能源供给的发展路径过于激进，因此，这次得州大停电，再次引发了对于快速废弃传统能源设施、向绿色能源激进转型的争议。对此，得州能源危机的教训对我国的启示是，为增强能源供应侧的韧性，需要在优化能源结构的同时建立“备胎”。我国在太阳能光伏和陆上风电方面有着明显的成本优势（见图1），在2030年前实现二氧化碳排放达到峰值、2060年前实现碳中和的目标，需要坚定不移地大力发展风电、太阳能等可再生能源，同时逐渐减少煤炭、石油等传统能源的比例，适当增加天然气比例。一方面，需要通过体制机制创新，保障风电、光伏等可再生能源有效消纳，从而能在极端气候下，保证整个电力系统富有弹性，增强电力供应的韧性；另一方面，电力行业减碳的重点是严格控制发电燃煤量而不是一味地减少煤电装机容量，应该探索研究将现有部分燃煤发电厂改为煤/氨混烧，除了平时作为可灵活启停的调峰电站为系统提供容量支撑外，在遭遇极端天气事件时还可发挥“备胎”紧急供电的战略储备功能。

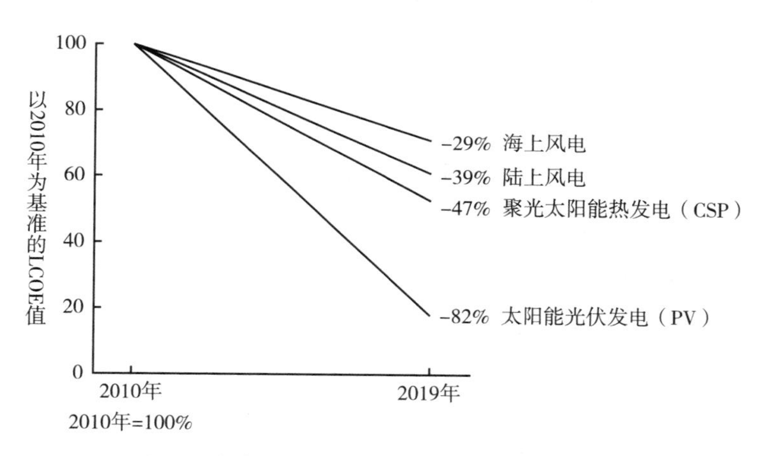

图1　各类可再生能源发电技术成本下降程度

资料来源：国际可再生能源署，Renewable Power Generation Costs in 2019。

（二）加大电网和油气管网的有效投资，扩大联网规模

这次得州能源危机，在相当程度上是能源基础设备对恶劣天气不适应引

起的，导致电网和天然气主网、次网瘫痪。同时，得州的电网高度独立，缺乏与外界互联，内部供应不足时无法得到外援。对此，得州能源危机的教训对我国的启示是，加大电网和油气管网的有效投资，扩大联网规模，增强能源供应韧性。通过增加有效投资，增强电网、油气管网等适应严寒和暴热等极端天然的韧性。近年来，一方面，由于本地火电开发受限，我国东部沿海地区已经出现了较为紧张的电力供需形势，如湖南、浙江、江西等地出现冬季电力紧平衡甚至局部短缺的现象，但得益于中国坚强的大电网基础，各部门统筹协调，电力企业通力合作扩大跨省支援，大大缓解供需矛盾，这与美国情况形成了鲜明对比。另一方面，面对“碳达峰”和“碳中和”的目标，大量新增可再生能源亟须跨区域消纳，需要扩大跨省跨区电网的资源实时配置能力，在高比例可再生能源发展过程中，大电网联网互济、统一调峰的作用将会越来越大。

（三）强化国有企业在能源行业的主导地位和兜底保障能力

美国的电力产业结构非常复杂，尤其是产权结构可谓“支离破碎”。美国全国有电力企业 3000 多家，包括私营企业、联邦公营、市政公司、电力合作社等多种形式。从业务划分看，电力企业包括发电商、输电公司、配电公司和零售商，私营企业涉及发输配售各个业务环节。而且，得州是电力市场化与私有化较高的一个州，这些私有化的电力公司在考虑对电网设施的投资与维护时，往往不会做长远打算，经济回报是他们首要考虑的问题。2011 年，一股相似的寒流也曾袭击得州并造成大停电，但多数私有电力公司出于成本考虑并未进行相应改造。这导致能源供应系统在寒流来临时再次失效。而且这些私营企业在得州能源危机中表现为变相相互加价，导致能源价格不断飙升，私营企业的逐利本性暴露得淋漓尽致。对此，得州能源危机的教训对我国的启示是，应强化国有企业在主干能源供应和传输中的主导地位，适度放开末端低压配电业务。在能源行业的发电、售电等竞争性环节，在市场化改革中也应保持各类国有企业的主导地位，确保兜底保障能力，保证能源行业具有较强的供应韧性。

（四）尽快增加灵活电源比重

目前得州只有能量市场而灵活电源不足，电力备用容量低，这类问题在我国电网中也较为突出（见图2），不利于应对极端天气，这也是得州发生能源危机的重要教训。气候异常的影响需要人类作更充分的准备。对此，得州能源危机的教训对我国的启示是，通过深化电力体制改革，尽快建立与培育灵活电源的市场机制。灵活电源市场机制的主要功能是通过价格信号引导市场参与者新建电厂和机组，保证系统供应侧具有足够的容量和灵活性，确保电力建设适度超前，具备必要的安全裕度，以应对不可预期的突发事件，解决大规模风电、光伏等可再生能源产生的电力供应随机性和波动性问题，以增强电力供应的韧性。

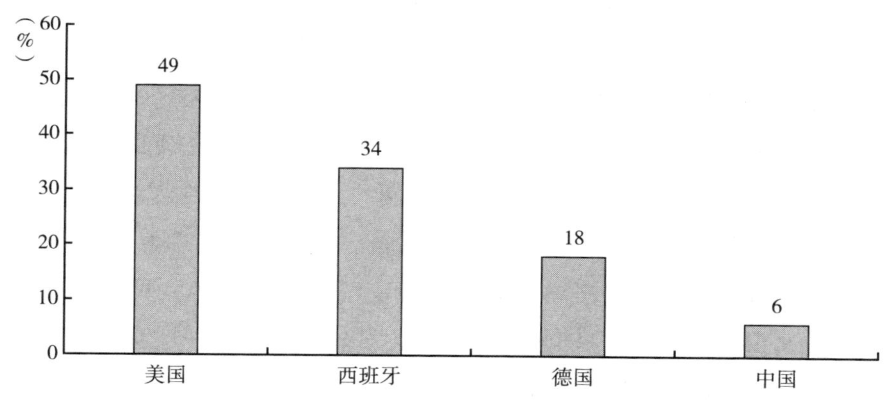

图2　中美德西灵活电源比重

资料来源：中联电，截至2019年12月。

（五）把保障民生放在保障能源安全的首要地位

美国得州能源危机导致450万个家庭和商店受到停电影响，500万人无电可用。从本质上分析，得州大停电事件反映了在极端天气条件下，整个能源系统的物理设施、治理结构、应急预案设计存在不足。对此，得州能源危机的教训对我国的启示是，要把保障民生放在保障能源安全的首要地位。现代社会能源需求的刚性大、弹性小，是人民生活不可缺少的特殊产品。要从根本上保障民生，就要贯彻“以人民为中心”的发展理念，继续巩固大电网优势，强化电力企业社会担当，践行人民电业为人民的服务理念，坚持政策、技术、市场多措并举，从管理上切实把保障民生供电放在突出位置。中国电力市场化改革要走中国特色道路，做好政府保障性供应与市场调节手段的有效衔接，避免出现简单“价高者得”的用电机制，做好留足燃煤电站“备胎”和“煤改气、改电”后传统煤锅炉的保全和应急备用等方面的工作。做好安全保障与效率效益的权衡，确保“黑天鹅”事件来临时民生无虞。

小 结

总之，无论是美国因大雪导致的数百万人大停电，还是我国多地缺电，都引发增强能源系统韧性的考虑。一方面，我国各地在走向“碳达峰”和“碳中和”的过程中，绝不能简单地对传统燃煤电站“拆除式”去产能，而应将保全部分支撑性电站和重点煤锅炉，作为战略储备和“备胎”，以应对极端气候和“黑天鹅”事件。另一方面，可再生能源波动性与脆弱性明显，必须利用传统化石能源电站进行调峰和协同，探索采用“掺氨燃烧”方式降低火电的碳排放水平（日本已有相关示范工程）和发展小型移动式核电站。最为重要的是必须进一步强化我国电网、输气管网统一管理、统一调度“全国一盘棋”的体制优势，探索科学稳妥的中国特色能源市场化改革道路，统筹好安全保障与效率效益，确保能源系统的坚强韧性。

参考文献

国际可再生能源署：《Renewable Power Generation Costs in 2019》，https：//www.irena.org/publications/2020/Jun/Renewable-Power-Costs-in-2019。

中电联：《煤电机组灵活性运行政策研究》，https：//www.fadianxitong.com/m/view.php？aid=64。

B.5 中国碳市场建设的成效与未来发展

苏　伟*

摘　要： 2011~2021年，中国实现了碳市场建设零的突破，形成了一套较为完备的碳交易制度规则体系，开辟了绿色低碳投融资和增加就业的新空间。中国碳市场已成为以较低成本减排温室气体、实现经济社会绿色低碳转型的重要政策工具，但这一体系的有效运行尚需磨合、调试、校正和完善。当前，中国碳市场体系存在制度配套不够完备、政策和市场预期不稳定、数据质量管控复杂烦琐、碳市场交易不活跃、中国核证自愿减排量（CCER）流程不规范和市场透明度不高等发展中的问题。未来，要稳步推进中国碳市场扩围扩容，进一步规范碳市场运行流程并增加透明度，加快形成长期稳定的预期，推进与其他国家或地区碳市场及相关机制的互通互认。

关键词： 碳市场　碳排放权　碳交易制度　中国核证减排量　《巴黎协定》

一　中国碳市场建设的成效

中国碳市场从无到有，从2011年10月《国家发展改革委办公厅关于开展碳排放权交易试点工作的通知》印发，到2021年7月全国统一碳市场上线交易，一年一小步，五年一大步，十年磨一剑，构建完成中国碳市场的制度设计、技术规范和实际运行机制，实现中国碳市场建设零的突破。2013~

* 苏伟，中国国际经济交流中心执行局副主任，中国前首席气候谈判代表，国家发展和改革委员会原副秘书长。

2014年，北京、天津、上海、广东、深圳、湖北、重庆等7个省份碳市场陆续启动开张。2014年12月，国家发展改革委《碳排放权交易管理暂行办法》发布，开启研究建立全国碳排放权交易市场的阶段。2015年9月，中美元首气候变化联合声明提到，中方计划于2017年启动全国碳排放交易体系，覆盖钢铁、电力、化工、建材、造纸和有色金属等重点工业行业。2016年，《中华人民共和国国民经济和社会发展第十三个五年规划纲要》提出，推动建设全国统一的碳排放交易市场，实行重点单位碳排放报告、核查、核证和配额管理制度。2017年12月，国家发改委印发《全国碳排放权交易市场建设方案（电业行业）》，在发电行业率先启动全国碳排放交易体系，逐步扩大参与碳市场的行业范围，增加交易品种，不断完善碳市场。2020年12月，生态环境部发布《碳排放权交易管理办法（试行）》，2021年全国碳市场实现上线交易，中国碳市场发展迈出关键一步，具有里程碑意义。2024年1月，国务院印发了《碳排放权交易管理暂行条例》（简称《条例》），不仅提升了立法层级，更重要的是通过这项专门的行政法规确立了碳排放权交易管理的基本制度框架，明确了碳排放权交易的规则和操作流程，稳定了碳市场发展的政策预期，为中国碳市场发展提供了有力的法律保障。

中国碳市场建设零基础起步，一路过关斩将，解决一个又一个难题，扎实稳妥有序推进，取得显著成效。一是牢固树立了“排碳有成本、减碳有收益”的观念意识，让碳市场成为以较低成本减排温室气体、实现经济社会绿色低碳转型的重要政策工具。通过碳排放配额分配，把碳减排目标要求直接分解到企业，发挥企业作为减碳主体的作用，实现对重点行业碳排放的有效控制。同时，碳市场为企业履行减碳责任提供更多灵活选择，降低了企业、行业乃至全社会的减碳成本。据有关测算，全国统一碳市场前两个履约周期为全国电力行业带来了约350亿元的总体减排成本下降。[①]

---

① 赵英民：《国新办举行〈碳排放权交易管理暂行条例〉国务院政策例行吹风会》，国新网，2024年2月26日，http://www.scio.gov.cn/live/2024/33350/tw/。

二是形成了一套较为完备的碳交易制度规则体系。从政府条例、部门规章到行业标准、技术规范，构成了碳排放权交易市场法律制度和规则体系，对注册登记、排放核算报告核查、配额分配、配额交易、配额清缴等碳排放权交易的关键环节和全流程都作出了明确规定，对相关活动进行精细化管理。建成了全国碳排放权交易市场基本支撑体系，通过全国碳排放权注册登记系统、交易系统、管理平台实现全业务管理环节在线化、全流程数据集中化、综合决策科学化，以保障碳排放权交易体系的平稳高效运行。

三是开辟了投融资和增加就业的新天地。碳市场让碳减排有了价值，成为可交易的产品，创造了绿色低碳投融资的新机遇，低碳、零碳、负碳技术研发应用成为投融资的新热点，为减少温室气体排放、应对气候变化，需筹集调动更多的投资和融资资源。碳市场通过碳排放数据的核算、核查、核证，可以有效推动企业碳排放的管理和信息披露，为企业践行 ESG 提供有力支持。碳市场的机制建设、维护运营、产品开发等都需要大量的专业技术人才和人力资源支撑，催生新业态新模式，创造新的工作岗位，促进就业，推动绿色低碳高质量发展。

四是为碳市场的未来发展打下良好基础。中国碳市场的设计和制度体系都留有必要弹性和发展空间，包含了拓展创新的机制和窗口。目前，全国碳市场首先开展的是发电行业碳排放交易，因为发电行业占全国总排放量的40%，被纳入重点排放单位 2257 家，覆盖年二氧化碳排放量 51 亿吨，同时发电行业产品单一，排放数据管理规范，配额分配相对简便易行。未来，中国碳市场发展将按照稳中求进、先易后难原则，优先纳入碳排放量较大、产能过剩问题突出、减污降碳协同效果显著、数据质量基础扎实的重点行业。发电、钢铁、建材、有色、石化、化工、造纸、航空等 8 个重点行业占到全国碳排放总量的75%左右，除电力之外的 7 个行业虽然尚未被纳入全国碳市场，但碳排放核算报告核查已有基础，相关工作甚至早在 2015 年就已开始了。生态环境部对相关重点行业的配额分配方法、核算报告方法、核算要求指南、扩围实施路径等已开展了专题研究评估论证，下一步将会按照成熟一个、纳入一个的原则逐步扩大参与碳市场的行业范围，增加交易品种，不断完善碳市场。2024年的《政府工作报告》提出要“扩大全国碳市场行业覆盖范围”，扩围的信号非常明确，各方普遍期待碳市场覆盖范围早日扩大到电解铝、水泥、钢铁等行业。

二　中国碳市场面临的挑战和问题

中国碳排放权交易体系已经构建完成，体系的有效运行需要有磨合、调试、校正、完善的过程，整体而言仍处在初级发展阶段，面临新形势新任务新要求，也存在短板弱项和问题挑战。

一是制度配套不够完备。落实《条例》需要加快相关的配套制度、实施细则、技术方案、操作规程的调整、校正、完善。《条例》虽然提升了碳市场基本法的立法位阶，以行政法规方式明确了碳市场定位、各类参与主体的职责，加大了处罚力度，有助于保障碳市场平稳运行、增强企业参与市场交易的信心，但《条例》的落地实施需要进一步强化配额总量与分配、数据质量管理、市场监管、技术服务机构行为规范、交易主体、交易品种、交易方式等方面的规范指引，完善系统化的管控流程和制度保障。

二是缺乏长期、稳定的政策和市场预期。配额总量设定采取“自下而上”的方法，按照行业基准，先计算每个企业的配额再加总形成国家总量，缺乏对未来3~5年的配额总量和分配的整体方案。同时，每个履约期的配额分配政策和履约清缴、抵销规则都是一次一定，且发布时效滞后，关键政策缺乏稳定预期，导致市场主体难以作出跨年、跨期的合理安排。

三是数据质量管控需要尽可能简便易操作。为了加大对数据质量的监管，采取了很多措施，加强了管理，但同时也加重了省级主管部门和重点排放单位在数据填报、存证、检测等环节的实操负担，带来工作烦琐、用户不友好体验、制度成本高、企业负担重等新问题。《条例》为加强数据质量控制的规范化管理提供了契机，厘清了数据质量职责划分，明确了责任，加大了处罚力度，这为进一步采取措施降低制度运行成本创造了条件。同时，负责数据质量技术审核的技术服务机构能力方面参差不齐，需要加强规范和引导，提升技术服务机构的业务能力和服务水平。

四是碳市场交易不活跃，流动性不足。中国碳市场是全球覆盖碳排放量最大的碳市场，约为欧盟碳排放交易体系的 2 倍，但年交易额上不去，在 100 亿元左右，远低于欧盟碳市场。而且，中国碳市场当前交易品种只有现货，且现货换手率较低，约为 2%。而欧盟碳市场既有现货也有期货，现货换手率较高，约为 45%，期货换手率更高，约为 530%。控排企业参与交易主要为了履约，碳资产管理意识薄弱，交易主体单一、交易品种单一，缺乏产品创新，碳市场金融属性没有充分挖掘出来，交易不活跃，市场流动性差，碳市场价格发现功能还有待开发。

五是 CCER 市场存在流程不够规范问题，透明度有待加强。2024 年初，CCER 已经正式重启，但仍未打通 CCER 项目申报、注册和减排量签发的最后一公里，CCER 新减排量还无法进入市场。CCER 减排项目类型不确定，什么样的减排项目可以成为 CCER 项目，没有明确的政策和技术规范，方法学申报和公布流程需要尽快明确，要进一步增加 CCER 市场的透明度。

三　中国碳市场的未来发展

碳排放交易市场是新生事物，没有现成的模板可用，要从实践的探索中不断积累经验，英文叫 learn by doing。碳市场也是一项复杂的系统工程，碳市场发展是循序渐进的过程，不可能一蹴而就。如要建设一个碳价合理、交易活跃的碳市场，就需要有长期稳定的政策预期，扎实可信的数据披露，公平公正、公开透明的制度体系。关于中国碳市场未来发展，有四点思考。

一是中国碳市场要稳步推进扩围扩容。除了扩大纳入碳市场的行业范围，碳市场的发展也要考虑如何增加碳市场的活跃度。中国碳市场的影响力，不只是体现在所覆盖的碳排放量规模上，更重要的是要体现在交易活跃程度、价格发现功能、产业低碳转型导向、减碳投融资作用等方面，只有如此才能发挥好碳市场对促进碳减排和绿色低碳转型的应有作用。

二是中国碳市场要有长期稳定的预期。要充分发挥全国碳市场作为碳减排政策工具的作用，锚定国家碳达峰碳中和目标落实。随着能耗“双控”向碳排放强度和碳排放总量“双控”全面转型，碳市场要对这一重大转变及时作出反应，配额总量确定和分配方案等要尽快调适到碳排放总量控制模式上来。2030 年前碳达峰，也就意味着碳排放有了上限，虽然碳达峰的峰值量还没有明确，但这足以让中国碳市场能够更加符合碳交易“CAP and TRADE”的机理逻辑。在碳排放总量控制模式下，要尽早明确纳入碳市场行业的中长期减排目标，并尽量提前 3～5 年公布配额总量和分配方案，引导管理市场预期，激发市场活力，提升市场活跃度和流动性，充分发挥碳市场的资源调配功能。

三是中国碳市场运行流程要进一步规范，增加透明度。全国碳市场启动以来，一些关键性工作也在逐步走向规范化、常态化，比如在数据报送、配额清缴等方面，正在形成较为规范的流程。下一步要着重解决配额分配滞后、CCER 方法学征集流程不公开等问题。碳市场交易主体、交易品种、交易方式等都关系碳市场的流动性和活跃度，这些问题要尽可能早地加以明确，要做到公开透明。

四是中国碳市场要逐步走向与其他国家或地区碳市场及相关机制的互通互认。《巴黎协定》第 6 条建立了一个新的国际碳市场框架，为跨国碳交易合作提供了空间。但是在相当长的时间内，难以形成国际统一碳市场，不同国家或地区碳市场各自为政的局面仍将继续。在此情况下，为了实现全球碳减排效益最大化，各个不同碳市场间要加强对话和联系。各个碳市场的机理原则是一致的，基本的技术规范也是相通的，交易产品在一定条件下按照适当的程序也应当能够有一定程度的互通互认。可以有两个选择，其一是在

《巴黎协定》第 6 条下来讨论国别或地区碳市场间协调和联系问题，其二是中国碳市场可以主动去与其他市场或机制接触，看看会有怎样的可能性，比如中国碳市场的交易产品在企业 ESG 体系下或欧盟 CBAM 下会有怎样的定位或角色，这些都值得深入研究探讨。

分报告

B.6
中国国家可持续发展进展与评价

刘向东　刘　梦*

摘　要： 2017年度以来，中国可持续发展综合指数稳步提升，经济发展指数稳中有进，社会民生指数持续改善，消耗排放指数进一步升高，资源环境指数和治理保护指数呈现趋势性上升，但近期受疫情冲击、气候变化等因素影响出现一定的回落。在经济转型发展的关键时期，中国经济与社会、环境之间的不平衡不充分发展问题日益突出，统筹环境保护、低碳转型与稳增长的难度在不断加大，社会民生领域仍有很多短板弱项有待补齐，如期完成碳达峰碳中和目标难度依然不小，持续推进中国可持续发展任重而道远。紧紧围绕推进中国式现代化进一步全面深化改革，要协同推进降碳、减污、扩绿、增长，推动中国经济实现质的有效提升和量的合理增长，在高质量发展中保障和改善民生，进一步加强资源节约、生态治理和环境保护，逐步降低污染物排放和温室气体排放。

---

* 刘向东，中国国际经济交流中心科研信息部副部长（主持工作），研究员，博士，主要研究方向为宏观经济、产业政策、可持续发展；刘梦：中国国际经济交流中心科研信息部助理研究员，博士，主要研究方向为能源经济、环境经济。

关键词： 可持续发展 经济增长 社会民生 绿色低碳转型 碳达峰碳中和

当今世界，国际社会面临的全球性问题和挑战与日俱增。特别是全球气候变化超出预期，持续高温、洪涝灾害等极端天气频发，人类的生命安全遭受一定威胁，全球的可持续发展面临较大挑战。面对气候变化、公共卫生危机、经济增长乏力等多重全球性挑战，共同推动全球可持续发展契合世界上绝大多数国家的共同诉求。中国积极把落实联合国2030年可持续发展目标同国家发展战略有机结合，在脱贫攻坚、科技创新、产业培育、清洁能源开发、环境治理、生物多样性保护等经济社会和生态环境发展领域作出很多努力，尤其在减少贫困、缩小城乡差距、改善卫生健康、提高教育水平等社会发展领域取得积极进展，还在美丽中国建设、全社会绿色低碳转型等绿色发展方面取得显著成效，为推动全球可持续发展作出重要的贡献并提供可资借鉴的现实路径。

一 中国国家层面可持续发展总体进展顺利

从2017年度起，本书在国家层面构建由经济发展、社会民生、资源环境、消耗排放和治理保护五个维度构成的中国国家可持续发展评价体系。这套体系的评价结果总体勾勒出了中国可持续发展呈现稳步提升的走势图景，描述了五个维度上各单项评价指数均呈现稳中有升的发展态势。

（一）中国可持续发展综合水平稳步提升

长期以来，中国不断提高可持续发展能力和水平。过去几十年，中国通过快速的经济增长，成功让数亿人口摆脱了贫困，全面普及了九年义务教育，大幅提升了医疗服务质量和可及性，人民生活水平得到显著提高，在水资源管理、生态环境保护和基础设施建设方面取得了重要进展，为全球可持续发展作出了重要贡献。从综合指数看，中国可持续发展综合指数从 2017 年度的 57. 1 攀升至 2024 年度的 84. 4（见图 1），累计增幅达到 47. 8%，连续 7 年呈现稳步增长。分年度看，综合指数增速除 2019 年有所放缓外，其余年份增速均在 5%以上，2019 年度因极端天气等因素影响增速不到 1%。

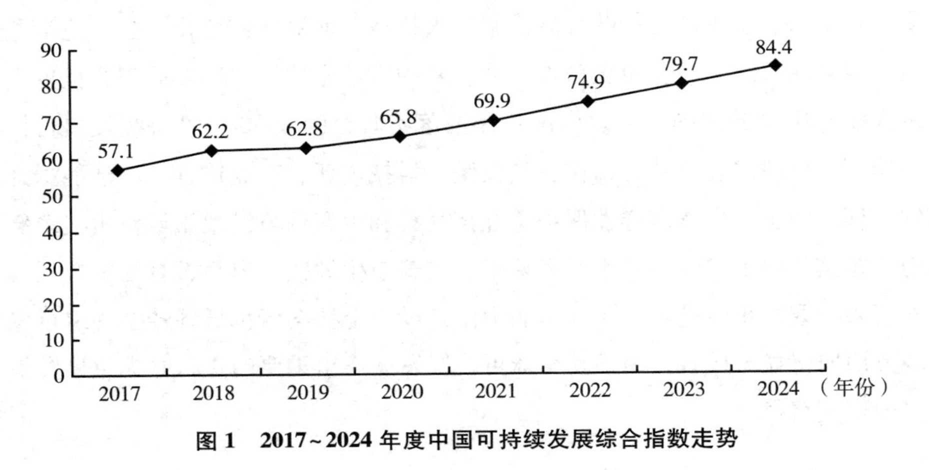

图 1　2017~2024 年度中国可持续发展综合指数走势

（二）中国可持续发展分项水平上升趋势中有所分化

从综合指数构成看，2017 年度以来，经济发展、社会民生和消耗排放三项指数均保持了稳步上升态势（见图 2），而资源环境和治理保护两项指数总体保持趋势性上涨，但近期增速有所下降。具体而言，2024 年度经济发展指数为 83. 9，同比增长 3. 3%，较 2017 年度提高了 45%；社会民生指数为 87. 4，同比增长 12. 8%，较 2017 年度提高了 63. 8%；消耗排放指数为 93. 6，同比增长 19. 4%，较 2017 年度增长 91. 4%。资源环境和治理保护两项指数分别在 2022 年度和 2023 年度达到峰值，2024 年度均出现了一定幅度下降；其中资源环境指数 2024 年度为 76. 3，较 2023 年下降 4. 9%，较 2022 年度峰值下降 6. 4%；治理保护指数 2024 年度为 77. 3，较 2023 年度峰值下降了 4. 1%。

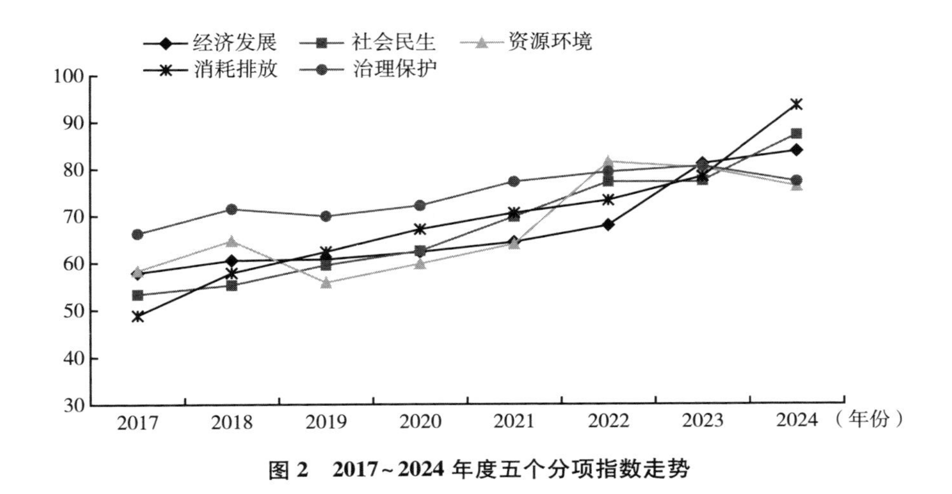

图 2　2017~2024 年度五个分项指数走势

二　中国国家可持续发展分项评价结果分析

分维度看，经济发展指数反映了经济增长的速度和质量，社会民生指数反映了社会发展和民生改善的程度，资源环境指数反映了生态资源优化和环境条件改善方面取得的成效，消耗排放指数体现出在节能减排方面所做的努力，治理保护指数体现出在生态治理和环境保护方面努力的结果。总体来看，五个维度的单项指数均呈现持续改善和稳步向好的态势。

（一）经济实现稳中有进的合理增长

经济发展指数从 2017 年度的 57.8 提升至 2024 年度的 83.9，年均增幅为 5.5%，较 2023 年度增长 3.3%（见图 3）。虽仍受疫情冲击和外部压力影响，中国经济 2022 年实际增速达到 3%，高于主要经济体，同时进出口贸易平稳增长，物价和就业保持平稳。

从二级指标项看，“创新驱动”、“结构优化”和“开放发展”三项均保持稳步增长，反映了中国经济发展质量得到有效提升。“创新驱动”在

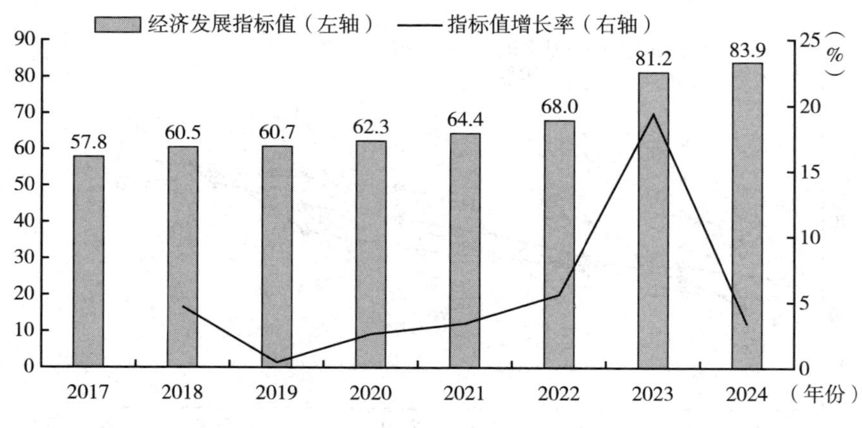

图3 2017~2024年度“经济发展”指数走势

四项指标中增速最快，2024年度该指标达到95.0，从2017年度以来年均增速达到11.3%。原因在于，近年来，中国实施创新驱动发展战略，加大对科技研发创新的投入。2022年，中国研发经费投入金额达到30782.9亿元，迈上了新的台阶。《国家创新指数报告2022-2023》评价数据显示，中国综合创新能力世界排名已升至第10位。在加快实施创新驱动发展战略推动下，“结构优化”指标呈现稳步增长态势，2024年度该指标同比增长0.9%，高技术产业得以迅速发展，规模以上高技术制造业、装备制造业增加值同比增长7.4%、5.6%。近年来，中国坚持对外开放基本国策，继续推动高水平对外开放，“开放发展”指标2024年度上升至95.0，同比增长了10%。相比而言，2024年度“稳定增长”指标出现了小幅下滑（见图4）。

（二）社会进步中民生得到持续改善

社会民生指数2024年度攀升至七年来的最高点87.4，同比增长12.8%，自2017年度以来年均增速达到7.3%（见图5）。近年来，中国持续推进社会事业发展进步，促进高质量充分就业，多渠道增加居民收入，缩小城乡区域间公共服务差距，不断完善社会保障体系，在促进创业就业中持

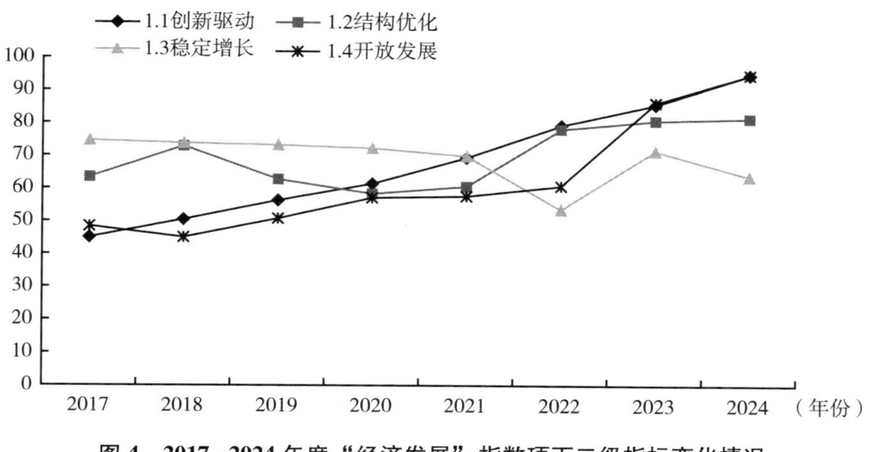

图 4　2017~2024 年度“经济发展”指数项下二级指标变化情况

续改善民生，充分保障居民平等享有改革发展成果的权利，使人民的获得感、幸福感和安全感更加充实，也更加可持续。

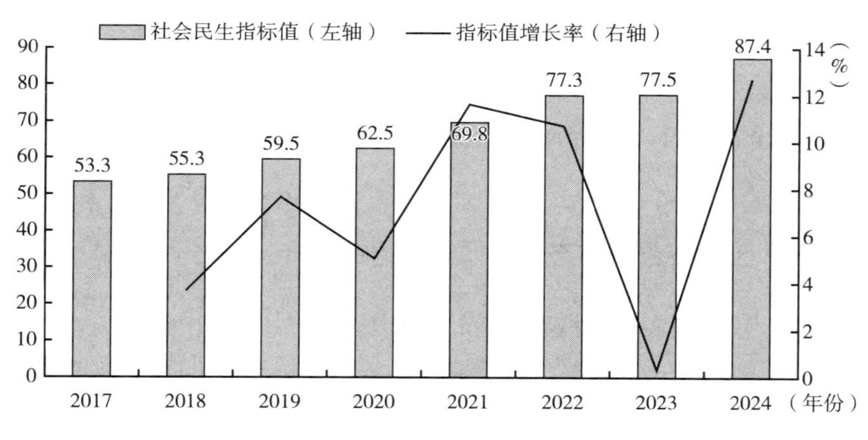

图 5　2017~2024 年度“社会民生”指数走势

具体分项看，“社会保障”、“教育文化”、“均等程度”和“卫生健康”等指标均表现出稳中有升的态势。其中，卫生健康方面改善幅度较大。2024 年度，该指标达到 95.0，同比增长 15.9%，年均增长 11.3%，反映了中国在卫生健康领域投入不断增加，医疗卫生资源持续提质扩容，卫生服务体系不断健全。这一年度，中国卫生人员总数比上年增加了 42.5 万人，医疗卫生机构增加近 2000 个，医疗卫生机构床位数量同比增长 3.2%。2024 年度，中国继续提高养老金待遇，持续改善民生福祉，社会保障指标升至 95.0，同比增长 4.7%，年均增速为 11.3%。同时，教育文化和均等程度指标也实现同比增长，2017 年度以来两项指标年均增速分别达到 3.5%和 4.0%（见图 6）。

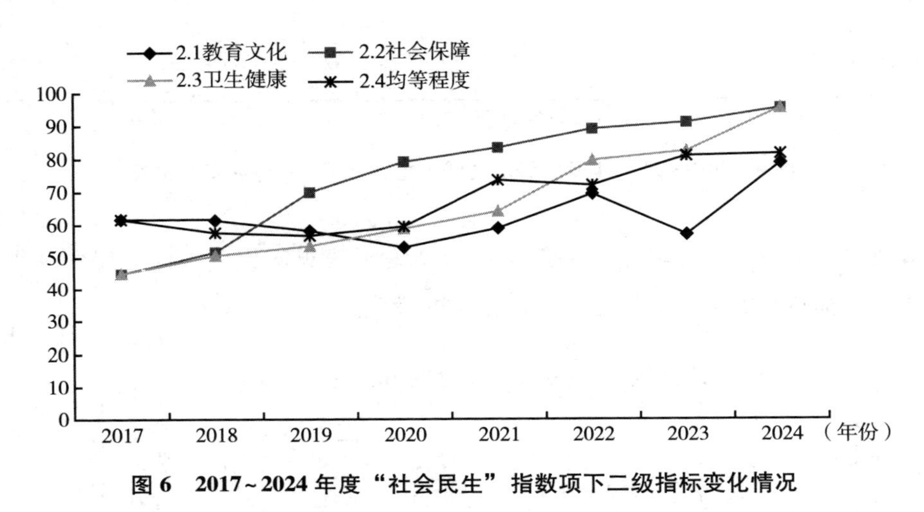

图 6　2017～2024 年度"社会民生"指数项下二级指标变化情况

（三）国土资源和生态环境质量趋势性提升

2024 年度，资源环境指数为 76.3，同比下降 4.9%（见图 7），主要源于人均湿地面积、水资源等指标值有所下滑。2017 年度以来，该项指数走势有所起伏，但总体呈现趋势性上升，年均增速为 3.9%。

从分项指标看，2024 年度，"国土资源""水环境""大气环境"三项指标均出现不同程度下滑（见图 8）。具体而言，国土资源指标跌至 68.6，同比下降 0.7%，自 2017 年度以来年均降幅为 1.7%，主要源于人均湿地、草原等面积的下滑。水环境和大气环境指标 2024 年度也出现了下降，但自 2017 年度以来的年均增速分别为 4.2%和 10.5%，反映了中国生态环境质量持续改善，同时环境安全形势基本稳定。水环境指标 2024 年度下降主要源

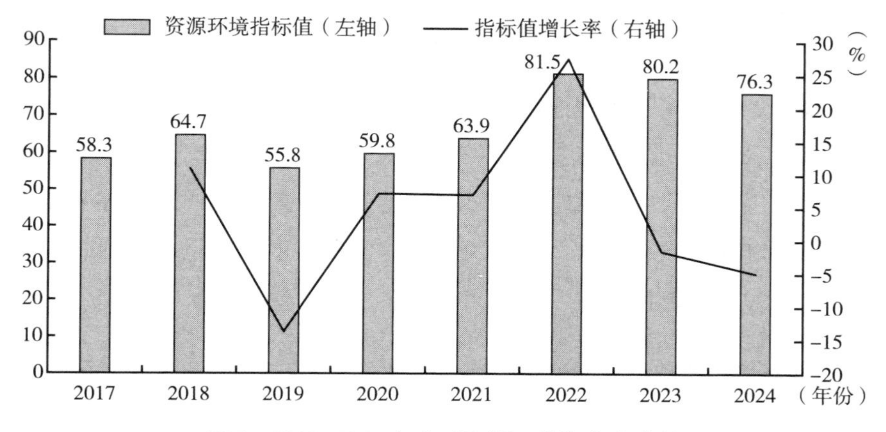

图 7　2017~2024 年度“资源环境”指数走势

于人均水资源量减少，但地表水质量有明显改善。这一年，中国地表水水质断面比例稳步提升，长江干流、黄河干流均全线达到了Ⅱ类水质。大气环境指标 2024 年度小幅下滑，主要源自地级及以上城市空气质量达标天数比例有所下降，空气质量整体保持优良状态。全国地级及以上城市细颗粒物（PM2.5）平均浓度降至每立方米 30 微克以内，连续近 10 年呈现下降态势；重度及以上污染天数比例为 0.9%，同比下降 0.4 个百分点。

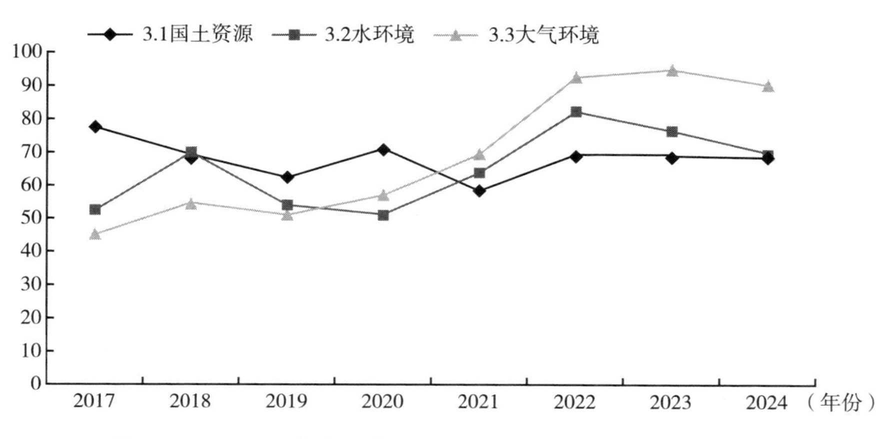

图 8　2017~2024 年度“资源环境”指数项下二级指标变化情况

（四）资源消耗和排放控制取得显著成效

消耗排放指数实现了快速增长，2024 年度达到 93.6，同比增长 19.4%，2017 年度以来年均增长率达到 9.7%，2 项增幅均在 5 个分项指数里最高（见图 9）。主要因为中国政府高度重视推进节能减排工作，并出台多项政策控制污染物和温室气体排放，包括实施能源消费强度和总量双控制度、主要污染物排放总量控制制度等。

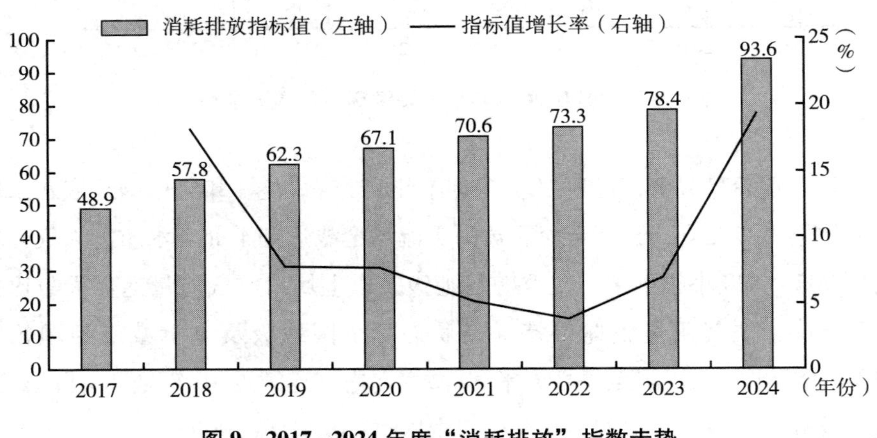

图 9　2017~2024 年度“消耗排放”指数走势

从分项指标看，2024 年度，土地消耗、水消耗、能源消耗以及主要污染物排放、工业危险废物产生量和温室气体排放 6 项指标均实现了快速增长，除主要污染物排放指标升至 86.7 以外，其余 5 项指标值均升至 95.0（见图 10）。具体而言，能源消耗和工业危险废物产生量指标同比增幅最大，分别达到 32.5% 和 85.2%，体现节能减排工作取得了实质性进展。2022 年 1 月，国务院印发的《“十四五”节能减排综合工作方案》进一步提出，“到 2025 年，全国单位国内生产总值能源消耗比 2020 年下降 13.5%……化学需氧量、氨氮、氮氧化物、挥发性有机物排放总量比 2020 年分别下降 8%、8%、10%以上……10%以上，重点行业能源利用效率和主要污染物排放控制水平基本达到国际先进水平”。

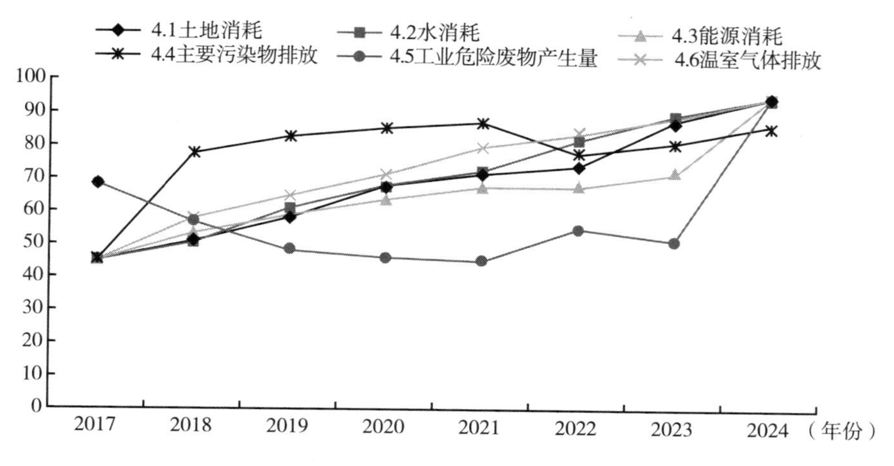

图 10　2017~2024 年度“消耗排放”指数项下二级指标变化情况

（五）生态环保治理效果整体向好

2024 年度治理保护指数下降至 77.3，同比下降了 4.1%（见图 11），主要源于治理投入减少和能耗强度下降率放缓；从趋势上看，自 2017 年度以来治理保护指数年均增长 2.2%，反映了中国在不断提升生态环境保护治理能力和治理水平。

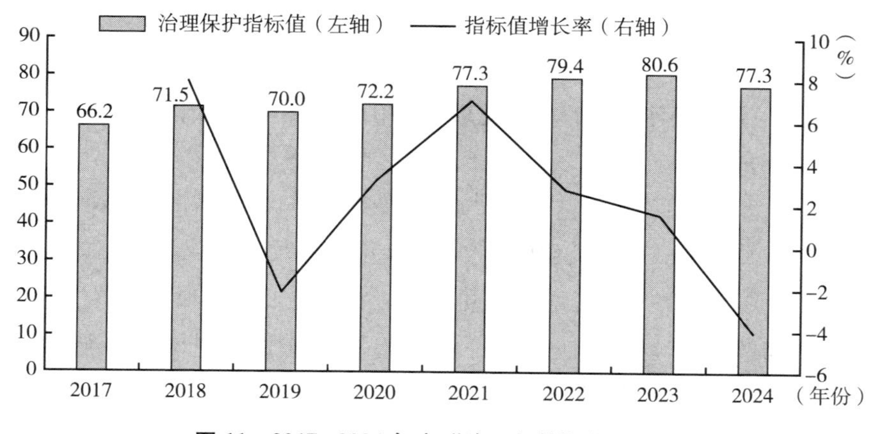

图 11　2017~2024 年度“治理保护”指数走势

从二级指标项看，2024 年度，治理投入和减少温室气体排放两项指标有所下滑。具体而言，治理投入指标降至 56.3，同比下降了 11.6%，其原因可能在于经济增速放缓情况下，部分地区环境治理资金筹集困难，投入力度有所减小。同时，减少温室气体排放指标降至 54.2，同比下降 25.1%，其原因可能来自能源保供稳价形势下，煤炭等化石能源需求的不断加大。废水利用率、固体废物处理、危险废物处理、垃圾处理均实现增长，单项指标值分别为 95.0、75.6、87.9 和 95.0（见图 12）。

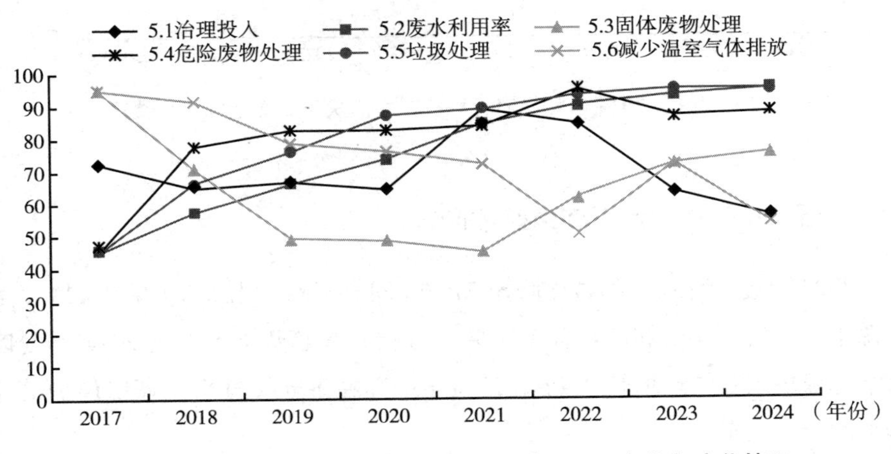

图 12　2017~2024 年度“治理保护”指数项下二级指标变化情况

三　中国可持续发展中面临的问题和挑战

从以上分析可以看出，中国可持续发展水平呈现趋势性上升态势，超过半数的环境类指标已提前实现联合国 2030 年可持续发展议程提出的发展目标；但可持续发展进程并非总是一帆风顺，在推进发展更加可持续过程中仍面临诸多问题和风险挑战。近年来，中国经济平稳增长与社会持续改善、环境可持续发展之间的不平衡不充分发展问题更加突出，现已在具体的各分项指数的波动走势中有所体现。当前，在复杂严峻的外部形势和艰巨繁重的改革发展稳定任务背景下，持续推进中国的可持续发展依然任重而道远。

（一）统筹环境保护、低碳转型与稳增长难度在加大

新时代新征程上，推进高质量发展仍将面临资源短缺、环境保护的压力，也面临持续减污降碳增绿的约束要求。在环境条件约束日益趋紧下，稳定经济增速和发展质量的困难增大。经济下行压力下，社会发展和环境保护中的矛盾风险也表现得更为突出，推动能源结构和产业结构调整的难度也在加大，须在减碳、能源安全与经济发展方面做好综合平衡。当前，中国仍处在工业化和城镇化发展的阶段，优化能源结构、推动绿色低碳转型，任务艰巨繁重。保持经济增长的合理速度是推动经济高质量发展的必要条件，若经济不能达到合理均衡的发展，将缺少必要的物质基础支撑减污降碳增绿等工作，也难以有足够的资金资源投入维持生态治理和环境保护任务，因此，亟待在保持经济合理增速的前提下推动绿色低碳趋势发展，同时也要尽可能降低资源环境约束和节能减碳行动对经济增长的抑制作用，增强绿色低碳发展对经济增长的积极推动作用，逐步提升经济发展中的“含绿量”，降低经济总量中的“含碳量”。在市场经济条件下，从事节能环保事业已成为一项有利可图的经济活动，因而着力发展绿色经济和低碳产业将成为驱动经济增长的新动能之一。联合国可持续发展解决方案网络发布的《2024 年可持续发展目标报告》显示，接近一半的目标进展缓慢或一般，超过 1/3 的目标停滞不前或倒退；中国在环保（化石燃料减排与污染治理力度以及城市化中的平衡发展）、社会平等（城乡及区域间发展差距）等领域仍面临挑战。考虑到未来技术突破的方向、经济性等尚未达成广泛共识，推进工业、建筑、交通等领域低碳转型面临较大风险和不确定性，如工业脱碳的难度在于很多生产环节难以推动实现电气化。

（二）社会民生领域仍有很多短板弱项有待补齐

当前及今后一段时间，中国社会民生领域仍有诸多薄弱环节和“历史欠账”，与人民日益增长的美好生活需要相比还有一定的差距。比如，城乡区域收入分配差距依然较大，就业、教育、医疗、居住、养老等公共服

务不均等问题突出，还存在托育一“位”难求、养老一“床”难求等现象，高校毕业大学生等重点群体面临就业难择业难问题，城市充电桩等配套设施尚未跟上新能源汽车推广使用步伐，地下城市管网、“城中村”等有待更新改造，重点文化旅游景点服务设施和能力跟不上，中高端的教育、养老、医疗等服务供给不足。未来，亟待加大卫生健康、教育体育、创业就业、文化旅游、托幼养老、家政服务等领域投入，进一步补齐社会民生领域的“欠账”。

（三）如期完成碳达峰碳中和目标的挑战较大

当前，日益严峻的气候变化问题是人类面临的重大而紧迫的全球性挑战。中国政府提出要在 2030 年实现碳达峰和 2060 年实现碳中和的目标，而要实现这一目标绝非易事，需要花费更多的时间和精力，投入更多的资源和资金，甚至还有可能牺牲一定的增长速度，付出一定的经济代价。短期来看，中国以煤炭为主的能源结构并没有得到根本性改变，作为二次能源的电力仍然依靠燃煤发电获得。通常来说，火力发电供热仍然是主要污染物和二氧化碳排放的重要来源。随着极端气候下电力供应压力加大，要确保能源安全和电源的可靠供应，仍然离不开煤炭等化石能源在电力保供中的兜底保障作用。推进化石能源向清洁能源过渡不可一蹴而就，现实的选择是在大力发展清洁能源的同时，加快推动化石能源的清洁化利用，运用碳捕捉、封存和利用技术处理使用化石能源排放的二氧化碳，减少经济活动中净碳排放。除了能源部门外，钢铁、有色、化工、建材等工业部门也是耗能和排放的大户，降低这些高碳部门的碳排放也需要有一个较长的过程，短期内二氧化碳的排放总量还会上升，已建或在建的交通、热力电力、数据中心等基础设施还将存续较长时间，建设、运营和维护这些基础设施还将面临较高的二氧化碳排放。然而，在减碳已形成全球共识的趋势下，能源结构和工业结构的绿色低碳化调整是必然趋势，但现有资源禀赋和生态环境承载力对经济发展的约束增强，煤炭、电力、钢铁、化工、建材等工业部门结构调整转型难度不小，如期实现碳达峰碳中和的目标任务压力较大。

四　推动中国可持续发展的政策建议

实现中华民族永续发展，要坚定不移走生产发展、生活富裕、生态良好的现代文明发展道路。《中共中央关于进一步全面深化改革 推进中国式现代化的决定》提出，要紧紧围绕推进中国式现代化进一步全面深化改革，聚焦构建高水平社会主义市场经济体制，聚焦提高人民生活品质，聚焦建设美丽中国，也要健全保障和改善民生制度体系，深化生态文明体制改革，协同推进降碳、减污、扩绿、增长。基于此，在政策制定和实施中，迫切要求统筹处理好经济、社会、环境三者之间的协调互动关系，统筹做好改革、发展、稳定的一致性评估工作，统筹国际和国内推动全球发展倡议走实走深，为推进联合国 2030 年可持续发展议程贡献力量。

（一）持续推动经济实现质的有效提升和量的合理增长

经济发展为社会发展和环境改善提供了重要的物质技术基础。推动经济实现质的有效提升和量的合理增长是顺应时代发展的必然要求，是着力推动高质量发展的内在要求，为推进中国式现代化奠定坚实的物质基础，为安全发展提供坚实的支撑保障。推动经济实现质的有效提升和量的合理增长，要进一步全面深化改革，充分调动一切积极因素，持续激发经济发展内生动力。

一方面，要把实施扩大内需战略同深化供给侧结构性改革有机结合起来，既要突破供给侧面临的约束堵点，推动实现科技高水平自立自强，增强原创性创新和自主创新能力，因地制宜培育新质生产力，形成更高效率的投入产出关系；也要挖掘用好超大规模市场需求的潜力，通过扩大国内需求支持技术更新迭代，促进新动能加快成长，进而推动形成供给创造需求、需求牵引供给的良性循环，实现供需在更高水平上的动态平衡。

另一方面，要把有效市场和有为政府更好地结合起来，既要进一步全面深化改革，充分发挥市场在资源配置中的决定性作用，进一步畅通经济循环，构建全国统一大市场，建设高标准市场体系，培育完整的内需体系，深度参与全球产业分工和合作，推动新发展格局高水平构建；也要强化宏观经济治理，充分发挥国家发展规划的战略导向作用，加强财政政策和货币政策协调配合，促进全面深化改革和完善政策措施协同发力，增强宏观政策取向的一致性，更好发挥政府作用，弥补市场失灵。

（二）在持续推动高质量发展中保障和改善民生

民生为大，关系国家的可持续发展、社会稳定、人民的幸福。增进民生福祉是高质量发展的根本目的。要着力解决人民群众急难愁盼问题，尚需持续加大民生领域投入，推进重点民生领域补短板、强弱项、提质量，着力解决人民群众最关心、最直接、最现实的民生问题。

一方面，要促进高质量充分就业。在经济下行期继续实施以工代赈项目，多渠道增加居民收入；不断健全就业公共服务体系，完善降低失业保险、工伤保险费率的政策，进一步完善高校毕业生、农民工、退役军人等重点群体的就业支持体系，健全终身职业技能培训制度。要深入实施以人为本的新型城镇化战略，把推进农业转移人口市民化作为新型城镇化首要任务，推动实施新一轮农业转移人口市民化行动，深化户籍制度改革，努力缩小户籍人口城镇化率与常住人口城镇化率差距，促进农业转移人口在城镇稳定就业；继续实施潜力地区城镇化水平提升行动，促进人口和公共服务资源适度集中；继续实施现代化都市圈培育行动，推进公共服务共建共享；继续实施城市更新和安全韧性提升行动，打造宜居、韧性、智慧城市。

另一方面，要做好科教文卫领域的社会民生保障工作。深入推进药品和医用耗材集中带量采购提质扩面，深化医疗服务价格、医保支付方式、公立医院薪酬制度改革，促进医疗、医保、医药协同发展和治理，完善医疗保障体系和大病救助制度，推进紧密型医联体建设，强化基层医疗卫生服务，持续解决城乡医疗资源不充分不均衡发展的问题。推进基本养老保险全国统筹，健全基本医疗保险参保长效机制，促进专业化、规模化的医养结合项目建设。主动适应人口少子化、老龄化发展趋势，深化“一老一小”等公共服务改革，完善生育、养育、教育等政策配套，优化基本养老服务供给，培育社区养老服务机构，推进互助性养老服务，加强普惠育幼服务体系建设，支持用人单位办托、社区嵌入式托育、家庭托育点等多种模式发展，不断满足日益增长的养老托育服务需求。推进城乡区域基本公共服务均等化，建立健全普惠性、基础性、兜底性的民生保障制度体系，努力在推进高质量发展中保障和改善民生，努力让全体人民同享改革发展成果。

（三）进一步加大资源节约和生态环境保护力度

节约资源和保护环境仍然是中国的一项基本国策。解决资源环境生态问题，实现人与自然和谐共生的现代化，必然要求树立和践行绿水青山就是金山银山的理念，以碳达峰碳中和工作为引领，深入推进生态文明体制改革，不断健全节能环保、绿色低碳和循环经济的发展机制，推动经济社会集约化、绿色化、低碳化转型发展，全面推进美丽中国建设。

一方面，深入实施全面节约战略、大力发展循环经济、绿色经济、低碳产业，把节能节水等资源节约理念贯穿于经济社会发展全过程和各领域，实施重点领域和行业节能降碳改造行动，建立健全节能降碳管理机制，强化水、粮食、土地、矿产、原材料等资源节约高效利用，建立健全支持资源节约的财税、价格、金融等配套政策，建立健全资源环境要素市场化配置体系，加快制修订一批能耗限额、产品设备能效等强制性国家标准，加快推广能效达到先进水平和节能水平的用能设备，着力推进重点领域设备产品更新，推动工业企业清洁生产、园区循环化发展，建设交投便利、绿色高效的废旧物资回收网络，健全废弃物循环利用体系，有序推进再制造和梯次利用，推动资源高水平再生利用。

另一方面，构建绿色低碳高质量发展空间格局。要进一步优化国土空间开发保护格局，致力于打造绿色低碳高质量发展的增长极和动力源。要进一步完善重点领域生态保护补偿机制，织牢区域间生态保护补偿的合作网络，健全横向生态保护补偿机制，探索构建生态治理多元投入机制，完善生态产品价值实现机制，推动生态保护和修复领域重大工程建设，打造一批国家生态文明试验区。要加快推动污水、垃圾、固体废物、危险废物、医疗废物处理处置和监测监管设施建设，转变资源利用方式、提高资源利用效率。推进生态环境基础设施一体化、智能化、绿色化发展，加强城乡人居环境整治，加大县级地区生活垃圾焚烧处理设施补短板强弱项力度，加强生活污水垃圾处理设施建设和管理。要在全社会深入推进资源节约、生态环保、绿色生活创建行动，基本形成绿色生产方式和生活方式，基本建立绿色低碳循环发展经济体系，尽量基本实现美丽中国建设的目标。

（四）多措并举降低污染物排放和温室气体排放

绿色发展是中国高质量发展的底色，是高质量推进中国式现代化的内在要求，是高品质建设美丽中国的重要标志。保护自然生态不被人为破坏，促进人与自然和谐共生，必然要求有效管控人类的行为足迹，有效控制人类活动对自然系统的排放。随着应对气候变化问题变得日益迫切，当务之急是控制温室气体的排放，中国生态文明建设的重点就要转向以碳达峰碳中和目标为指引，推动生态环保和节能降碳的协同增效，在持续改善生态环境质量同时，加快培育以绿色低碳为鲜明特征的新质生产力，尽快实现经济社会发展全面绿色低碳转型。

一方面，要紧紧围绕碳达峰、碳中和目标，把减污降碳摆在做好节能环保工作的突出位置，落实好已制定出台的碳达峰碳中和政策措施，深化以减污降碳为主导的体制机制改革，遵照《加快构建碳排放双控制度体系工作方案》要求，从信息披露角度做好碳排放的统计核算，从产品认证上明确低碳产品的标识，从可回溯角度开展碳足迹管理，从排放权交易上推进形成多买多卖的碳交易市场，开展温室气体自愿减排交易，分步骤实施好减污降碳等重大行动和重点工程。要进一步发挥科技创新对绿色低碳发展的重要支撑作用，加快绿色低碳领域的关键核心技术攻关，不断完善绿色技术创新体系，鼓励先进适用的节能降碳技术和碳利用技术的示范推广；稳妥推进能源、钢铁、建材等部门的绿色低碳转型，持续推进煤炭清洁高效利用，加快构建新型能源供给消纳体系；健全绿色低碳发展机制，推进重点领域和行业的清洁生产和低碳改造升级，积极发展绿色经济和低碳产业，广泛运用数字化工具推动绿色转型发展；推进建筑、交通等领域绿色低碳改造升级，推动交通运输清洁燃料替代，推进交通基础设施绿色低碳改造，发展应用新能源汽车等交通运输工具，推广应用绿色低碳建筑材料，推动农业循环经济发展和农村绿色发展；巩固提升生态系统碳汇能力，支持经营主体“应用尽用”碳交易市场，按照市场化原则推进温室气体自愿减排交易，开展绿色电力证书交易，加强碳标识信息披露，将其纳入倡导披露的环境、社会及公司治理报告。

另一方面，要构建支持全社会绿色低碳转型的政策体系和标准体系。优化政府绿色采购政策，健全对绿色产品的财政补贴扶持，进一步完善绿色税制，发挥税收对污染物和二氧化碳排放的调节作用，全面推行水资源费改税，完善环境保护税征收体系，落实相关税收减免支持政策，引导和规范社会资本参与绿色低碳项目，实施健全绿色消费激励机制，促进绿色低碳循环发展经济体系建设，激发绿色低碳发展内生动力和市场活力。研究制定绿色金融和碳金融的支持政策和标准，用好绿色信贷、绿色债券等绿色金融产品，探索绿色股权等直接融资模式，开发绿色融资租赁、绿色信托等新的绿色金融工具，发挥好碳减排支持工具等结构性货币政策的作用，为绿色转型和低碳改造活动提供多渠道的投融资支持；同时理顺水资源、能源电力等要素资源价格改革，完善居民阶梯电价、水价收费标准，减少交叉补贴等价格扭曲现象，完善固体废弃物处置收费方式，推进中低值固体废弃物的资源化利用，因城施策完善城镇生活垃圾分类制度，探索城乡生活垃圾处理计量收费和差别化收费相结合的模式，逐步提升生活垃圾处理费征收率，构建更加公平合理、高效可持续的垃圾处理费用分担机制。

参考文献

中国科学技术发展战略研究院：《国家创新指数报告 2022-2023》，科学技术文献出版社，2024。

国家统计局编《中国统计年鉴（2023）》，中国统计出版社，2023。

国家统计局社会科技和文化产业统计司编《中国高技术产业统计年鉴（2023）》，中国统计出版社，2023。

王一鸣：《中国碳达峰碳中和目标下的绿色低碳转型：战略与路径》，《全球化》2021年第6期。

《中共中央关于进一步全面深化改革、推进中国式现代化的决定》，人民出版社，2024。

B.7

中国省级可持续发展进展与评价

翟羽佳　王 佳*

摘　要： 根据中国省级可持续发展指标体系测算分析，2024年度发展较好的省份有北京市、上海市、广东省、重庆市、浙江省、天津市、福建省、江苏省、海南省、湖南省等。总体来看，东部地区可持续发展综合得分较高，西部和中部地区均有省市进入前列，东北地区发展相对偏弱。从经济发展、社会民生、资源环境、消耗排放和治理保护五个维度看，发展较全面均衡的省份数量较少，区域发展不均衡问题日益突出，尤其是资源环境与经济发展之间的不协调较为明显。

关键词： 可持续发展　协调发展　省级情况

一　中国省级可持续发展指标体系

中国省级可持续发展指标框架由5个一级指标、25个二级指标和53个三级指标构成，权重按专家打分法设定（见表1）。按照这一指标评价体系，课题组对中国30个省份进行了测度（不含港澳台地区；因数据缺乏，西藏自治区未被选为研究对象）。

* 翟羽佳，中国国际经济交流中心科研管理和信息服务部助理研究员，主要研究方向为创新战略、可持续发展；王佳，国家开放大学助理研究员，主要研究方向为统计学、可持续发展、教育管理。

表 1　CSDIS 省级指标集及权重

一级指标（权重）	二级指标	三级指标	单位	权重（%）	序号
经济发展（25%）	创新驱动	科技进步贡献率*	%	0.00	1
		R&D 经费投入占 GDP 比重	%	3.75	2
		万人有效发明专利拥有量	件	3.75	3
	结构优化	高技术产业主营业务收入占工业增加值比重	%	2.50	4
		数字经济核心产业增加值占 GDP 比重*	%	0.00	5
		电子商务额占 GDP 比重	%	2.50	6
	稳定增长	GDP 增长率	%	2.08	7
		全员劳动生产率	元/人	2.08	8
		劳动适龄人口占总人口比重	%	2.08	9
	开放发展	人均实际利用外资额	美元	3.13	10
		人均进出口总额	美元	3.13	11
社会民生（15%）	教育文化	教育支出占 GDP 比重	%	1.25	12
		劳动人口平均受教育年限	年	1.25	13
		万人公共文化机构数	个	1.25	14
	社会保障	基本社会保障覆盖率	%	1.875	15
		人均社会保障和就业支出	元	1.875	16
	卫生健康	人口平均预期寿命*	岁	0.00	17
		人均政府卫生支出	元	1.25	18
		甲、乙类法定报告传染病总发病率	%	1.25	19
		每千人口拥有卫生技术人员数	人	1.25	20
	均等程度	贫困发生率	%	1.875	21
		城乡居民可支配收入比	—	1.875	22
		基尼系数*	—	0.00	23
资源环境（10%）	国土资源	人均碳汇*	吨二氧化碳	0.00	24
		林地覆盖率	%	0.83	25
		耕地覆盖率	%	0.83	26
		湿地覆盖率	%	0.83	27
		草原覆盖率	%	0.83	28
	水环境	人均水资源量	立方米	1.67	29
		全国河流流域一二三类水质断面占比	%	1.67	30
	大气环境	地级及以上城市空气质量达标天数比例	%	3.33	31
	生物多样性	生物多样性指数*	—	0.00	32

续表

一级指标（权重）	二级指标	三级指标	单位	权重（%）	序号
消耗排放（25%）	土地消耗	单位建设用地面积二三产业增加值	万元/公里^2	4.17	33
	水消耗	单位工业增加值水耗	米^3/万元	4.17	34
	能源消耗	单位 GDP 能耗	吨标煤/万元	4.17	35
	主要污染物排放	单位 GDP 化学需氧量排放	吨/万元	1.04	36
		单位 GDP 氨氮排放	吨/万元	1.04	37
		单位 GDP 二氧化硫排放	吨/万元	1.04	38
		单位 GDP 氮氧化物排放	吨/万元	1.04	39
	工业危险废物产生量	单位 GDP 危险废物产生量	吨/万元	4.17	40
	温室气体排放	单位 GDP 二氧化碳排放*	吨/万元	0.00	41
		非化石能源占一次能源消费比重	%	4.17	42
治理保护（25%）	治理投入	生态建设投入占 GDP 比重*	%	0.00	43
		财政性节能环保支出占 GDP 比重	%	2.50	44
		环境污染治理投资占总固定资产投资比重	%	2.50	45
	废水利用率	再生水利用率*	%	0.00	46
		城市污水处理率	%	5.00	47
	固体废物处理	一般工业固体废物综合利用率	%	5.00	48
	危险废物处理	危险废物处置率	%	5.00	49
	废气处理	废气处理率*	%	0.00	50
	垃圾处理	生活垃圾无害化处理率	%	2.50	51
	减少温室气体排放	碳排放强度年下降率*	%	0.00	52
		能源强度年下降率	%	2.50	53

*：指未纳入计算体系。

二　中国省级可持续发展数据处理及计算方法

省级可持续发展数据主要来自全国及各省区市的综合性统计年鉴，以及人口、科技、城市、卫生健康、环境、能源、贸易等多领域专业年刊，数据年份为 2022 年。

省级可持续发展数据处理及计算方法与国家级可持续发展数据及计算方法基本一致，包含“经济发展”“社会民生”“资源环境”“消耗排放”“治理保护”共 5 个一级指标，根据专家打分法分别赋予 25%、15%、10%、25%、25%的权重；下设二、三级指标（具体指标权重分配详见表 1）。受限于部分指标数据缺失，省级指标计算体系包含 42 个三级指标，其中 32 个正向指标、10 个逆向指标。对于正向指标，采用的计算公式为：

$$\frac{X - X_{\min}}{X_{\max} - X_{\min}} \times 50 + 45$$

对于负向指标，采用的计算公式为：

$$\frac{X_{\max} - X}{X_{\max} - X_{\min}} \times 50 + 45$$

42 个指标的标准化值均为 45~95。$X_{\max}$ 和 $X_{\min}$ 分别为 2022 年数据的最大值和最小值，X 为实际值。

三　中国省级可持续发展情况

（一）省级可持续发展综合情况

2024 年度，我国可持续发展情况较好的有北京市、上海市、广东省、重庆市、浙江省、天津市、福建省、江苏省、海南省、湖南省等（见表 2）。总体来看，东部地区①可持续发展综合情况较好，北京市和上海市保持领先地位，西部和中部地区潜力较大，尤其湖南省发展较快，东北地区发展相对较弱。

① 统计中所涉及东部、中部、西部和东北地区的具体划分为：东部 10 省（市）包括北京、天津、河北、上海、江苏、浙江、福建、山东、广东和海南；中部 6 省包括山西、安徽、江西、河南、湖北和湖南；西部 11 省（区、市）包括内蒙古、广西、重庆、四川、贵州、云南、陕西、甘肃、青海、宁夏和新疆；东北 3 省包括辽宁、吉林和黑龙江。

表 2　2024 年度可持续发展头部省份综合得分

单位：分

省份	总得分	省份	总得分
北京	81.43	天津	72.26
上海	77.75	福建	71.74
广东	72.77	江苏	70.43
重庆	72.50	海南	69.92
浙江	72.48	湖南	69.33

（二）省级可持续发展均衡程度

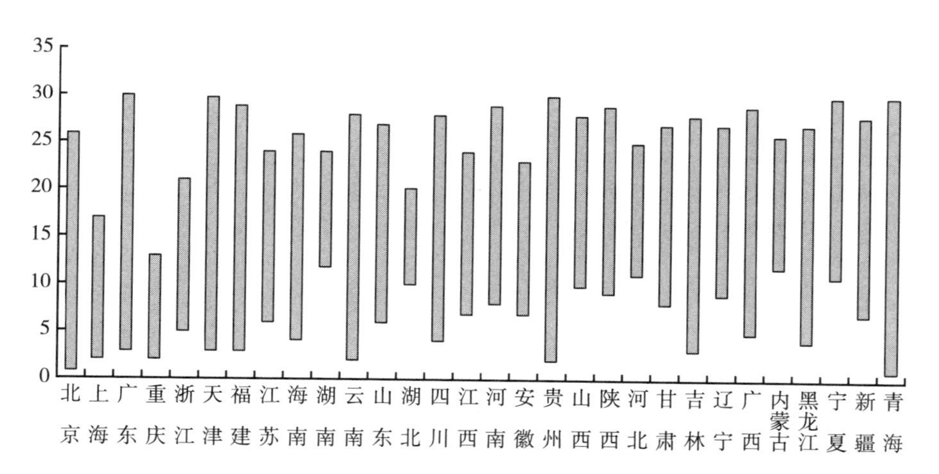

图 1　2024 年度 30 个省份可持续发展均衡程度

在可持续发展均衡程度的测算中，课题组以各地 5 项一级指标的排名极差为主要依据，差异值越高，则发展不均衡的问题越突出。从 2024 年度指标结果看，我国发展较均衡的省份数量少，发展不均衡问题日益突出，尤其是资源环境与经济发展之间的不协调较为明显（见图 1、表 3）。与上一年相比，全国有 9 个省份的可持续发展均衡程度有所提高，河北省、湖南省和浙江省发展较快；有 3 个省份的发展均衡程度不变，分别为青海省、贵州省和广东省；有 18 个省份发展不均衡问题加剧。全国 30 个省份的平均可持续

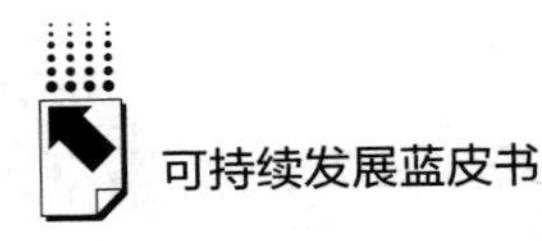

发展均衡度由 19.50 升至 20.20，其中东部地区由 21.70 降至 21.10，西部地区由 19.09 升至 21.36，中部地区由 16.67 降至 15.67，东北地区由 19.33 升至 22.00。我国区域发展不平衡的问题正在加剧，东部和中部地区在一定的经济基础之上，通过加强社会治理、资源利用等方式，实现了更为均衡的区域发展，而西部和东北地区的更多资源型城市，虽然为我国经济社会发展作出突出贡献，但由于统筹规划不足、资源衰减等原因，存在经济结构转型较慢、接续替代产业发展乏力等问题，需进一步加强人力资源获取和社会民生保障，提高资源利用效率，将资源优势转化为经济优势，提升城市可持续发展能力。

表 3　头部省份可持续发展均衡程度

省份	综合得分	单项得分				
		经济发展	社会民生	资源环境	消耗排放	治理保护
北京	81.43	21.66	11.93	5.91	21.22	20.71
上海	77.75	20.20	11.10	7.00	19.82	19.63
广东	72.77	16.78	9.12	7.03	20.10	19.74
重庆	72.50	14.86	10.36	7.08	19.77	20.43
浙江	72.48	16.31	10.11	6.90	19.82	19.35
天津	72.26	16.76	10.90	5.24	19.28	20.09
福建	71.74	15.17	9.32	7.59	20.34	19.32
江苏	70.43	16.26	10.09	6.22	18.79	19.08
海南	69.92	13.80	9.99	7.52	18.79	19.82
湖南	69.33	13.88	10.08	7.08	19.11	19.19

（三）五大类一级指标各省份主要情况

1. 经济发展

从 2024 年度经济发展指标来看，发展较好的省市有北京市、上海市、广东省、天津市、浙江省、江苏省、福建省、重庆市、山东省、湖北省等（见表 4）。

表 4　经济发展类分项的头部省份得分情况

单位：分

省份	得分(满分 25)	省份	得分(满分 25)
北京	21.66	江苏	16.26
上海	20.20	福建	15.17
广东	16.78	重庆	14.86
天津	16.76	山东	14.59
浙江	16.31	湖北	14.32

我国经济运行总体稳定，22 个省区市的国内生产总值（GDP）规模超 2 万亿元，其中广东省和江苏省 GDP 规模突破 12 万亿元；16 个省区市的 GDP 增速超过全国平均水平（3%），其中福建省和江西省以 4.7%的增速并列第一。随着经济逐步恢复，市场需求扩大，产业结构持续优化调整，创新水平快速提升，集聚高质量发展动能，从科技强、产业强到经济强的发展路径正在形成。北京研究与试验发展（R&D）经费投入强度达到 6.83%，为全国首位，上海以 4.44%的投入水平位居第二。在产业链供应链受到冲击的背景下，代表科技创新的高技术产业仍显示出较好的韧性，延续近年来较好的增长势头，成为经济持续发展的亮点。

2. 社会民生

从 2024 年度社会民生指标来看，发展较好的省区市有北京市、青海省、吉林省、黑龙江省、上海市、天津市、新疆维吾尔自治区、甘肃省、辽宁省、江西省等（见表 5）。

表 5　社会民生类分项的头部省份得分情况

单位：分

省份	得分(满分 15)	省份	得分(满分 15)
北　京	11.93	天　津	10.90
青　海	11.35	新　疆	10.62
吉　林	11.35	甘　肃	10.48
黑龙江	11.17	辽　宁	10.46
上　海	11.10	江　西	10.41

聚焦民生关切问题，社会保障制度体系加快完善，民生保障有力有效更有温度。各省区市教育文化、民生保障等投入总体呈上升趋势，经费与人口数量、经济体量等因素高度关联，不同地区存在较大差异。北京市、上海市作为经济高度发达的直辖市，在“教育经费”“劳动人口平均受教育年限”“人均社会保障和就业支出”“人均政府卫生支出”等方面均为全国前两位，尤其北京市每千人口卫生技术人员高达 13.53 人，远超第二名陕西省的 9.56 人。广东是人口和经济大省，且老龄化程度低，居民可支配收入居全国第六位，虽然近年来医疗、教育投入快速增长，教育经费达 3863.13 亿元，为全国第一，但资源总量及人均拥有量仍明显不足。此外，东北三省的“人均社会保障财政支出”均表现优异，医疗卫生和教育领域仍可进一步完善。

3. 资源环境

从 2024 年度资源环境指标来看，发展较好的省区市有青海省、贵州省、福建省、云南省、广西壮族自治区、海南省、江西省、四川省、黑龙江省、吉林省等（见表 6）。

表 6　资源环境类分项的头部省份得分情况

单位：分

省份	得分(满分 15)	省份	得分(满分 15)
青　海	8.35	海　南	7.52
贵　州	7.64	江　西	7.38
福　建	7.59	四　川	7.27
云　南	7.57	黑龙江	7.27
广　西	7.57	吉　林	7.21

各省区市统筹发展与安全，协调保护与开发，在严守资源安全底线的前提下，推动经济社会持续健康发展。各省区市平均林地、耕地、湿地和草地覆盖率分别为 39.83%、21.14%、2.00%和 9.47%，除林地覆盖率轻微下降外，其他均略有上升，林地、耕地、湿地和草原覆盖率较上年增长的省份数

量分别为 13 个、14 个、6 个和 15 个，多数省份的指标数据较上年有所下降。福建省以 70.80%的“林地覆盖率”位居全国第一；河南、山东作为农业大省，“耕地覆盖率”均在 40%以上；上海市是全国唯一一个“湿地覆盖率”超过 10%的地区；青海的“草地覆盖率”高达 54.61%。我国水资源总体短缺且分布严重不均，全国近 2/3 的地区存在不同程度缺水，各省份人均水资源量由上一年的 3124.2 立方米降至 2034.9 立方米，超过平均水平的省份数量由 15 个降至 13 个，人均水资源量低于联合国极度缺水标准（500 立方米）的省份由 4 个增至 8 个。青海省以人均 12206.9 立方米的水资源量居全国首位，且断面水质优良率 100%，广西壮族自治区、云南省、海南省、新疆维吾尔自治区等人均水资源量也分别超过 3500 立方米。大气环境整体呈现向好趋势，云南省、贵州省、海南省、福建省、青海省等空气质量居全国前列，河南省、天津市、山东省等表现欠佳。

4. 消耗排放

从 2024 年度消耗排放指标来看，发展较好的省市有北京市、云南省、福建省、四川省、广东省、浙江省、上海市、重庆市、陕西省、天津市等。北京市保持领先地位，云南省发展较快（见表 7）。

表 7　消耗排放类分项的头部省份得分情况

单位：分

省份	得分(满分 25)	省份	得分(满分 25)
北京	21.22	浙江	19.82
云南	20.39	上海	19.82
福建	20.34	重庆	19.77
四川	20.11	陕西	19.33
广东	20.10	天津	19.28

各省区市加强能源资源全面节约与高效利用，积极推动能耗双控逐步向碳排放双控转变。与上一年相比，全国 30 个省区市的“单位工业增加值水耗”均呈明显下降趋势，20 个省份的“单位 GDP 能耗”下降，26 个省份“单位建设用地面积二三产业增加值”上升。北京市持续推进经济结构转

型，加强重点领域节能管理，“单位工业增加值水耗”“单位 GDP 能耗”等多个指标均为全国最低水平。上海市“单位建设用地面积二三产业增加值”高达 39.70 亿元/公里^2，土地资源利用率居全国首位。各省区市非化石能源占一次能源消费比重稳步提升，依托风、光、水等能源资源丰富的优势，青海省、云南省、四川省等地区的清洁能源利用指标居全国前列。

5. 治理保护

从 2024 年度治理保护指标来看，发展较好的省市有北京市、重庆市、天津市、海南省、广东省、山东省、安徽省、河南省、上海市、山西省等。与上一年相比，北京市、重庆市和天津市治理保护效果显著（见表 8）。

表 8　治理保护类分项的头部省份得分情况

单位：分

省份	得分(满分 25)	省份	得分(满分 25)
北京	20.71	山东	19.72
重庆	20.43	安徽	19.71
天津	20.09	河南	19.64
海南	19.82	上海	19.63
广东	19.74	山西	19.41

各省区市持续提升生态环境治理效能，温室气体排放情况有所好转，平均大气 CO_2浓度增加量低于过去十年平均值，“城市污水处理率”已在 95%以上，“生活垃圾无害化处理率”均达到 98%以上，“一般工业固体废物综合利用率”“危险废物处置率”等指标也都有所提升。其中，北京市的“环境污染治理投资占总固定资产投资比重”达到 2.46%，为全国最高水平，“一般工业固体废物综合利用率”由 58.8%上升至 83.6%，“城市污水处理率”“能源强度呈下降率”也都较上一年有明显改善。河南省的“城市污水处理率”“一般工业固体废物综合利用率”均略有提高，但改善速度不及其他城市，且“危险废物处置率”“生活垃圾无害化处理率”有所下降，单位 GDP 能耗轻微增长。

四　中国省级可持续发展对策建议

根据以上指标数据分析，为促进各地实现更均衡、可持续的高质量发展，提出以下几点发展建议。

一是促进区域间发展更加均衡。区域协调发展是推动高质量发展的关键支撑，是实现共同富裕的内在要求，是推进中国式现代化的重要内容。党的十八大以来，在京津冀协同发展、长江经济带发展、粤港澳大湾区建设、长三角一体化发展、黄河流域生态保护和高质量发展等一系列区域重大战略的推动下，各地区加快融入新发展格局。我国幅员辽阔，各省区市发展基础、资源禀赋等情况差距较大，不同地区在国家发展全局中承担的功能定位不同，不同省份在可持续发展中存在各自的优劣势，统筹区域协调发展任务仍较为艰巨。整体来看，东西部地区在经济发展和社会民生服务领域的差距较明显，西部地区受资源环境保护压力，产业转型升级相对滞后，北部地区尤其是东北三省老龄化程度高于全国水平，不利于其发展。此外，边境省份还存在人口流失、乡村空心化等问题，资源型地区产业转型面临资金、技术、人才等因素制约。进一步促进区域协调发展，要尊重客观规律，依托各区域资源禀赋进行合理分工，实现各省区市优势互补、优化发展，带动周边地区高质量发展，增强各省区市之间发展水平的均衡性。可考虑加快推进城市群、都市圈建设，充分发挥发达省份的引领优势和各地区资源禀赋特点，尽快实现以城市群、都市圈为依托，构建大中小城市协调发展格局。

二是加快增强省内可持续发展弱项。当前，各省区市自身发展不均衡问题日益突出，尤其是经济发展与资源环境之间的不协调较为明显。我国作为人口规模巨大的发展中国家，人均资源占有量远低于世界平均水平，在谋求经济社会发展的过程中，长期面临资源和环境方面的约束瓶颈。在各地“稳增长”需求下，能源资源消耗居高不下，给资源环境带来较大压力。从可持续发展评分中可以看出，综合得分排名靠前的省份普遍存在经济发展、消耗排放得分高，社会民生、资源环境、治理保护相对薄弱的情况，例如福建省在经济发展、资源环境、消耗排放等单项得分均居全国前列，但由于社会民生和治理保护略有不足，综合排名有所下降；与之对比，青海省肩负国家生态安全重任，虽然资源环境类指标得分连续排名第一，但其经济发展相对落后，产业升级较为困难，消耗排放改善不足，可持续发展综合得分并不理想。应在保证经济合理增速的情况下，通过加强可再生能源利用、提高能效等方式，平衡增长和环境的关系。同时，加强高质量的公共服务、教育卫生等民生建设工作也十分重要，这不仅能满足人民群众对美好生活的期待，更是推动省区市高质量、可持续发展的关键。

三是因地制宜培育高质量发展优势。党的二十届三中全会通过的《中共中央关于进一步全面深化改革　推进中国式现代化的决定》指出，“健全因地制宜发展新质生产力体制机制”。各省区市应基于产业基础、自然资源、劳动力结构、技术水平等要素禀赋，立足自身比较优势，加快形成同新质生产力更相适应的生产关系。当前，我国的粮食大省多位于北部地区，能源富集地以山西省、陕西省、内蒙古自治区、新疆维吾尔自治区为主，而北京市、上海市、广东省等东部地区的省份拥有更多的人才、技术等资源，不同省区市应充分发挥自身优势，打造特色鲜明的新质生产力的先行区和示范区，鼓励具备产业基础和技术能力的资源型省区市开展精深加工，引导产业转型升级，同时发挥好市场化机制，推动粮食主产区和主销区之间、资源输出地和输入地之间、生态保护地和受益地之间的利益补偿，体现生态产品价值，促进资源富集地的经济社会发展，提升地区可持续发展水平。因地制宜促进边境省份发展，推动互市贸易、沿边开放，实现兴边富民、稳定繁荣。

参考文献

任艳：《区域协调发展与现代产业体系构建的政治经济学阐释》，《经济纵横》2020

年第6期。

王萍：《为区域协调发展提供坚实法治保障》，《中国人大》2024年第8期。

葛丰：《区域协调发展是推动高质量发展的关键支撑》，《中国经济周刊》2024年第Z1期。

国家统计局：《中国统计年鉴（2023）》，中国统计出版社，2023。

中国气象局：《2022年中国温室气体公报》，《中国气象报社》2023年12月1日。

B.8
中国城市可持续发展进展与评价

郭 栋　王 佳　王安逸　柴 森　王 超*

摘　要：　本报告详细评价了2024年度中国城市的可持续发展表现，并精选了部分表现优秀的城市进行展示。依据中国可持续发展指标体系（CSDIS）对其进行详细分析，2024年度，位于东部沿海和首都都市圈经济发达的城市仍然表现出较高的可持续发展水平。本报告基于中国可持续发展指标体系的经济发展、社会民生、资源环境、消耗排放和环境治理五大类指标进行分析，揭示了中国大中城市可持续发展水平的整体情况及均衡情况。总体来看，城市可持续发展五大类指标发展不同步，显著不均衡的现象依然存在，在追求经济发展的同时，城市应该关注社会民生和环境治理等多个领域的发展，提高城市的可持续发展均衡程度，更好地实现城市的可持续发展。

关键词：　中国可持续发展　城市可持续发展　可持续发展均衡度

引　言

可持续发展旨在实现经济、社会、资源和环境保护的协调发展，最终目

---

* 郭栋，美国哥伦比亚大学可持续发展政策与管理研究中心副主任，教授，博士，主要研究方向为可持续企业管理、可持续城市政策及评价、可持续金融；王佳，中国国家开放大学助理研究员，主要研究方向为可持续发展、教育管理；王安逸，美国哥伦比亚大学可持续发展政策与管理研究中心副研究员，主要研究方向为可持续城市、可持续机构管理、可持续发展教育；柴森，河南大学经济学院博士研究生，主要研究方向为可持续发展、区域经济学；王超，河南大学经济学硕士，主要研究方向为区域经济学。感谢哥伦比亚大学石天杰教授的指导，及河南大学硕士生司芳洁、高琳依，中央财经大学苏筱雅对项目开展作出的贡献。

标是实现共同、协调、公平、高效、多维的发展，致力于为所有人提供一个稳定、健康和公平的生活环境，从而促进全球范围内的长期繁荣与和平。这种发展模式强调在满足当前需求的同时，不损害未来世代满足其需求的能力，并在经济增长、社会进步、资源利用和环境保护方面保持平衡。当前世界面临自然灾害频发、人道主义危机等多重挑战，严重破坏了全球推进实现可持续发展目标的努力。2023 年 9 月，在第 78 届联合国大会高级别会议周上，联合国 193 个会员国代表将“挽救可持续发展目标”作为本年度高级别会议周议程的重中之重，其间各国国家元首和政府首脑召开可持续发展目标峰会，用以审核《2030 年可持续发展议程》和可持续目标的落实情况。2023 年 11 月，在迪拜召开的联合国气候变化大会上，各缔约方首次评估了《巴黎协定》签订以来的执行情况，体现了国际社会对可持续发展的高度重视。

自签署《2030 年可持续发展议程》以来，中国将可持续发展目标融入自身发展战略，积极推动落实，为全球提供了宝贵的经验借鉴。近年来，习近平主席始终关注中国在可持续发展方面的进展，2024 年 4 月 24 日，习近平主席向第四届联合国世界数据论坛致信中强调：“可持续发展是人类社会繁荣进步的必然选择，实现强劲、绿色、健康的全球发展是世界各国人民的共同心愿”;[①] 2023 年 11 月 6 日，在亚太经合组织领导人同东道主嘉宾非正式对话会暨工作午宴时，习近平主席再次重申：“可持续发展是解决当前全球性问题的‘金钥匙’。当前形势下，我们要进一步凝聚共识，聚焦行动，为全球可持续发展事业注入更大动力。”[②] 习近平主席关于可持续发展的一系列重要论述为中国践行世界可持续发展事业提供了中国特色方法路径。中国在积极落实和推动可持续发展理念方面采取了一系列重要举措，为进一步推动经济社会的绿色转型、为实现可持续发展提供了制度保障，2024

① 《习近平向第四届联合国世界数据论坛致贺信》，https：//www. gov. cn/yaowen/2023-04/24/content_ 5752969. htm。

② 《习近平出席亚太经合组织领导人同东道主嘉宾非正式对话会暨工作午宴》，https：//www. gov. cn/yaowen/liebiao/202311/content_ 6915745. htm。

年 7 月，中共中央和国务院联合印发的《关于加快经济社会发展全面绿色转型的意见》指出："以碳达峰碳中和工作为引领，协同推进降碳、减污、扩绿、增长，深化生态文明体制改革，健全绿色低碳发展机制，加快经济社会发展全面绿色转型，形成节约资源和保护环境的空间格局、产业结构、生产方式、生活方式，全面推进美丽中国建设，加快推进人与自然和谐共生的现代化。"这些政策和意见的实施，旨在推动中国经济社会向绿色、低碳的可持续方向发展，促进人与自然的和谐共生。

城市可持续发展已成为区域可持续发展中的重要组成部分。城市是全球承载人口最密集的地区，是可持续发展进行的重要区域载体，联合国人居署《2022 年世界城市报告》指出 2021 年全球城市人口占 56%，预计到 2050 年将达到 68%，越来越多的人口集聚到城市，故而实现人类可持续发展的关键在于城市。从经济角度看，城市在全球经济总量中占据绝对优势地位，其不断集聚的人口规模和发展的产业为经济增长提供了强劲动力；从社会角度看，城市的可持续发展需要综合考虑社区、城市和国家，对社会和谐发展起到至关重要的作用；从环境角度看，城市是环境污染的主要来源之一，城市的可持续发展意味着持续改善环境质量、减少污染，并保护生态环境，以确保人与环境和谐共生；从文化角度看，城市是人类文明演进的重要空间载体和标志。因此，倘若城市无法实现可持续发展，那么将会给地区和国家的发展带来极大的压力。

中国作为全球最大的发展中国家，也是世界可持续发展议程的重要推动者和全程参与者，长期将城市可持续发展作为国家可持续发展战略的重要手段。2016 年，国务院印发了《中国落实 2030 年可持续发展议程创新示范区建设方案》，为中国城市可持续发展提供了示范和引领，自 2018 年以来，国务院相继批复了深圳、太原、桂林、郴州、临沧、承德、湖州、徐州、鄂尔多斯、枣庄、海南藏族自治州 11 个城市建设国家可持续发展议程创新示范区，这些地区探索了城市可持续发展的系统解决方案，为全球可持续发展贡献了中国经验。减少碳排放是应对城市可持续发展挑战的必由之路，在持续推动中国城市可持续发展进程中，为探索城市减污降碳机制，2023 年

10月，国家发改委印发了《国家碳达峰试点建设方案》，首批确定了张家口等25个城市作为碳达峰试点城市，为全国提供了可操作、可复制、可推广的经验做法。一系列具体举措不仅展示了中国践行城市可持续发展理念的具体行动，也是将联合国2030年可持续发展目标与国家发展有机结合的生动实践。

伴随中国落实可持续发展议程工作的不断推进，不同城市在发展过程中肯定会面临各自发展阶段的挑战和瓶颈，各地政府在治理城市问题上仍存在一些问题，例如就对空气环境的治理和能源结构的转型而言仍具有较大压力。尽管联合国《2030年可持续发展议程》提出了可持续发展的17个目标，但各国和地区的不同城市间发展水平存在巨大差异，造成城市可持续发展指标至今仍未达成学界共识。因此，我们立足中国发展的阶段和情况，构建了一套符合中国发展实际的可持续发展指标体系，用以衡量和测度中国城市可持续发展进程。它是对可持续发展理论研究的重要拓展，也为中国城市实施《2030年可持续发展议程》提供了理论支持，同时为全球可持续发展治理提供了决策依据和经验积累。

本报告基于中国110个大中型城市的可持续发展表现，节选了30个优秀的城市进行展示。报告从经济发展、社会民生、资源环境、消耗排放、环境治理五个方面，运用中国可持续发展指标体系（CSDIS），通过24项具体指标对城市的可持续发展情况进行评估。连续多年的评价数据全面展示了城市在经济、社会、环境和治理等领域的可持续发展趋势，为优化城市发展策略提供科学依据。中国城市可持续发展指标体系（CSDIS）设计过程已经过多轮分析验证，指标体系的数据分析方法、框架设定、数据合成、加权策略、评分方法与往年保持一致，具体请参考往年蓝皮书①，最终形成的城市可持续发展指标体系数据连续完整，指标构建具有全面性和可比性，同时兼具内在一致性。2024年，城市指标的权重分配仍遵循《中国可持续发展评价报告（2021）》的标准，以确保各市历年得分的纵向可比性。

① 例如：《中国可持续发展评价报告（2023）》第133~141页。

表 1　城市可持续发展指标体系与权重

单位：%

类别	序号	指标	权重
经济发展（21.66%）	1	人均 GDP	7.21
	2	第三产业增加值占 GDP 比重	4.85
	3	城镇登记失业率	3.64
	4	财政性科学技术支出占 GDP 比重	3.92
	5	GDP 增长率	2.04
社会民生（31.45%）	6	房价-人均 GDP 比	4.91
	7	每千人拥有卫生技术人员数	5.74
	8	每千人医疗卫生机构床位数	4.99
	9	人均社会保障和就业财政支出	3.92
	10	中小学师生人数比	4.13
	11	人均城市道路面积+高峰拥堵延时指数	3.27
	12	0~14 岁常住人口占比	4.49
资源环境（15.05%）	13	人均水资源量	4.54
	14	每万人城市绿地面积	6.24
	15	年均 AQI 指数	4.27
消耗排放（23.78%）	16	单位 GDP 水耗	7.22
	17	单位 GDP 能耗	4.88
	18	单位二三产业增加值占建成区面积	5.78
	19	单位工业总产值二氧化硫排放量	3.61
	20	单位工业总产值废水排放量	2.29
环境治理（8.06%）	21	污水处理厂集中处理率	2.34
	22	财政性节能环保支出占 GDP 比重	2.61
	23	一般工业固体废物综合利用率	2.16
	24	生活垃圾无害化处理率	0.95

城市可持续发展指标体系自 2016 年起开始收集数据并进行验证分析，各年份的数据收集时间节点如下。2016 年，采集了 87 个城市的可持续发展候选指标。2017 年，统计了 70 个城市，人口规模在 75 万~3000 万人，涵盖 2012~2015 年的数据。2018 年，扩展至 100 个城市，并补充了这些城市的 2016 年相关指标。2019 年，延续上一年的指标体系，更新了 100 个大中型城市的数据。2020 年，加入来自高德地图大数据的高峰拥堵延时指数，

以补充衡量城市交通状况的指标。2021 年，进一步完善 100 个城市的指标体系，新增了“每千人医疗卫生机构床位数”和“0～14 岁常住人口占比”两个指标，并用“中小学师生人数比”替换了“财政性教育支出占 GDP 比重”，用“年均 AQI 指数”替换了“空气质量优良天数”指标。2022 年，内蒙古自治区的鄂尔多斯市加入，扩大了城市覆盖范围。2023 年，将临沧市、承德市、湖州市、枣庄市 4 座国家可持续发展议程创新示范区城市纳入全国城市可持续发展评测中（由于海南藏族自治州数据严重缺失，目前尚未被纳入），其余获批的城市均已被纳入测度中；依据城市人口规模大小，新增佛山市、东莞市、菏泽市、阜阳市、周口市 5 座城市扩大本研究的城市覆盖面，更加全面衡量中国可持续发展的整体情况，将城市样本扩充至 110 座城市。2024 年，在原有样本的基础上，节选了 30 个可持续发展表现优秀的城市进行分析展示①。

城市可持续发展指标体系的数据收集主要依托政府官方发布的信息，来源包括各类统计年鉴、统计公报、财政决算报告、环境状况公报和水资源公报等。城市房价数据由中国指数研究院提供，此外，继续与阿里研究院及高德地图合作，延续以往引入通过高德地图大数据获取的城市高峰拥堵延时指数数据，对衡量城市交通状况的指标“人均城市道路面积”进行修正与补充，关于“每万人城市绿地面积”和“人均城市道路面积”两个指标的计算，继续沿用“市辖区常住人口”的统计口径。至此，指标体系与其余资料来源与近年来保持一致，资料来源权威可靠，为验证分析奠定基础。

一　城市可持续发展综合表现

（一）中国城市可持续发展表现优秀城市

2024 年，城市可持续发展综合表现优秀的城市均位于中国经济最活跃

① 每年度的最终得分均是以最新公布的数据为基础，数据发布通常有一年半到两年的滞后。（例如：2024 年度报告的得分是基于 2023 年年鉴中提供的数据。而 2023 年年鉴中的数据通常是 2022 年的数据，反映了 2022 年各地实际情况）。

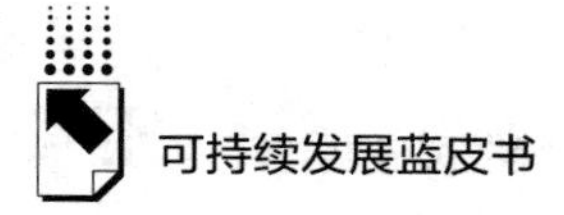

的地区，珠三角、首都都市圈、长三角以及省会城市，这些经济发达城市的可持续发展综合水平依然较高。总的来看，虽然各指标间的城市排位存在一定波动，但中国城市的整体可持续发展水平仍在平稳提升。多数城市的可持续发展表现保持稳定，部分城市表现出色，如珠海和青岛继续保持领先；一些中部城市（如长沙和合肥）在可持续发展方面有较大提升，反映出中部地区城市在可持续发展综合方面的改善；部分大城市（如杭州、苏州）虽然仍在前列，但得分有所下降，表明这些城市在某些领域可能面临一定挑战。中国可持续发展表现最好的城市是珠海、青岛、杭州、广州、北京、上海、南京、无锡、长沙、合肥等地。

同上年度相比，部分城市在可持续发展方面表现突出，如鄂尔多斯、榆林、厦门、沈阳等，得分显著提升。其中，鄂尔多斯进步最为明显，多项指标有所提升；榆林主要原因是经济发展方面上升带动的结果；厦门和沈阳两城市在经济发展、社会民生和资源环境三方面均有提升。本年度可持续发展综合得分有较大幅度上升的城市还有福州、包头、泉州、温州、贵阳。相对而言，杭州下降的主要原因是当年经济发展以稳为主，生产总值失速造成增长率下降明显，当年增长率仅为 1.5%，同时又面临着多数大城市都面临的城镇登记失业率增大的问题，杭州可持续发展综合得分下滑。济南、苏州等城市的下降，主要涉及环境治理和社会民生方面的表现下滑。本年度可持续发展综合得分下降较多的城市还有：徐州、南通和大连（见表 2）。

表 2　2023 年和 2024 年中国城市可持续发展表现优秀城市的综合得分

单位：分

城市	2024 年得分	2023 年得分	城市	2024 年得分	2023 年得分
珠海	87.40	87.54	上海	82.19	82.76
青岛	85.78	83.68	南京	81.63	83.19
杭州	84.38	89.35	无锡	80.24	85.15
广州	82.61	82.13	长沙	79.90	80.84
北京	82.54	82.88	合肥	79.51	78.85

续表

城市	2024 年得分	2023 年得分	城市	2024 年得分	2023 年得分
济南	79.48	81.12	福州	73.55	71.87
宁波	79.44	80.80	湖州	73.50	74.06
苏州	78.39	80.97	贵阳	73.20	71.96
烟台	78.22	75.21	重庆	72.63	73.47
深圳	77.80	79.03	成都	72.60	71.97
榆林	76.86	70.36	克拉玛依	72.55	71.69
鄂尔多斯	75.45	68.68	潍坊	72.42	73.05
芜湖	75.22	77.61	南昌	72.38	75.38
郑州	75.10	76.77	武汉	72.12	75.42
厦门	73.74	70.57	宜昌	71.98	73.15

（二）城市可持续发展水平均衡程度

2024 年度城市可持续发展水平之间仍然存在明显的不均衡性，根据中国可持续发展指标体系（CSDIS）经济发展、社会民生、资源环境、消耗排放和环境治理五大类指标，对各城市的可持续发展水平进行评估。通过各类一级指标的极差衡量城市发展均衡性，数值越大表明城市发展越不均衡。图 1显示，大部分城市在 2024 年的可持续发展均衡程度仍然较低，城市五大类指标发展呈现不均衡、不协调的特征，已经影响到各个城市的可持续发展综合表现，各地政府应该加强城市指标短板的建设，进一步提升城市可持续发展水平。总体来看，城市可持续发展的均衡程度与上年相比略有下降，不平衡程度有所增加。

珠海市是可持续发展表现较好的城市中发展最为均衡的城市，资源环境、消耗排放、环境治理和经济发展表现较为出色，但社会民生方面相对较弱。相比之下，南京和长沙虽然经济发展良好，但环境治理表现较差。青岛在消耗排放方面表现突出，均衡度较上年有所提升，但在环境治理上依然有待改进。杭州消耗排放表现较好，但环境治理方面相对不足。从一级指标的不均衡程度来看，深圳和拉萨差异最大，而南昌和乌鲁木齐最为均衡，特别是南昌的各类指标表现平均。

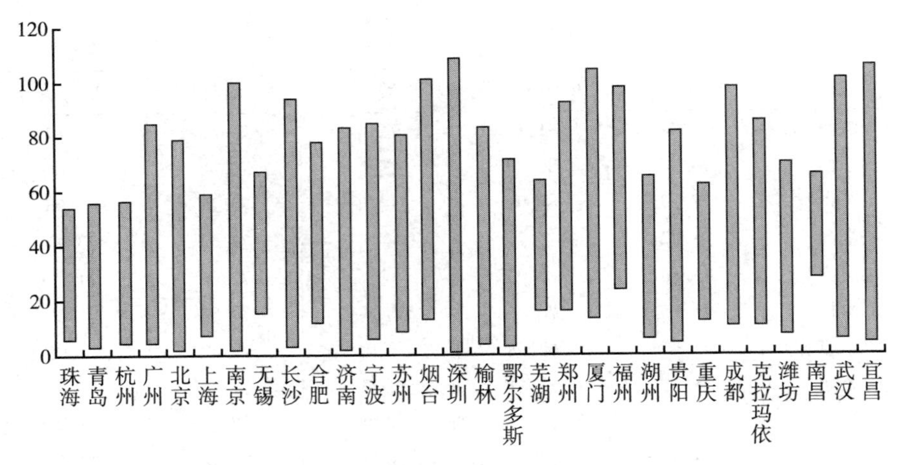

图 1　中国城市可持续发展均衡程度

（三）各城市五大类中一级指标现状

从 2024 年城市五大类指标的得分来看，各城市在不同一级指标上的差异显著。经济发展较快的城市通常在资源环境和环境治理方面表现不佳，同时社会民生的得分也相对靠后。经济发展与消耗排放有较强的关联，经济发展较好的城市往往面临较大的环境治理压力，从而提升了消耗排放效率。近两年的城市得分变化显示，消耗排放是五大类指标中波动最小的，而环境治理的波动最大。要实现城市的可持续发展，需要在推动经济增长的同时，兼顾资源环境的可持续性，并加强环境治理和消耗排放管理，以提高整体的可持续发展水平。

1. 经济发展

2024 年，经济发展质量领先的城市与上年度大致相同，中国东部地区城市经济发展总体上表现依旧最佳，经济发展得分比较靠前的城市大部分是长江流域和珠三角地区的城市。深圳市经济发展方面得分较上年上升了 4 位，居经济发展质量领先城市首位，单项指标“财政性科学技术支出占 GDP 比重”“人均 GDP”表现较好，分别位于第 4、6 位，且各单项指标排位都相对靠前；南京市的经济发展表现位居次席，在“城镇登记失业率”

“人均 GDP”两个单项指标上表现比较突出，均位于第 9 位；北京市单项指标“第三产业增加值占 GDP 比重”表现最好，得分居第 1 位，“人均 GDP”“财政性科学技术支出占 GDP 比重”得分也相对较高，分别位于第 4 和 5 位；上海市在“第三产业增加值占 GDP 比重”“人均 GDP”两个单项指标上表现较好，分别位于第 3、8 位；苏州市在“人均 GDP”“财政性科学技术支出占 GDP 比重”两个单项指标上表现较好，分别位于第 5、9 位；广州市、武汉市、珠海市各单项指标得分比较均衡，排位都相对靠前。与 2023 年相比，长沙市和宁波市成为新进入经济发展质量领先的城市，与上年度相比分别上升了 9 位和 6 位，分别主要是由于“GDP 增长率”和“城镇登记失业率”单项指标提升较多（见表 3）。2024 年，在经济发展方面进步较多的城市有：榆林市（上升了 44 位）、鄂尔多斯市（上升了 26 位）、洛阳市（上升了 20 位）。

表 3　2024 年经济发展质量领先城市

单位：分

城市	得分	城市	得分
深圳	82.21	武汉	77.53
南京	81.31	上海	76.83
长沙	78.37	宁波	76.43
北京	78.23	苏州	76.09
广州	78.19	珠海	75.16

2. 社会民生

2024 年，社会民生保障得分靠前的城市分布较广，且这些城市并非经济发展领先的城市，反映出经济发展与社会民生之间存在显著的不平衡和不协调。太原市连续四年在社会民生方面保持首位，各单项指标方面均排名靠前，尤其是“每千人拥有卫生技术人员数”单项指标居第 2 位；济南市连续两年位于社会民生保障方面第 2 位，大多数单项指标得分靠前，“每千人拥有卫生技术人员数”表现较好，居第 4 位；鄂尔多斯市在“房价-人均 GDP 比”、“人均城市道路面积+高峰拥堵延时指数”和“人均社会保障和就业财政支出”三个单项指标上表现较好，分别居第 3、3、8 位。榆林市、宜昌市、西宁市、包头市在社会民生方面的得分都略有波动，但是连续三年保持在前 10 名，包头市、榆林市、宜昌市在“房价-人均 GDP 比”单项指标上表现较好，居前几位，西宁市在“每千人拥有卫生技术人员数”“每千人医疗卫生机构床位数”单项指标上表现较好，分别居第 3、5 位；潍坊市和唐山市在民生保障方面的各单项指标上得分比较均衡，且均排位相对靠前。与上年度社会民生得分前十的城市名单对比，2024 年的前十名城市整体变动不大，铜仁市首次进入社会民生方面领先城市（见表 4）。与 2023 年相比，在社会民生保障方面，进步比较大的城市有：上海市（上升了 19 位）、福州市（上升了 15 位）。

表 4　2024 年社会民生保障领先城市

单位：分

城市	得分	城市	得分
太原	68.54	西宁	58.49
济南	62.55	包头	58.13
鄂尔多斯	62.54	潍坊	57.58
榆林	61.25	唐山	55.10
宜昌	59.81	铜仁	54.38

3. 资源环境

2024 年资源环境领先城市的主要特点是城市自然资源丰富、生态环境良好。拉萨市连续五年居生态环境城市第 1 名，各单项指标得分都比较靠前，单项指标“人均水资源量”得分表现最好，居第 2 位；牡丹江市继续在资源环境方面保持第 2 位，其在“人均水资源量”“年均 AQI 指数”两个单项指标上得分靠前，分别居第 5、9 位；韶关在资源环境方面蝉联第 3 位，其在“人均水资源量”单项指标上表现比较好，居第1位；贵阳市在“每万人城市绿地面积”“年均AQI指数”两个单项指标上表现较好，分别居第2、4位；珠海市在“每万人城市绿地面积”单项指标上表现较好，居第3位；九江市各单项指标得分比较均衡，排位都相对靠前。与上年度相比，北海市、赣州市、鄂尔多斯市、长春市4个城市为新跃进资源环境领先城市，北海市在各单项指标得分上比较均衡，尤其是“人均水资源量”得分提升较多，上升了25位；赣州市和长春市单项指标“人均水资源量”分别上升了12、18位；鄂尔多斯市的“年均AQI指数”指标得分上升了32位（见表5）。与2023年相比，在资源环境方面，进步比较大的城市有：青岛市（上升了31位）、烟台市（上升了20位）。

表5　2024年资源环境领先城市

单位：分

城市	得分	城市	得分
拉萨	85.36	珠海	77.58
牡丹江	84.85	赣州	76.81
韶关	81.86	九江	76.81
北海	79.97	鄂尔多斯	76.79
贵阳	79.78	长春	76.32

4. 消耗排放

2024年消耗排放领先的城市与2023年相比基本相同，但是指标得分稍有变化，消耗排放表现突出的城市均属于经济较为发达的城市，且各单项指标得分比较均衡，排位都相对靠前，表明经济发展较好的城市更加重视资源的高效利用和降低消耗排放。深圳连续两年位列消耗排放领先城市第1，其中5个单项指标均列前3位，尤其是“单位GDP水耗”“单位GDP能耗”均居第1位；北京市连续三年得分居消耗排放领先城市前两位，其中“单位GDP能耗”“单位工业总产值二氧化硫排放量”两单项指标均居第2位。青岛市在“单位GDP水耗”“单位GDP能耗”两单项指标上得分较高，分别居第2、3

位；佛山市、上海市在“单位二三产业增加值占建成区面积”“单位 GDP 能耗”“单位工业总产值二氧化硫排放量”三个单项指标上表现较好；杭州市、宁波市和珠海市均在“单位二三产业增加值占建成区面积”“单位 GDP 水耗”两单项指标上表现较好；苏州市在“单位 GDP 能耗”“单位二三产业增加值占建成区面积”两个单项指标上表现较好；广州市在“单位二三产业增加值占建成区面积”“单位工业总产值二氧化硫排放量”两个单项指标上表现较好（见表 6）。与 2023 年相比①，在消耗排放方面，进步比较大的城市有：鄂尔多斯市（上升了 13 位）、包头市（上升了 11 位）。

表 6　2024 年消耗排放领先城市

单位：分

城市	得分	城市	得分
深圳	97.23	宁波	83.71
北京	95.45	珠海	83.38
青岛	88.09	上海	83.14
佛山	87.71	苏州	83.12
杭州	85.46	广州	82.79

5. 环境治理

2024 年环境治理领先的城市与 2023 年相比变化不大，近年来环境治理领先城市都是以自然环境较好的地区和中部治理投入较多的城市为主，且环境治理的得分波动是五大类一级指标中最大的，表明不同城市由于自身环境条件的不同对环境治理的改善有区别，随着经济社会发展全面绿色转型，势必推动城市快速提高环境治理的能力。环境治理领先城市中天水市连续三年保持在第 1 位，天水市各单项指标的得分均保持领先，其中“一般工业固体废物综合利用率”“污水处理厂集中处理率”单项指标表现最好，分别居第 1 和第 2 位；石家庄市、珠海市、承德市的单项指标得分表现得较为均

① 2024 年针对上年度发布的消耗排放得分中个别城市出现的误差进行了订正，此订正对于上年度城市整体可持续发展水平及排名均没有影响。

衡，且排位都相对靠前；湖州市在“一般工业固体废物综合利用率”单项指标上表现较好，居第2位，保定市在“财政性节能环保支出占GDP比重”单项指标上表现较好，居第3位，三亚市在这两个单项指标上都表现较好，分别居第7和第6位；与2023年相比，固原市、许昌市和常德市三座城市跻身环境治理领先的城市，固原市单项指标“财政性节能环保支出占GDP比重”表现最好，居第1位，单项指标“污水处理厂集中处理率”上升了63位，带动环境治理上升16位；许昌市单项指标“污水处理厂集中处理率”居第2位，“一般工业固体废物综合利用率”“财政性节能环保支出占GDP比重”分别上升了23和34位，带动环境治理上升29位；常德市单项指标“财政性节能环保支出占GDP比重”“一般工业固体废物综合利用率”分别上升了14和15位（见表7）。环境治理方面进步比较大的城市还有：岳阳市（上升了50位）、沈阳市（上升了47位）。

表7　2024年环境治理领先城市

单位：分

城市	得分	城市	得分
天　水	85.61	湖　州	79.01
固　原	82.06	常　德	78.14
石家庄	81.13	保　定	77.46
许　昌	79.41	珠　海	77.18
三　亚	79.01	承　德	76.76

二　各城市可持续发展表现

本部分节选CSDIS指标体系中可持续发展表现优秀的30座城市，对其在不同可持续发展领域中的具体表现[①]，作如下简述。

① 由于篇幅限制，节选部分表现优异的城市，更多110座城市不同可持续发展领域中的具体表现内容，请访问网站：urbansustainability.org。

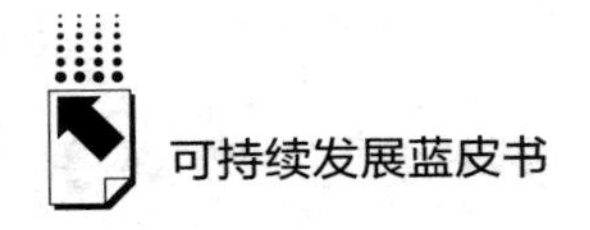

（一）珠海

2024年，珠海市在中国城市可持续发展综合得分中位居第1，成为引领者。其在资源环境和消耗排放方面分别位于第6和第7，单项指标中“每万人城市绿地面积”等4项指标表现优异，但“中小学师生人数比”等指标得分较低。与2023年相比，综合得分上升1位，消耗排放方面有所提升，但经济发展方面得分小幅下降。

（二）青岛

2024年，青岛市在中国城市可持续发展综合得分中位列第2，单项指标中有8个进入前20。青岛在消耗排放方面表现优异，得分位列第3，且“单位GDP水耗”和“单位GDP能耗”等指标得分较高，但“每千人医疗卫生机构床位数”等指标较低。与2023年相比，综合得分上升2位，资源环境和环境治理方面得分显著提升，分别上升31位和39位，然而社会民生有所下降。

（三）杭州

2024年，杭州市在中国城市可持续发展综合得分中位列第3，7个单项指标进入前10。在消耗排放和经济发展方面表现突出，得分分别列第5和第14位。部分指标如“每千人拥有卫生技术人员数”等得分较高，但“房价-人均GDP比”等5项指标得分较低。与2023年相比，杭州整体得分下降2位，尤其在资源环境、社会民生和经济发展三方面的得分分别下降9、10和11位，受“GDP增长率”和“城镇登记失业率”等指标下滑的影响较大。

（四）广州

2024年，广州市在中国城市可持续发展综合得分中位列第4，9个单项指标进入前20。经济发展和消耗排放得分分别居第5和第10位。其中，“第三产业增加值占GDP比重”等4项指标表现突出，但“每千人医疗卫生机构床位数”等 3 项指标相对较低。与 2023 年相比，得分上升 4 位，资源环境和环境治理方面均有所提升。

（五）北京

2024 年，北京市在中国城市可持续发展综合得分中位列第 5，拥有 12 项单项指标进入前 10，是单项指标进入前 10 最多的城市。消耗排放和经济发展方面表现优异，分别居第 2 和第 4 位。北京在多个单项指标中得分第一，包括“第三产业增加值占 GDP 比重”“每千人拥有卫生技术人员数”“人均社会保障和就业财政支出”3 项指标。然而，“0～14 岁常住人口占比”等 5 项指标得分较低。与 2023 年相比，北京综合得分上升 1 位，经济发展、社会民生和环境治理均有所提升。

（六）上海

2024 年，上海市在可持续发展综合得分中位列第 6，单项指标有 6 项进入前 10。经济发展和消耗排放表现较好，分列第 7 和第 8 位，其中“人均社会保障和就业财政支出”等 3 项得分较高。但“房价－人均 GDP 比”“GDP 增长率”等 3 项得分靠后。相比 2023 年，综合得分上升 1 位，社会民生提升 19 位，其他方面有所下降。

（七）南京

2024 年，南京市在可持续发展综合得分中位列第 7，单项指标有 10 个进入前 20。经济发展和社会民生表现较好，分别列第 2 和第 12 位，其中“每万人城市绿地面积”“每千人拥有卫生技术人员数”等得分较高。但“财政性节能环保支出占 GDP 比重”“人均水资源量”等得分靠后。相比 2023 年，南京得分下降 2 位，消耗排放得分上升 4 位，其他方面有所下降。

（八）无锡

2024 年，无锡市在可持续发展综合得分中位列第 8，整体发展较为均衡，社会民生和消耗排放表现较好，均列第 16 位。单项指标中“人均 GDP”等得分靠前，但“人均水资源量”较低。相比 2023 年，得分下降 5 位，经济发展和消耗排放受“GDP 增长率”和“单位 GDP 水耗”下降影响较大。

（九）长沙

2024 年，长沙市在可持续发展综合得分中位列第 9，经济发展表现突出，得分列第 3。单项指标中，“城镇登记失业率”等表现较好，但“每万人城市绿地面积”等较低。相比 2023 年，长沙市得分上升 2 位，资源环境和经济发展方面有所提升，但环境治理得分有所下降。

（十）合肥

2024 年，合肥市在可持续发展综合得分中位列第 10，经济发展和消耗排放表现较好。单项指标中，“财政性科学技术支出占 GDP 比重”和“单位 GDP 能耗”得分靠前，但“人均水资源量”和“污水处理厂集中处理率”得分较低。相比上年，合肥市综合得分上升 4 位，社会民生和环境治理有所改善，资源环境有所下降。

（十一）济南

2024 年，济南市在中国城市可持续发展综合得分中位列第 11，社会民生得分位列第 2。得分靠前的单项指标包括“每千人拥有卫生技术人员数”、“单位 GDP 水耗”和“第三产业增加值占 GDP 比重”，分别列第 4、第 10 和第 16 位。得分较低的指标有“年均 AQI 指数”和“人均城市道路面积+高峰拥堵延时指数”。与 2023 年相比，济南综合得分下降 2 位，资源环境方面有所提升，环境治理下滑明显。

（十二）宁波

2024 年，宁波市在中国城市可持续发展综合得分中位列第 12，7 个单项指标进入前 10。消耗排放和经济发展得分分别位列第 6 和第 8，得分靠前的指标如“一般工业固体废物综合利用率”和“单位 GDP 水耗”分别列第 3 和第 8 位。但“每千人医疗卫生机构床位数”和“污水处理厂集中处理率”得分较低。与 2023 年相比，综合得分持平，经济发展上升 6 位，但社会民生和资源环境方面分别下降 10 和 20 位。

（十三）苏州

2024 年，苏州市在中国城市可持续发展综合得分中位列第 13，6 个单项指标进入前 20。消耗排放和经济发展得分均位列第 9，“单位 GDP 能耗”和“人均 GDP”分别列第 4 和第 5 位，但“0~14 岁常住人口占比”等五项指标得分较低。与 2023 年相比，综合得分下降 3 位，环境治理有所提升，资源环境、社会民生和经济发展方面有所下降。

（十四）烟台

2024 年，烟台市在中国城市可持续发展综合得分中位列第 14，17 项指标进入前 50。经济发展和资源环境得分分别位列第 13 和第 26。单项指标中，“城镇登记失业率”和“单位 GDP 水耗”得分较高，但“0~14 岁常住人口占比”等得分较低。与 2023 年相比，综合得分上升 5 位，经济发展和资源环境均有提升，社会民生有所下降。

（十五）深圳

2024 年，深圳市在中国城市可持续发展综合得分中位列第 15，8 项指标进入前 10。尽管消耗排放和经济发展得分位列第 1，但社会民生表现较差。单项指标中，消耗排放相关指标均在前 3，“单位 GDP 水耗”和“单位 GDP 能耗”居全国第 1；但“每千人拥有卫生技术人员数”等指标得分较低。与 2023 年相比，综合得分下降 2 位，资源环境和经济发展有所提升，环境治理有所下降。

（十六）榆林

2024年，榆林市在中国城市可持续发展综合得分中位列第16，前20项指标中有10项表现优异，尤其在社会民生方面得分位列第4。单项指标中，“GDP增长率”、“房价-人均GDP比”和“人均GDP”得分较高，但“单位GDP能耗”、“一般工业固体废物综合利用率”和“第三产业增加值占GDP比重”得分较低。与2023年相比，综合得分上升21位，资源环境和经济发展分别提升11和44位，环境治理有所下降。

（十七）鄂尔多斯

2024年，鄂尔多斯市在中国城市可持续发展综合得分中位列第17，前10项指标中有8项表现良好，社会民生和资源环境得分分别位列第3和第9。单项指标中，“人均GDP”和“每万人城市绿地面积”得分均位列第1，但“每千人医疗卫生机构床位数”等4项指标得分较低。与2023年相比，综合得分上升26位，各项指标均有所提升，特别是在经济发展方面上升显著。

（十八）芜湖

2024年，芜湖市在中国城市可持续发展综合得分中位列第18，前50项指标中有16项表现良好，经济发展和社会民生得分分别位列第16和第18。“财政性科学技术支出占GDP比重”等3项指标得分较高，但“0~14岁常住人口占比”等4项指标得分较低。与2023年相比，综合得分下降3位，但在环境治理方面上升25位。

（十九）郑州

2024年，郑州市在中国城市可持续发展综合得分中位列第19，前20项指标中有7项表现良好。环境治理和消耗排放得分分别位列第16和第19，其中“污水处理厂集中处理率”等4项指标表现突出，但“年均AQI指数”

等 3 项指标得分较低。与 2023 年相比，综合得分下降 3 位，经济发展方面上升 4 位，环境治理有所下降。

（二十）厦门

2024 年，厦门市在中国城市可持续发展综合得分中位列第 20，前 20 项指标中有 7 项表现良好。消耗排放和经济发展得分分别位列第 13 和第 17，“单位 GDP 水耗”等指标表现突出，但“每千人医疗卫生机构床位数”等 2 项得分较低。与 2023 年相比，综合得分上升 15 位，经济发展和资源环境方面均有显著提升。

（二十一）福州

2024 年，福州市在中国城市可持续发展综合得分中位列第 21，前 50 项指标中有 17 项表现良好。经济发展和资源环境得分分别位列第 24 和第 25，“一般工业固体废物综合利用率”等指标表现突出，但“污水处理厂集中处理率”等 2 项得分较低。与 2023 年相比，综合得分上升 11 位，资源环境和社会民生方面均有所提升。

（二十二）湖州

2024 年，湖州市在中国城市可持续发展综合得分中位列第 22，前 50 项指标中有 16 项表现良好。环境治理得分位列第 6，单项指标如“一般工业固体废物综合利用率”等表现突出，但“每千人医疗卫生机构床位数”等得分较低。与 2023 年相比，综合得分上升 2 位，社会民生方面提升明显，资源环境和经济发展有所下降。

（二十三）贵阳

2024 年，贵阳市在中国城市可持续发展综合得分中位列第 23，前 20 项指标中有 6 项表现良好。资源环境和社会民生得分分别位列第 5 和第 14，单项指标如“每万人城市绿地面积”和“年均 AQI 指数”表现突出，但

“中小学师生人数比”等指标较低。与2023年相比，综合得分上升8位，经济发展和社会民生均有所提升。

（二十四）重庆

2024年，重庆市在中国城市可持续发展综合得分中位列第24，前50项指标中有15项表现良好。环境治理和消耗排放得分分别位列第13和第24，单项指标如“人均社会保障和就业财政支出”和“单位GDP能耗”表现突出，但“每万人城市绿地面积”和“人均城市道路面积+高峰拥堵延时指数”较低。与2023年相比，综合得分上升1位，环境治理得分提升28位，但经济发展和资源环境方面得分有所下降。

（二十五）成都

2024年，成都市在中国城市可持续发展综合得分中位列第25，前20项指标中有7项表现良好。经济发展和消耗排放得分分别位列第11和第14，单项指标如“第三产业增加值占GDP比重”和“单位工业总产值二氧化硫排放量”表现突出，但“人均城市道路面积+高峰拥堵延时指数”和“每万人城市绿地面积”较低。与2023年相比，综合得分上升5位，经济发展和环境治理都有提升，但“年均AQI指数”和“房价-人均GDP比”下降，影响了资源环境和社会民生的得分。

（二十六）克拉玛依

2024年，克拉玛依市在中国城市可持续发展综合得分中位列第26，前10项指标中有6项表现良好。社会民生和资源环境得分均位列第11，单项指标如“人均GDP”和“城镇登记失业率”表现突出，但“每千人医疗卫生机构床位数”和“单位GDP能耗”较低。与2023年相比，综合得分上升7位，社会民生和经济发展有所提升，环境治理和消耗排放有所下降。

（二十七）潍坊

2024 年，潍坊市在中国城市可持续发展综合得分中位列第 27，社会民生表现较好，得分位列第 8。单项指标如“房价-人均 GDP 比”和“人均城市道路面积+高峰拥堵延时指数”得分较高，但“年均 AQI 指数”和“单位工业总产值废水排放量”较低。与 2023 年相比，综合得分持平，消耗排放和资源环境得分有所上升，但经济发展得分下降显著。

（二十八）南昌

2024 年，南昌市在中国城市可持续发展综合得分中位列第 28，消耗排放和经济发展分别位于第 28 和第 36 位。单项指标如“单位 GDP 能耗”和“单位工业总产值废水排放量”得分较高，但“城镇登记失业率”和“污水处理厂集中处理率”较低。与 2023 年相比，综合得分下降 10 位，所有主要指标均有所下降。

（二十九）武汉

2024 年，武汉市在中国城市可持续发展综合得分中位列第 29，经济发展位列第 6。单项指标如“财政性科学技术支出占 GDP 比重”和“单位 GDP 水耗”得分较高，但“每万人城市绿地面积”和“污水处理厂集中处理率”较低。与 2023 年相比，综合得分下降 12 位，尽管经济发展和环境治理有所提升，但多项指标如“年均 AQI 指数”和“人均社会保障和就业财政支出”下降显著，影响了在资源环境和社会民生方面的得分下降。

（三十）宜昌

2024 年，宜昌市在中国城市可持续发展综合得分中位列第 30，社会民生方面表现较好，位列第 5，但环境治理较差。高得分的单项指标包括“房价-人均 GDP 比”和“GDP 增长率”，而“单位 GDP 能耗”和“污水处理

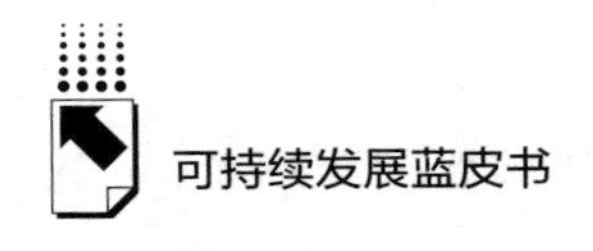

厂集中处理率”得分较低。与2023年相比，综合得分下降4位，尽管经济发展和环境治理有所提升，但消耗排放方面得分显著下降。

三　推进中国城市可持续发展、实现全球可持续目标的政策建议

（一）加强可持续发展理念的宣传，营造城市居民人人参与的氛围

城市的活力和运转离不开广大城市居民的支持和参与，要实现城市的可持续发展，需要提高城市居民的自觉性。利用多渠道媒体传播可持续发展理念，组织社区活动和教育项目，设立激励措施鼓励居民参与绿色行动，提高居民对可持续发展的了解和参与程度，形成人人参与的社会氛围，城市的可持续发展才能够真正取得成效。

（二）加强顶层设计，因城施策制定城市可持续发展规划，并纳入地方政府和企业的绩效考核系统

中国各城市气候和经济发展水平差异巨大，导致不同地区的城市化进程不平衡、不充分，不同城市各具特色地发展。可持续发展需要同时考虑当前和未来发展需求，因此，各城市应根据自身发展水平和条件，加强政府的顶层设计，全面规划城市的可持续发展目标，制定符合本地情况的可持续发展蓝图，并将这些目标纳入政府的考核体系中。只有这样，才能不断推进城市的可持续发展水平，走出一条符合中国国情的城市可持续发展之路。

（三）科技助力城市可持续发展

城市的发展依赖于产业，而产业的进步则依赖于科技创新。随着城市格局的不断扩展，城市治理和生态居住环境的改善越来越需要科技的支持和推动。在当前阶段，城市可持续发展迫切需要依靠科技创新，智能交通系统的应用可以显著改善城市交通拥堵问题，能源管理可以降低能源成本，大数据

分析可以为政策制定提供科学依据。依托科技的支持，城市可以探索并实施系统性的可持续发展解决方案，推动经济与环境的双赢。

（四）补齐城市基础设施短板，全面推进韧性城市建设，以促进城市发展的可持续性

现代城市面临多种自然与人为灾害的风险，包括气象、地质灾害，安全生产事故和各种突发事件，这些问题都直接影响城市的安全和稳定运行。因此，提升城市韧性至关重要，它不仅能够有效应对这些灾害风险，还能推动城市的长期可持续发展。应对城市基础设施进行现代化改造，采用先进的技术和材料，提升基础设施的适应性和恢复能力，通过智能化建设提高城市应对突发事件的能力。绿色基础设施的建设也不容忽视，通过增加生态设施，可以有效缓解城市热岛效应，改善城市环境，增强城市对自然灾害的适应能力，促进城市发展的可持续性。

（五）推动更多城市积极加入国家级和省级可持续发展创新示范区，促进国内城市之间的交流与合作

可持续发展创新示范区是中国政府实施联合国《2030 年可持续发展议程》的重要举措之一，其核心在于针对不同类型城市探索可持续发展的多样经验。通过解决制约城市发展的关键问题，推动整个区域的可持续发展。面对各地城市的成功实践，应建立国内城市间的交流平台，发挥示范带动效应，吸纳更多城市参与到国家级和省级可持续发展创新示范区，共同推动城市可持续发展进程迈向更高水平。

参考文献

Chen, H., Jia, B., &Lau, S. S. Y. (2008). "Sustainable Urban form for Chinese Compact Cities: Challenges of A Rapid Urbanized Economy. *Habitat International*," 32 (1),

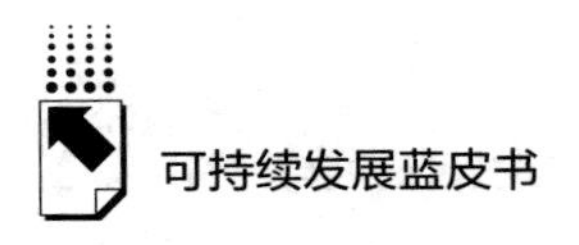

28-40.

Duan, H., et al. (2008). "Hazardous Waste Generation and Management in China: A Review." *Journal of Hazardous Materials*, 158 (2), 221-227.

He, W., et al. (2006). "WEEE Recovery Strategies and the WEEE Treatment Status in China." *Journal of Hazardous Materials*, 136 (3), 502-512.

Huang, Jikun, et al. "Biotechnology Boosts to Crop Productivity in China: Trade and Welfare Implications." *Journal of Development Economics* 75. 1 (2004): 27-54.

International Labour Office (ILO) (2015) Universal Pension Coverage: People's Republic of China.

Li, X. & Pan, J. (Eds.) (2012). China Green Development Index Report 2012. Springer Current Chinese Economic Report Series.

Tamazian, A., Chousa, J. P., & Vadlamannati, K. C. (2009). "Does Higher Economic and Financial Development Lead to Environmental Degradation: Evidence from BRIC Countries." *Energy Policy*, 37 (1), 246-253.

United Nations. (2007). Indicators of Sustainable Development: Guidelines and Methodologies. Third Edition.

专题篇

B.9 ESG投资的再探索、中国现状及新发展方向

王军　孟则*

摘　要： ESG投资作为一种新生事物，经过前几年的快速发展，近两年全球又兴起了"反ESG"的浪潮，意味着市场对ESG投资理念的再探索。其原因有二：一是近两年ESG投资策略表现欠佳，影响了投资者对ESG的投资热情；二是近两年全球经济增速放缓、地缘政治冲突频繁等因素在一定程度上挤占了市场对ESG的关注。本文分析了2023年国际上围绕ESG的争论焦点、国内外的ESG大事件以及中国ESG产品的发展现状，并对未来ESG的新发展方向做了再审视：一是多从提升资源利用效率和风险管控方面考虑环境问题；二是从企业的负外部性角度来考虑企业的社会问题；三是不仅将公司治理锚定在公司内部，还可以将眼光放宽至开放环境下的治理问题。

* 王军，华泰资产首席经济学家，中国首席经济学家论坛理事，研究员，博士，主要研究方向为宏观经济、可持续发展；孟则，华泰资产管理有限公司博士，主要研究方向为宏观经济、金融市场。

关键词： ESG 投资 ESG 投资争论 反 ESG 浪潮

一 2023年：ESG 投资的再探索

（一）“反 ESG”带来的投资争论

ESG 投资作为一种新生事物，经过前几年的快速发展，近两年全球又兴起了“反 ESG”的浪潮，意味着市场对 ESG 投资理念进行再探索。出现这种现象的最重要的一个原因是，近两年 ESG 投资策略的表现欠佳，导致投资者对 ESG 的热情有所降低。2023 年四季度，全球 ESG 基金缩水 25 亿美元，其中美国 ESG 缩水规模最大，为 51 亿美元①。此外，全球经济增速放缓，地缘政治冲突频繁，粮食、能源安全等方面面临的风险上升，在一定程度上挤占了市场对 ESG 的关注。

在美国，共和党领导的反 ESG 运动兴起，ESG 已经成为共和和民主两党的斗争焦点，包括反对美国证券交易委员会（SEC）新的气候披露规则，反对养老金管理人在投资决策中考虑 ESG 因素，禁止金融机构以 ESG 为由抵制对油气、煤炭等传统化石燃料领域的投资，等等。在各种各样的争论中，讨论最多的是 ESG 投资对普通纳税人的影响。在没有 ESG 投资理念时，投资需要关注的只是收益与风险的平衡，而如今追求投资的意识形态，要求在考虑 ESG 因素的同时获利，投资难度明显加大。最终的结果可能是纳税人为损失买单，尤其是养老金计划、政府借贷等。

此外，ESG 在企业层面也带来了一系列问题。一是企业在兼顾环境保护、社会责任以及公司治理的同时再获利的难度在加大，以至于很多企业只是把 ESG 当成一场文案比拼大赛。二是愈加严格的 ESG 评级给企业带来难以承受的公司治理成本。比如：排名全美第 16 名的硅谷银行 ESG 表现优

---

① 资料来源：Global Sustainable Fund Flows：Q4 2023 in Review。

异，2023 年却倒闭破产，这只能说明 ESG 并未给实际的经营管理带来实质性帮助，反而是更为实际的资产负债久期管理或能让硅谷银行更好地抵御风险。三是一定程度上损害了化石能源等传统行业的利益。

2023 年，美国超过 2/3 的立法机构提出了反 ESG 法案，限制在公共投资和采购中考虑 ESG 因素，涉及的公共养老金的基金规模占美国全部养老金规模的 60%左右。同年，特斯拉被踢出标普 500ESG 指数成为标志性事件，因此马斯克在推特公开发文表示，“ESG 评级是骗局，是魔鬼”。

同时，美国的一些大型金融机构纷纷撇清与 ESG 的关系。比如：2024 年 3 月 5 日，美国的花旗银行、美国银行、摩根大通和富国银行四家大型银行全部宣布退出“赤道原则”，意味着放弃了自己设置的对化石能源领域进行融资的最低标准。2024 年 2 月，摩根大通资产管理公司和道富环球投资顾问公司宣布退出气候行动 100+，贝莱德基金管理公司也将气候行动 100+的成员转移到国际部门，缩减对 ESG 的参与规模。

在美国愈演愈烈的反 ESG 运动中，美国的可持续投资资产占管理总资产的比重从 2020 年的 33%下降到了 2022 年的 13%，创近十年来的新低（见图 1）。此外，根据 Morningstar 的统计，2024 年一季度美国可持续投资基金流出达创纪录的 88 亿美元，已经连续六个季度净流出。相比于 2023 年第四季度，2024 年第一季度可持续基金规模收缩了 3%，而同期美国基金的整体规模增长了 1.4%[1]。当然，除了反 ESG 投资争论的因素以外，这一变化还受到了高利率、2023 年的低投资回报等因素的影响。

欧洲与美国不同的是，ESG 虽然并未演变成政治冲突，但 ESG 投资同样出现了一定程度的争论。2024 年 2 月 19 日，欧盟委员会主席冯德莱恩提出自己将继续寻求连任欧委会主席。对于 ESG 问题，冯德莱恩提出“新任期可能放宽对气候议程的监管，并更多地询问企业‘需要什么’，从而在实现绿色目标和保持欧洲企业竞争力之间达到平衡”。这实际上指向了 ESG 投资在经济收益和可持续发展之间的矛盾，ESG 的宏大叙事需要时间的检验，

① 资料来源：Global Sustainable Fund Flows：Q4 2023 in Review。

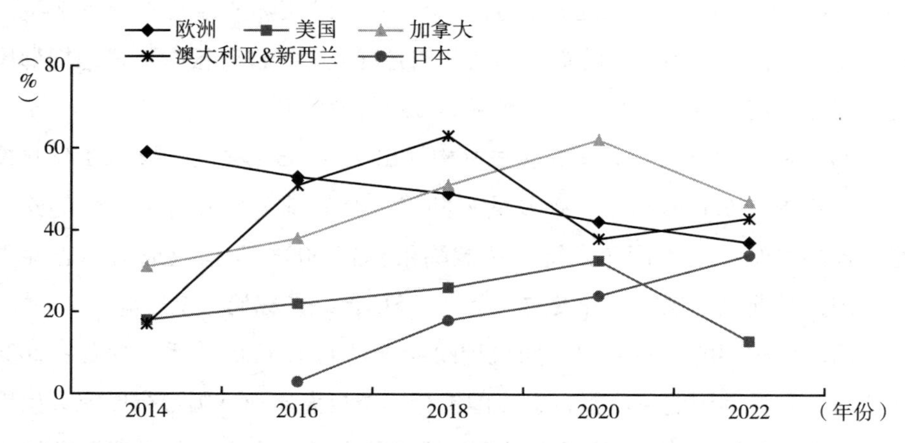

图1　2014~2022年欧洲、美国、加拿大等国家可持续投资资产占管理总资产的比重

资料来源：GSIA《全球可持续投资回顾报告2022》。

而在短期非常容易演变成一种情绪消费。此外，欧洲在“漂绿”问题上一直非常重视，对ESG的相关规章制度不断进行修订，导致ESG基金市场一直受此困扰。整个2023年，欧洲（包括欧盟、英国与法国）合计推出28项相关法案条例（见表1）。

表1　2023年欧洲ESG相关法案条例一览

序号	时间	发布主体	内容
1	2023年1月12日	欧盟	将出台针对欧盟市场售卖产品“漂绿”的进一步措施
2	2023年1月16日	英国	将从2023年10月起禁止使用一系列一次性塑料制品
3	2023年2月1日	欧盟	发布绿色协议产业计划
4	2023年2月13日	欧盟	发布拟议规则，明确对于可再生氢能源的界定
5	2023年2月13日	欧盟	为重型车辆碳排放设置目标：至2040年排放须降低90%
6	2023年2月14日	欧盟	正式批准2035年燃油车禁售令
7	2023年2月28日	欧盟	就绿色债券标准达成临时协议
8	2023年3月15日	英国	将核能归类为“环境可持续”，并推动小型模块化反应堆发展
9	2023年3月16日	欧盟	公布绿色协议产业计划框架下的《净零工业法案》和《关键原材料法案》提案
10	2023年3月22日	欧盟	提交《绿色声明指令》最终提案
11	2023年3月23日	欧盟	达成Fuel EU Maritime临时协议，降低海运碳排放

续表

序号	时间	发布主体	内容
12	2023 年 4 月 18 日	欧盟	批准了一揽子气候计划中数项关键立法
13	2023 年 4 月 18 日	欧盟	通过关于“可持续碳循环”的决议
14	2023 年 4 月 25 日	欧盟	达成 RefuelEU Aviation 临时协议
15	2023 年 5 月 9 日	欧盟	通过减少甲烷排放的欧盟立法
16	2023 年 5 月 11 日	欧盟	支持可持续、耐用产品和不“漂绿”的新规则
17	2023 年 5 月 16 日	法国	发布《绿色工业法案》
18	2023 年 5 月 24 日	法国	发布短途航班禁令
19	2023 年 6 月 9 日	欧盟	欧盟公布工业碳管理的公众咨询报告
20	2023 年 6 月 12 日	欧盟	将改善零工平台工作人员的工作条件和加强就业保障
21	2023 年 6 月 23 日	英国	英国广告监管机构更新环境相关广告准则，打击“漂绿”行为
22	2023 年 7 月 5 日	欧盟	欧盟委员会公布有关纺织品循环经济的新规则
23	2023 年 8 月 2 日	英国	英国商业与贸易部发布英国可持续发展披露准则
24	2023 年 8 月 17 日	欧盟	通过碳边境调节机制过渡阶段的详细报告规则
25	2023 年 11 月 13 日	欧盟	欧盟气候专员与 COP 候任主席就 COP 筹备工作展开探讨
26	2023 年 11 月 15 日	欧盟	就第一部遏制欧盟和全球甲烷碳排放的法律达成协议
27	2023 年 11 月 17 日	欧盟	就加强管制废物出口达成协议
28	2023 年 12 月 18 日	英国	征收新税以平衡碳定价

在欧洲监管要求日益提高的背景下，2022 年，欧洲管理的可持续投资资产占管理总资产的 38%，较 2020 年降低 4 个百分点（见图 1）。此外，根据 Morningstar 的统计，欧洲的可持续基金管理规模在 2023 年出现净流出，2024 年第一季度流出状态缓解，净流入 109 亿美元①。

（二）2023年国内外 ESG 投资大事件

从全球来看，全球层面的可持续发展信息披露统一标准发布。2023 年 6 月 26 日，国际权威组织国际可持续准则理事会（ISSB）发布国际财务报告可持续披露准则 1 号与 2 号，并于 2024 年 1 月 1 日正式生效。其中，1 号突出强调财务信息，2 号则是与气候相关的披露。ISSB 是 2021 年 11 月召开的

① 资料来源：Global Sustainable Fund Flows：Q4 2023 in Review。

第 26 届联合国气候大会（COP26）上宣布成立的，职责是制定全球层面的 ESG 信息披露标准。

从欧洲来看，较为重要的一项政策是 2023 年 8 月通过的碳边境调节机制（CBAM），这是欧盟应对气候变化一揽子计划的一部分，主要目的是预防“碳泄漏”。该机制自 2023 年 10 月进入为期三年的过渡期。2022 年，我国出口欧盟的产品中被 CBAM 覆盖的有 199.6 亿欧元，居全球首位。CBAM 的实施对中国会产生深远影响，通过对进口产品征收新碳税，从而压缩进口产品与欧洲本土产品的价格空间，使价格趋于一致。短期来看，碳关税会提高我国相关产品的出口成本，从而倒逼国内的钢铁铝等高碳排放行业加速减碳转型。长期来看，可能会加速我国碳市场的建设，从而提高国内的碳定价能力。

与国际上对 ESG 的争论不同，国内的 ESG 投资在 2023 年开始逐渐走入大众视野。根据 Wind 的数据，2023 年沪深 300 指数的成分股中披露 ESG 信息的占到了 90%。从政策方面来看：第一，沪深港三大交易所优化、完善 ESG 的信息披露制度。2022 年 3 月，上交所发布《上海证券交易所“十四五”期间碳达峰碳中和行动方案》指出，在“十四五”期间，力争将上交所建设成在绿色金融领域具有国际影响力的证券交易所。2023 年 2 月，深交所修订《深圳证券交易所上市公司自律监管指引第 3 号——行业信息披露》，首次将 A 股的 ESG 信息披露从一般指标延伸到行业特色指标。2023 年 4 月，港交所刊发《优化 ESG 框架下的气候信息披露》咨询文件，并设置两年过渡期（见表 2）。

第二，国资委引导央企上市公司强化 ESG 信披质量，力争到 2023 年相关专项报告披露实现“全覆盖”。2022 年 5 月，国资委发布《提高央企控股上市公司质量工作方案》（见表 2），并于 10 月牵头成立“中央企业 ESG 联盟”，构建央企 ESG 评价体系，推动央企上市公司在资本市场中发挥带头示范作用。这是以央企为抓手，积极建设中国特色 ESG 从 0 到 1 的一步。

第三，生态环境部等部委高屋建瓴制定相关法规，推动“双碳”进程。2023 年 10 月，生态环境部、市场监管总局发布《温室气体自愿减排交易管理办法（试行）》（见表 2），其核心目的是为高排放企业提供有成本的碳配额，通过提高成本限制企业的排放量。这是该办法自 2017 年时隔 7 年暂停以来的再度重启。根据中财绿指团队（IIGF）的统计，2017 年审批暂停前，我国审定公示的中国核证资源减排量（CCER）项目共计有 2871 个，其中已备案项目 681 个，已签发 254 个，合计减排量 5071.5 万吨。2024 年 6 月 3 日，财政部发布《企业可持续披露准则——基本准则》，实施方法与 ISSB 准则框架相一致，与国际接轨。该准则提出，到 2030 年，国家统一的可持续披露准则体系基本建成，届时将形成中国可持续披露准则的完整体系，包括基本准则、具体准则和应用指南。

表 2　2022~2024 年国内 ESG 相关政策及重要活动

时间	发布机构	政策及重要活动
2022 年 3 月 1 日	上交所	发布《“十四五”期间碳达峰碳中和行动方案》
2022 年 3 月 16 日	国资委	成立社会责任局，强化 ESG 发展
2022 年 4 月 15 日	证监会	发布《上市公司投资者关系管理工作指引》
2022 年 5 月 27 日	国资委	发布《提高央企控股上市公司质量工作方案》
2022 年 7 月 25 日	深交所	推出国证 ESG 评价方法和 6 只 ESG 指数
2023 年 2 月 10 日	深交所	修订《深圳证券交易所上市公司自律监管指引第 3 号——行业信息披露》
2023 年 2 月 16 日	国资委	央企 ESG 联盟召开第一届理事会第一次会议暨中央企业 ESG 研讨会
2023 年 4 月 14 日	港交所	刊发有关优化 ESG 框架下的气候信息披露咨询文件
2023 年 4 月 14 日	国务院	发布《关于上市公司独立董事制度改革的意见》
2023 年 5 月 4 日	中证、诚通、国新等	央企 ESG 指数陆续发布
2023 年 6 月 16 日	人民银行、金融监管总局等	发布《关于金融支持全面推进乡村振兴　加快建设农业强国的指导意见》
2023 年 8 月 1 日	证监会	发布《上市公司独立董事管理办法》
2023 年 8 月 6 日	北京绿色交易所、北京绿色金融协会	中国气候投融资联盟成立
2023 年 10 月 19 日	生态环境部、市场监管总局	发布《温室气体自愿减排交易管理办法（试行）》
2024 年 6 月 3 日	财政部	发布《企业可持续披露准则——基本准则》

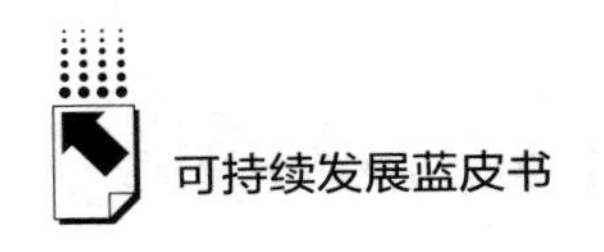

二 中国 ESG 产品、业绩及策略发展现状

（一）中国 ESG 产品的数量和规模

近几年，随着全球对可持续发展的重视和国内提出“双碳”目标，在相关绿色发展政策的推动下，越来越多的投资者开始关注公司在社会责任、环保、公司治理等方面的表现。ESG 在国内的接受程度也越来越高。2023 年，国内 A 股 5324 家上市公司发布 ESG 报告的公司有 2099 家，占比 39%，增速为 43%（见图 2）。目前，我国 ESG 投资产品类型主要有公募基金、银行理财产品、私募基金、相关指数等，已形成了相对丰富的产品谱系。但在 2022~2023 年经济下行的影响下，ESG 投资的业绩表现欠佳，产品的规模和数量增速明显放缓。

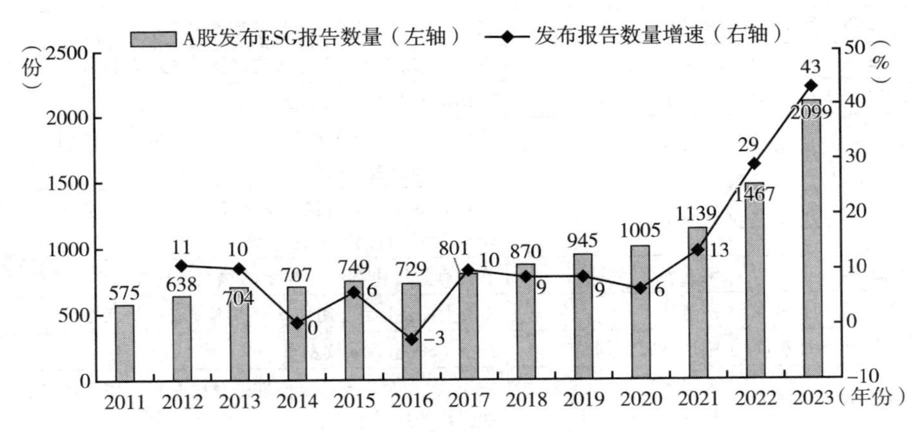

图 2　2011~2023 年 A 股发布 ESG 报告数量及增速

资料来源：Wind。

公募基金是国内践行 ESG 理念的主要投资机构。Wind 将 ESG 公募基金分为五大类，分别是纯 ESG 主题基金、ESG 策略基金、环境保护主题基金、社会责任主题基金和公司治理主题基金。其中，纯 ESG 主题基金和 ESG 策

略基金是较为纯粹的基于 ESG 投资策略的基金，前者在投资目的、范围、策略、理念等方面，明确将 ESG 投资策略作为主要策略，后者则以 ESG 投资策略为辅助策略。后三大类基金则分别以环境保护、社会责任和公司治理为主题。

ESG 公募基金产品数量和规模的快速增长是在 2018~2021 年，存量规模从 1701.12 亿元增长至 4242.97 亿元，存量数量则从 131 只增长至 470 只。然而，近两年，受经济形势的影响，ESG 公募基金的数量虽然仍在持续增加，但规模增速明显放缓。截至 2024 年 6 月 6 日，ESG 公募基金产品存量规模 5726 亿元，存量数量 816 只（见图 3）。

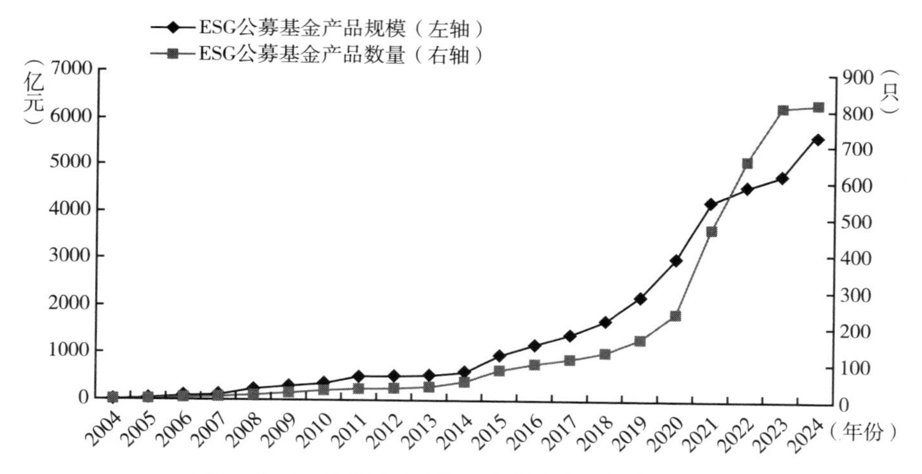

图 3　2004~2024 年 ESG 公募基金产品规模和数量

注：数据截至 2024 年 6 月 6 日。
资料来源：Wind。

从五大类 ESG 公募基金的情况来看，截至 2024 年 6 月 6 日，ESG 策略基金和环境保护主题基金，分别为 175 只、352 只，规模分别为 1009 亿元、2901 亿元。此外，虽然纯 ESG 主题基金的数量较多，也有 171 只，但管理规模仅有 446 亿元；而社会责任主题基金则是管理了 1130 亿元，但数量不多，为 91 只（见表 3）。

表 3　五大类 ESG 公募基金情况

单位：只，亿元

分类	定义	数量	规模
纯 ESG 主题基金	ESG 投资策略为主要策略	171	446
ESG 策略基金	在其他策略基础上使用 ESG 投资策略	175	1009
环境保护主题基金	考虑环境因素	352	2901
社会责任主题基金	考虑社会因素	91	1130
公司治理主题基金	考虑公司治理因素	27	240

注：数据截至 2024 年 6 月 6 日。

资料来源：Wind。

2019 年以前，ESG 公募基金中 90%以上是三大主题基金，即环境保护基金、社会责任基金和公司治理基金，投资领域主要是绿色环保、新能源、可持续发展、碳中和、社会责任等相关领域。2019 年，ESG 的三大主题基金存量 143 只，规模 2140 亿元，分别占总量的 85%、96%。2019 年以后，虽然上述三大主题基金的数量和规模也在增加，但无论是数量占比还是规模占比均出现较快下滑，因为纯 ESG 主题基金和 ESG 策略基金开始逐渐发展起来（见图 4 和图 5）。而且，2021 年从国家层面提出了“双碳”目标，从而带动了纯 ESG 主题基金和 ESG 策略基金的再发展。截至 2024 年 6 月 6 日，这两类基金存量 346 只，规模 1455 亿元，分别占总量的 42%、25%。

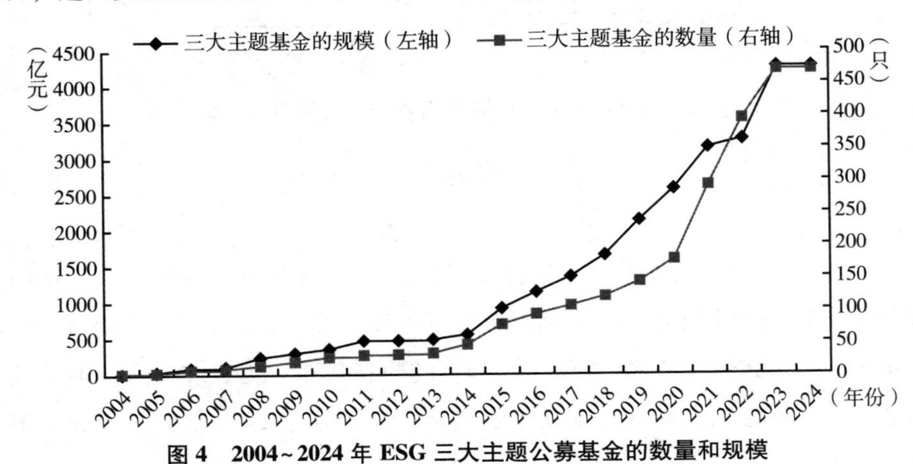

图 4　2004~2024 年 ESG 三大主题公募基金的数量和规模

注：数据截至 2024 年 6 月 6 日。

资料来源：Wind。

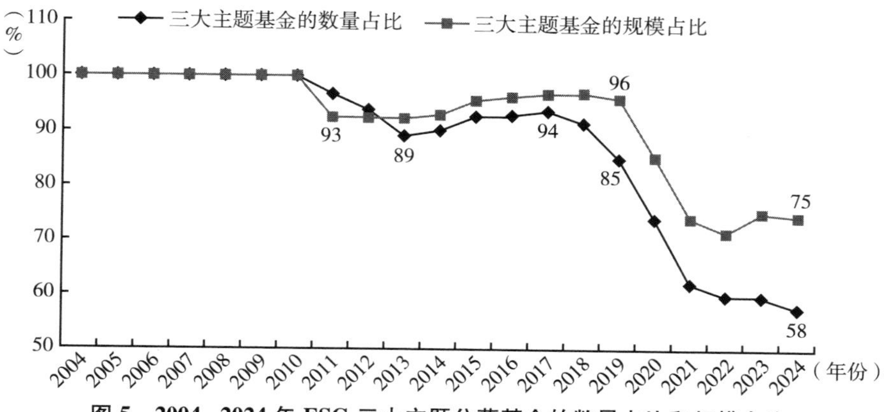

图 5　2004~2024 年 ESG 三大主题公募基金的数量占比和规模占比

注：数据截至 2024 年 6 月 6 日。
资料来源：Wind。

我国银行理财机构开始发行 ESG 主题理财产品是 2019 年。从发行数量看，自 2019 年开始，我国银行及银行理财子公司发行的 ESG 理财产品数量明显上升，且 2020 年后，发行速度明显加快。截至 2024 年 6 月 6 日，ESG 主题理财产品存续余额达 1775 亿元，共计 809 只产品（见图 6）。

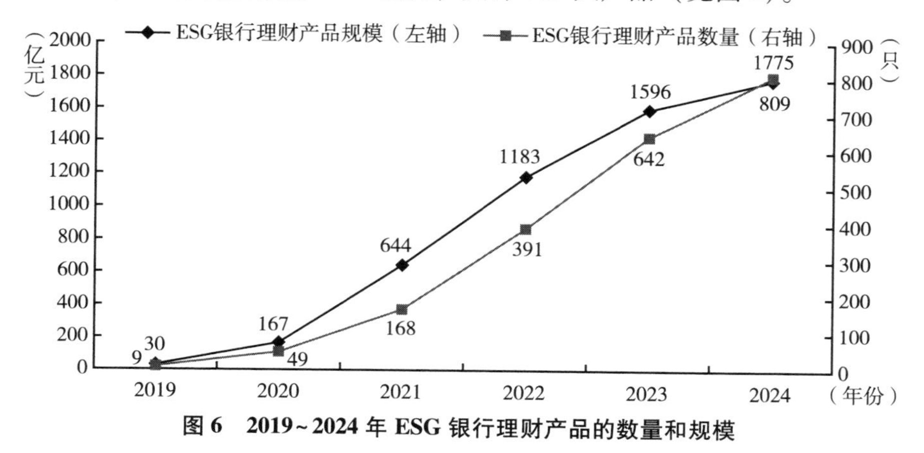

图 6　2019~2024 年 ESG 银行理财产品的数量和规模

注：数据截至 2024 年 6 月 6 日。
资料来源：Wind。

纯 ESG 理财产品是 ESG 银行理财产品的大头。从 ESG 银行理财产品的类别来看，截至 2024 年 6 月 6 日，纯 ESG 理财产品存量 453 只，占全部

ESG 理财产品的 56%，存续规模 1362 亿元，占全部 ESG 理财产品的 77%。此外，截至 2024 年 6 月 6 日，环境保护主题理财产品存续 176 只，规模 294 亿元，社会责任主题理财产品存续 180 只，规模 119 亿元（见表 4）。

表 4　三大类 ESG 银行理财产品情况（数据截至 2024 年 6 月 6 日）

分类	定义	数量(只)	规模(亿元)
理财产品(纯 ESG 主题)	ESG 投资策略为主要策略	453	1362
理财产品(环境保护主题)	考虑环境因素	176	294
理财产品(社会责任主题)	考虑社会因素	180	119

注：数据截至 2024 年 6 月 6 日。
资料来源：Wind。

ESG 私募基金的快速发展是在 2021～2022 年，2023 年以后步伐放缓。ESG 私募基金主要是环境保护主题基金，纯 ESG 主题基金和社会责任基金的数量都相对较少。其中，纯 ESG 主题私募基金的起步较晚，截至 2024 年 6 月 6 日，仅有 9 只纯 ESG 主题私募基金。环境保护主题基金的起步较早，2021 年迎来较快发展，现在数量较为稳定，存续 43 只。此外，社会责任主题私募基金的数量也较少，存续 9 只（见图 7）。

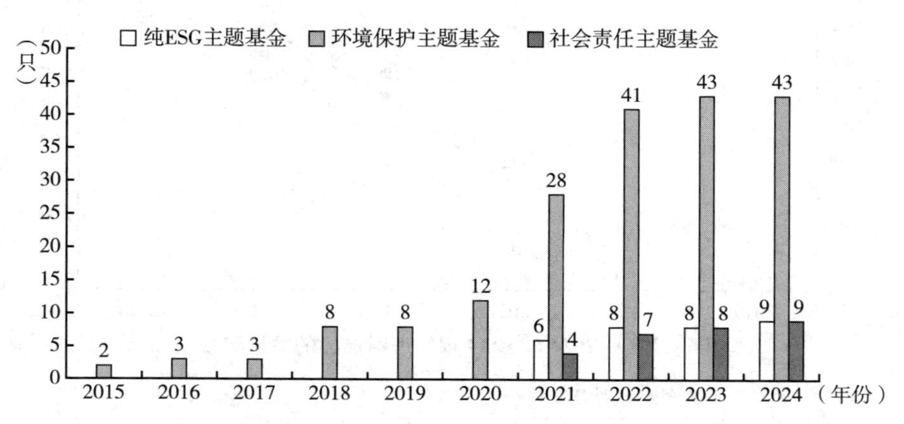

图 7　2015～2024 年 ESG 私募基金的数量

注：数据截至 2024 年 6 月 6 日。
资料来源：Wind，包括港股。

ESG 相关指数主要是股票指数和债券指数，也是在 2021 年以后迎来快速发展。截至 2024 年 6 月 6 日，ESG 相关指数存续 340 只，其中股票指数 215 只，债券指数 119 只，其他指数 4 只，商品指数 2 只（见图 8）。其中，中证指数有限公司和中央国债登记结算有限责任公司是发行 ESG 指数排名靠前的两家机构，截至 2024 年 6 月 6 日，分别发行 108 只、81 只，分别占全市场发行量的 31.76%、23.82%。而且，2022 年，中诚信指数服务（北京）有限公司、国金证券股份有限公司等机构陆续参与到 ESG 相关指数的发行中，这说明更多机构开始布局 ESG 的相关指数（见图 9）。

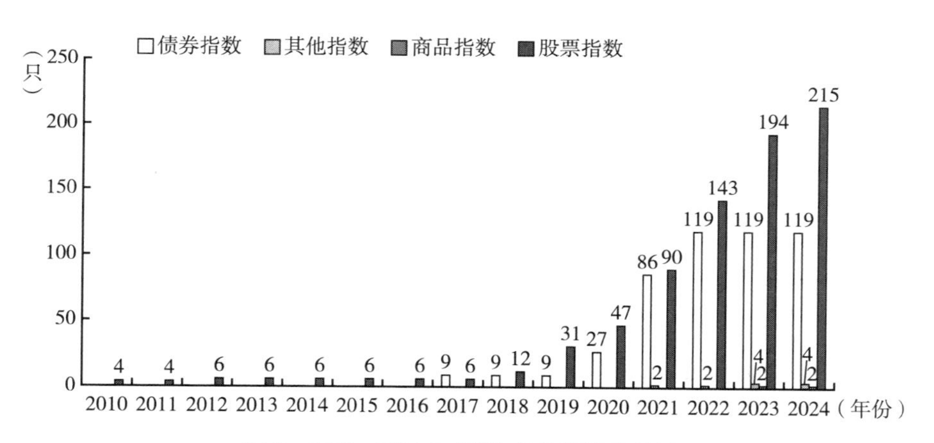

图 8　2010~2024 年 ESG 相关指数的数量

注：数据截至 2024 年 6 月 6 日。
资料来源：Wind。

（二）中国 ESG 产品的业绩

ESG 公募基金收益率整体较为稳健，近期受市场下行大环境的影响，ESG 公募基金的收益率表现不佳。整体来看，ESG 公募基金自成立以来的年化平均收益率为 2.17%，低于全部公募基金自成立以来的年化平均收益率（18%）。万得股票型基金总指数（885012.WI）几乎涵盖了目前市场上全部的公募基金，能够较好地衡量公募基金整体市场的表现，该指数近一年和近三年的累计收益率分别为-12.09%、-26.67%。以此为基准来看，ESG

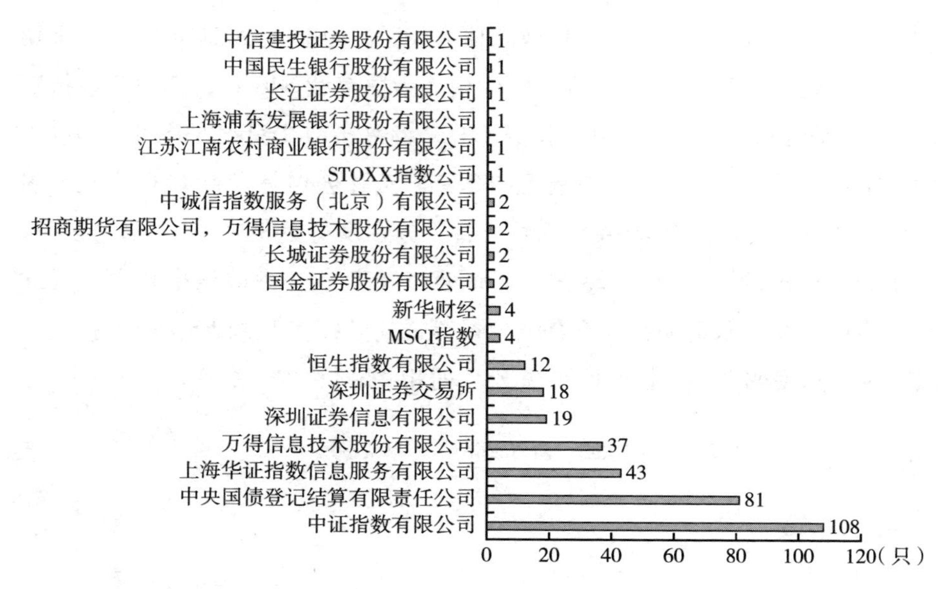

图 9　ESG 相关指数发行机构发行数量

注：数据截至 2024 年 6 月 6 日。
资料来源：Wind。

公募基金的表现只能说是较为抗跌，其近一年和近三年的累计收益分别为 -11.35%、-24.20%。从近一年的情况来看，ESG 公募基金超过基准的有 387 只，占比 47.43%。分类看，社会责任主题基金和公司治理主题基金的长期表现更优。纯 ESG 主题基金、ESG 策略基金、环境保护主题基金、社会责任主题基金、公司治理主题基金近三年累计收益率的均值分别为：-22.40%、-28.54%、-30.08%、-16.74%、-19.69%[①]。

ESG 银行理财产品处在发展的初期阶段，还没有显著的收益表现。ESG 银行理财产品的收益表现不及净值型银行理财产品的市场平均。由于 ESG 银行理财产品是 2019 年才开始发展的，我们对比了近一年和近三年 ESG 银行理财产品的平均收益率和净值型银行理财产品的平均收益率：近一年 ESG 银行理财产品的平均收益率为 1.71%，显著低于全市场净值型银行理财产

① 资料来源：Wind。

品的 3.81%；近三年 ESG 银行理财产品的平均收益率为 5.32%，也显著低于全市场的 10.34%[①]。

ESG 私募基金产品还没有体现出较为显著的收益表现。整体来看，截至 2024 年 6 月 6 日，ESG 私募基金成立以来的平均收益率为-1.58%，收益率中位数为-2.12%，而整个私募基金自成立以来的平均收益率为 17.86%。其中，收益率大于 0 的 ESG 私募基金有 27 只，占比 44.26%，收益率小于 0 的有 32 只，占比 52.46%（另外有 2 只基金的数据缺失）。此外，自成立以来，文储新能源的累计收益率最高，为 122.81%，这是一只以环境保护为主题的私募主观股票多头基金，收益累积最快的阶段是 2021 年的新能源行情爆发期，但这并不能说明 ESG 投资策略的长期有效性。

ESG 指数中债券型 ESG 指数的表现要优于股票型 ESG 指数的表现。2021 年以来，全部 ESG 相关指数的平均收益率为-0.03%。其中，债券型 ESG 指数的平均收益率为 2.02%，股票型 ESG 指数的平均收益率为-2.89%。从收益率分布来看，在股票型 ESG 指数中，10.23%的指数年化平均收益率大于 5%，7.91%的指数年化平均收益率介于 0~5%，绝大多数的指数年化平均收益率小于 0。然而，在债券型 ESG 指数中，年化平均收益率小于 0 的仅有 13.45%，年化平均收益率介于 0~5%的指数占比 79.83%，年化平均收益率大于 5%的占比 6.72%（见图 10 和图 11）。

具体到产品来看，股票指数中，能源 ESG 领先、高股息 ESG 全收益、央企 ESG50 全收益等指数的收益率表现优异，2021 年以来的年化平均收益率在 10%~13%。这些指数除了 ESG 策略以外，还带有能源、高股息以及央企等各类主题因子。如果考察全市场 ESG 领先公司的整体表现，则可观察华证 ESG 领先指数。自 2021 年 ESG 策略发展较为迅速以来，华证 ESG 领先指数虽然受整个 A 股市场下行的影响，也体现出下行趋势，但比上证指数、沪深 300 和中证 800 的主要市场指数的表现更为优异（见图 12）。债券指数中，收益率排名靠前的主要是国寿资产的各类 ESG 信用债指数，2021

① 资料来源：Wind。

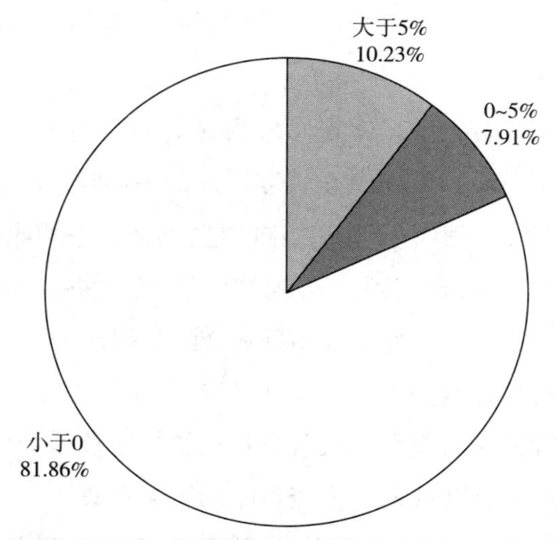

图 10　2021 年以来，股票型 ESG 指数的年化平均收益率分布

注：数据截至 2024 年 6 月 6 日。
资料来源：Wind。

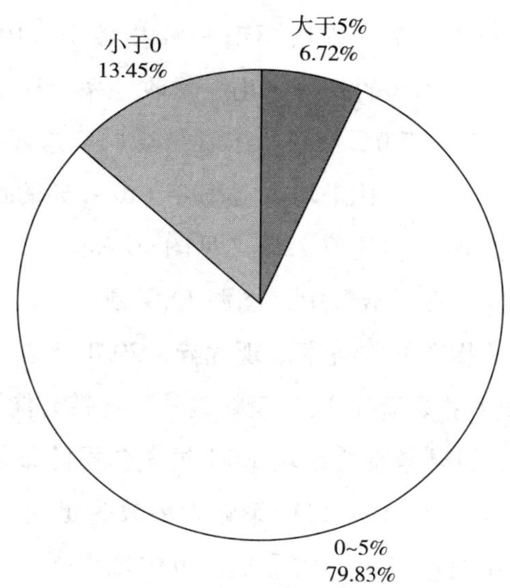

图 11　2021 年以来，债券型 ESG 指数的年化平均收益率分布

注：数据截至 2024 年 6 月 6 日。
资料来源：Wind。

年的年化平均收益率均在 5%以上，最高为 8.98%；此外还有平安人寿的 ESG 信用债整合策略，收益率为 7.53%。

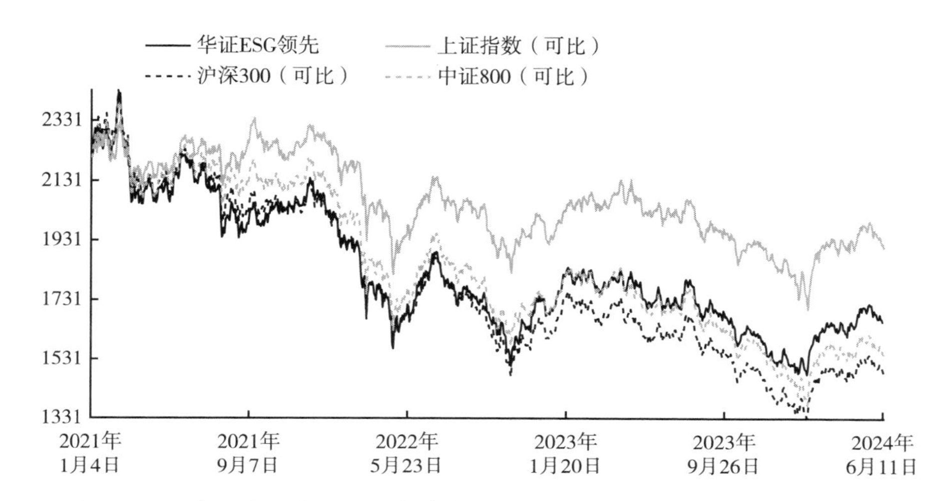

图 12　2021 年以来，华证 ESG 领先指数与上证指数、沪深 300、中证 800 对比

注：数据截至 2024 年 6 月 6 日。

资料来源：Wind。

（三）中国 ESG 产品的投资策略

目前，全球公认的投资策略分类标准是由全球可持续投资联盟（GSIA）进行的定义，也是目前主流的七类投资策略，分别为 ESG 整合、负面筛选、利用股东权力参与企业治理、标准筛选、可持续主题投资、正面筛选与影响力投资。也可以将这七类策略分为筛选类、整合类、参与类三大类。

可持续主题投资（筛选类）策略是我国 ESG 产品最主要的投资策略。根据 Wind 对 ESG 产品的分类，环境保护主题基金、社会责任主题基金和公司治理主题基金均是采用的可持续主题投资策略，即属于筛选大类。其中，可持续主题投资策略在 ESG 公募基金、ESG 银行理财、ESG 私募基金中的数量占比分别为 57.6%、44.0%、85.25%，前两者规模占比分别为 74.59%、23.27%（见表 5）。

ESG银行理财产品中采用纯ESG策略最多，其中大多为正面、负面筛选策略。在银行理财产品中，纯ESG策略的数量占比为56%，规模占比更高，为76.73%。根据中国理财网的披露，其中主要采用负面筛选策略、正面筛选策略等投资策略，剔除在ESG方面表现较差的企业，并优选绿色产业、绿色债券以及ESG公募基金为底层资产（见表5）。

ESG公募基金的投资策略更为多元。除了可持续主题投资策略以外，约42%的产品为ESG整合策略和纯ESG策略。其中，ESG整合策略数量占比21.45%、规模占比17.62%。根据Wind的分类定义，ESG整合策略基金是将ESG因素纳入传统投资框架中，因此采用的是整合类策略（见表5）。

此外，私募基金中纯ESG主题策略非常稀少，绝大多数是可持续主题投资策略的筛选类。其中，纯ESG主题策略仅有9只，占比14.75%（见表5）。

表5　ESG产品投资策略情况（数据截至2024年6月6日）

单位：%

ESG公募基金		
投资策略	数量占比	规模占比
可持续主题投资策略(筛选类)	57.60	74.59
ESG整合策略(整合类)	21.45	17.62
纯ESG策略	20.96	7.79
ESG银行理财		
可持续主题投资策略(筛选类)	44.00	23.27
纯ESG策略	56.00	76.73
ESG私募基金		
可持续主题投资策略(筛选类)	85.25	—
纯ESG策略	14.75	—

注：数据截至2024年6月6日。

资料来源：Wind。

三　未来 ESG 投资的新发展方向

2023 年，国际上反 ESG 的运动风起云涌，尤其是美国，直指在全球经济增速放缓背景下创造收益难度加大的核心难题，而 ESG 连续两年的不景气业绩也不能让投资者寄予厚望。但是，ESG 本身就是一个长期发展的理念和内涵，以短期回报欠佳来否定 ESG 投资策略的有效性和价值还值得进一步商榷。总之，ESG 投资经过快速发展后，正进入一个再探索和再审视的时期。

由于国内的 ESG 起步较晚，目前 ESG 的生态体系建设还不够成熟，而国际上对 ESG 投资的认知也不再是单向地一味提倡，这说明，我们的 ESG 投资绝不能照抄照搬国外的经验，不仅要充分考虑国内的特定环境，更重要的是要对 ESG 建立起适合自身情况的认知，充分认识 ESG 的内涵。比如：ESG 投资理念包罗万象，从哪个角度解释都可以解释得通，但又难以证伪。与国际上一样，近两年国内经济面临较多困难，ESG 投资连续两年的不景气业绩消磨了投资者的耐心，同样面临投资预期短期无法兑现、长期无法证伪的窘境。

目前来看，国内 ESG 体系建设仍存在一系列亟待解决的问题。第一，由于文化差异，ESG 理念在国际和国内存在不同的理解，国际上的一些做法可能无法适用国内。比如：欧美国家通常会将酒与酗酒、暴力等负面词语联系起来，因此酒行业的 ESG 评级常常较低。然而，国内的酒通常与酒文化和社交联系在一起，并不单单是负面词语，如果也按照国际上的评级来评价则失之偏颇。这也可以看出，ESG 的内涵涉及文化要素，对其理解可能更为主观，在这种情况下，如何与投资收益相结合、如何兑现投资价值都是值得深入思考的问题。

第二，所有公司适用同一套 ESG 评级标准，没有考虑上市公司所处的生命周期阶段。公司治理是 ESG 中的重要一部分，对于成熟期的企业来说，ESG 评级是锦上添花，可以让企业维持存量业务；而对于初创期的企业来说，ESG 评级则成为一种沉重的负担，不仅不能提升公司的竞争力，反而增加了公司的治理成本。初创期企业的当务之急更多的是业务的开拓和利润的获取。

重新审视 ESG 的发展，未来 ESG 投资的新发展方向或有三。

第一，Environment 不仅是环境问题，还可以从提升资源利用效率和风险管控方面进行考量。目前，中国处于经济向高质量发展的转型期，其核心是创新转型、是技术突破，ESG 可以为其提供助力。比如：环境通常包括防止气候灾害的碳减排、减少污水排放、废气排放等等，一些旧能源的弊端已经非常明显，而新旧动能转换已经势在必行，ESG 不仅要考虑转换中的技术变革，还要考虑转型过程中的成本控制和风险管理。

第二，Social 问题或更多应从企业的负外部性角度来考虑。社会问题包括员工的人权、歧视问题等等。比如：2022 年出台的减轻义务教育阶段校外培训的指导意见，对教培行业的影响巨大。如果一家成熟的教育培训企业不对这些长期问题进行考量，不对长期中可能出现的负外部性影响进行考量，那外部环境突变就极易对公司形成重大冲击。因此，对于存在负外部性的企业来说，投资者要充分考虑相关的风险管理。

第三，Governance 不仅可以锚定公司内部治理，还可以将眼光放宽至开放环境下的治理问题。比如：2023 年巴以冲突导致苏伊士运河堵塞，造成了红海危机，对全球 20% 的海运贸易都形成重大冲击。因此，外部供应链的冲击及其风险管理也是 ESG 的重要方向之一。

参考文献

国务院国有资产监督管理委员会：《提高央企控股上市公司质量工作方案》，2022。

中国证券监督管理委员会：《上市公司投资者关系管理工作指引》，2022。

上海证券交易所：《上海证券交易所“十四五”期间碳达峰碳中和行动方案》，2022。

深圳证券交易所：《深圳证券交易所上市公司自律监管指引第 3 号——行业信息披

露》，2023。

全球可持续投资联盟（GSIA）：《全球可持续投资回顾报告 2022》，2023。

Morningstar. Global Sustainable Fund Flows：Q4 2023 in Review，2023.

申万宏源：《ESG 投资 2024 年展望》，2024。

雷英杰：《解码 ESG 投资避险功能》，《环境经济》2024 年第 6 期。

B.10
绿色金融支持新型能源体系构建

王 遥　金子曦　周 荞*

摘　要： 统筹能源安全供应稳定和绿色低碳发展需要加快建设新型能源体系，在此过程中充分发挥绿色金融的支撑作用，有望保障和加速新型能源体系建设进程。本文首先分析了新型能源体系建设的政策进展及由此引发的绿色金融支持导向，并梳理了绿色金融支持现状。其次分别立足能源视角、金融视角、产融对接视角以及人才培育视角，剖析绿色金融支持新型能源体系发展的难点。最后以解决发展难点为目标，针对性提出绿色金融支持新型能源体系发展的对策建议：一是完善相关制度，为金融支持新型能源体系建设夯实基础；二是深化绿色金融顶层设计，为新型能源体系建设提供金融政策和标准支持；三是加强绿色金融产品创新，促进新能源细分领域产融对接；四是加强人才建设，提升金融服务新型能源体系的整体水平。

关键词： 绿色金融　转型金融　新型能源体系

一　绿色金融支持新型能源体系发展的现状

（一）新型能源体系建设的政策进展

能源是国民经济重要的产业部门，对支撑各行业现代化发展都起着基础

* 王遥，教授，博士生导师，中央财经大学绿色金融国际研究院院长，博士，主要研究方向为绿色经济、可持续金融、绿色金融和气候金融；金子曦，中央财经大学绿色金融国际研究院研究员，主要研究方向为能源政策与市场、能源金融与产业金融发展、转型金融理论与创新；周荞，中央财经大学绿色金融国际研究院助理研究员，主要研究方向为能源与产业转型发展、能源金融与转型金融理论创新。

性作用。自改革开放以来，在不同发展阶段和外部环境下，我国能源发展的战略思路不断调整优化，从解决能源供给能力不足，到“有水快流”加大煤炭开发和煤电建设，到调整优化能源结构，再到大力推动发展可再生能源，实施能源消费总量和强度双控等，能源体系建设的重心从“量的补足”转向“质的提升”。随着我国碳达峰碳中和目标的提出，我国能源行业开始进入以降碳为约束的发展新阶段，能耗双控开始逐步转向碳排放双控，这意味着我国过去以高碳能源为支撑的粗放型能源经济发展模式要进行重大升级调整。党的二十大报告提出加快规划建设新型能源体系的重大战略决策，2023 年 12 月中央经济工作会议再次提出“加快建设新型能源体系”，建设新型能源体系已经成为新时期能源发展的总体目标和战略任务。

建设新型能源体系，需以“清洁低碳、安全高效”为基本原则，建立新的能源生产体系、能源输送网络基础设施体系、技术支撑体系和能源市场体系等。

（1）能源生产体系方面。建设新型能源体系不仅要求提高风能和太阳能等非化石能源发电比重，同时还要通过推进火电灵活性改造、天然气发电替代煤电等以及加强与新能源的优化组合和协同发展，促进传统能源从主力电源向支撑保障和系统调节型电源转型，确保能源供应安全稳定。例如，2022 年 1 月 29 日，国家发展改革委、国家能源局发布《“十四五”现代能源体系规划》（以下简称《规划》），针对能源生产端，提出在大力发展非化石能源（如风电、太阳能发电、水电、核电等）的同时，加强煤炭安全托底保障、发挥煤电支撑性调节性作用、提升天然气储备和调节能力，并通过建设系统友好型新能源场站，实施煤电机组灵活性改造，推动气电、太阳能热发电与风电、光伏发电融合发展、联合运行等，增强电源协调优化运行能力。

（2）能源输送网络基础设施体系方面。一方面，在负荷中心优先就地就近开发建设分散式风电和分布式光伏项目，并积极发展新型储能项目和以消纳新能源为主的智能微电网，促进风光水等一体化发展和多能互补；另一方面，科学推进跨省跨区能源运输通道建设和配电网升级改造，提升电网支撑保障能力。《规划》指出，可再生能源消纳方面，要通过积极发展分布式能源，优先规划输送可再生能源电量比例更高的通道等，完善能源生产供应格局，同时加快新型储能技术规模化应用，以发挥储能消纳新能源、削峰填谷、增强电网稳定性和应急供电等多重作用；油气运输方面，要通过稳步推进资源富集区电力外送、完善成品油管道布局和 LNG（液态天然气）储运体系等，加强电力和油气跨省跨区输送通道建设；煤炭运输方面，完善煤炭跨区域运输通道和集疏运体系，增强煤炭跨区域供应保障能力。

（3）技术支撑体系方面。一方面，要加快能源领域关键核心技术和装备攻关；另一方面，要提高能源电力系统的数智化水平，加快推动新型信息技术在能源电力领域广泛应用。《规划》指出，要在巩固非化石能源领域技术装备优势的同时，加快推动新型电力系统、新一代先进核能等方面技术突破，并强化储能、氢能等前沿科技攻关；同时要通过提升电网等能源基础设施数字化、智能化水平以及实施智慧能源示范工程等，实现源网荷储互动、多能协同互补及用能需求智能调控。

（4）能源市场体系方面。加快建立完善电力、碳交易、绿证等市场，以促进电力、碳排放权等各类能源资源价格机制的形成，同时加大对管网等自然垄断领域的监管力度，从而进一步释放相关市场活力，提高能源资源配置效率。《规划》指出，要加快构建和完善中长期市场、现货市场和辅助服务市场有机衔接的电力市场体系，建立健全天然气、原油期货和煤炭市场，同时优化能源市场监管，促进市场竞争公平、交易规范和信息公开。

（二）绿色金融支持新型能源体系建设的导向

1. 绿色金融以推动新型电力系统构建和清洁低碳能源开发利用为导向，支持新型能源体系建设

根据中国人民银行等七部门发布的《关于构建绿色金融体系的指导意见》，绿色金融是指支持环境改善、应对气候变化和资源节约高效利用的经济活动，即为环保、节能、清洁能源、绿色交通、绿色建筑等领域的项目投融资、项目运营、风险管理等所提供的金融服务。当前，我国绿色金融标准

体系不断完善，已确立包括标准体系、环境信息披露、激励约束机制、产品与市场体系和国际合作在内的绿色金融五大支柱；同时，我国绿色金融市场已发展成为全球最大绿色信贷市场、全球最大的绿色债券市场[①]。根据中国人民银行数据，截至 2024 年第一季度，我国本外币绿色贷款余额已达 33.77 万亿元。

整体来看，推动绿色金融支持新型能源体系建设的相关政策已初步形成顶层推动和基层探索相结合的发展格局。全国层面，相关政策除继续强化金融对新型能源体系建设的支持外，还以推动小微企业生产经营方式绿色转型、农村能源供应基础设施建设和绿色能源消费、创新技术研发应用、能源基础信息应用（如碳排放信息披露）等细分领域为关键抓手，通过绿色信贷、绿色债券、可再生能源发展基金、基础设施不动产投资信托基金（REITs）等融资工具，推动新型能源体系建设落到实处。地方层面，各地以推动绿色金融支持能源高质量发展项目落地为目的，针对地方产业基础特点和能源转型需求出台具有地方特色的绿色金融支持政策。例如，作为首个省级全域覆盖的绿色金融改革创新试验区，重庆基于其产业特点和转型需求，制定能源、工业、建筑等重点领域的碳减排路线图，同时强化推动绿色金融数字化转型，已成功打造“长江绿融通”绿色金融大数据综合服务系统，建立常态化政银企绿色融资对接机制，推动长江经济带和成渝地区能源低碳转型。

2. 转型金融以推动高碳行业低碳转型为导向，支持新型能源体系建设，尤其是传统化石能源转型

根据国际资本市场协会（ICMA）发布的《气候转型金融手册》中对“气候转型金融”的定义，转型金融指对市场实体、经济活动和资产项目向低碳和零碳排放转型提供的金融支持，主要针对传统碳密集行业和高环境影响行业。国际上，愈来愈多国家的监管机构和部分国际组织从转型金融的定义框架、分类方案、披露要求、行业标准等方面提出行动方案，在相关标准及金融产品应用实践方面也取得不同程度的进展。我国转型金融目前仍处于

① 气候债券倡议组织等：《中国可持续债券市场报告 2022》，2023。

起步阶段，转型金融体系还需进一步健全，转型金融产品种类也较为局限。传统化石能源有序转型是我国现阶段构建新型能源体系的重要环节，同样也是转型金融的关键支持领域，围绕传统化石能源转型的转型金融正在萌芽。政策层面，中国人民银行牵头起草了煤电等四个行业转型金融标准，条件成熟时将公开征求意见并公开发布。市场层面，转型债券是转型金融领域相对成熟的产品，在能源领域已得到较好的应用，华能集团、华电集团、大唐集团等能源公司均已发行了转型类债券产品，并在市场上获得了积极认购。

（三）绿色金融支持新型能源体系建设的现状

1. “双碳”目标下绿色金融正加快助力新型能源体系

绿色金融发展逻辑与新型能源体系“清洁高效”的内涵不谋而合，对新型能源体系发展起到支撑作用。一方面，绿色金融的关键标准均充分体现了对新型能源体系建设的支持。《绿色低碳转型产业指导目录（2024 年版）》和《绿色债券支持项目目录（2021 年版）》明确指出，清洁能源设施建设和运营、能源系统高效运行等清洁能源产业，城镇能源基础设施清洁化与智能化建设运营和改造等能源基础设施绿色升级产业以及电力需求侧管理服务等能源绿色服务产业均属于绿色金融支持范畴。另一方面，绿色信贷、绿色债券、绿色保险等绿色金融产品加速应用于新型能源体系建设。从绿色信贷来看，投向清洁能源产业的绿色信贷余额由 2021 年一季度末的 3.4 万亿元增长至 2024 年一季度末的 8.72 万亿元，累计增幅超 1.5 倍，且清洁能源产业绿色信贷在绿色贷款余额中比例稳定，持续高于 25%（见图 1）[①]。从绿色债券来看，2023 年，我国境内能源产业绿色债券发行数量 100 只，发行规模 891.41 亿元（见图 2）[②]，是绿色债券市场的重要组成。此外，其他绿色金融产品亦在不断创新，绿色保险、绿色基础设施公募 REITs、绿色基金等其他绿色金融产品的应用场景也已延伸至能源领域。

---

① 中国人民银行：http：//www.pbc.gov.cn/diaochatongjisi/116219/116225/index.html。

② 中央财经大学绿色金融国际研究院：https：//iigf.cufe.edu.cn/info/1013/8417.htm。

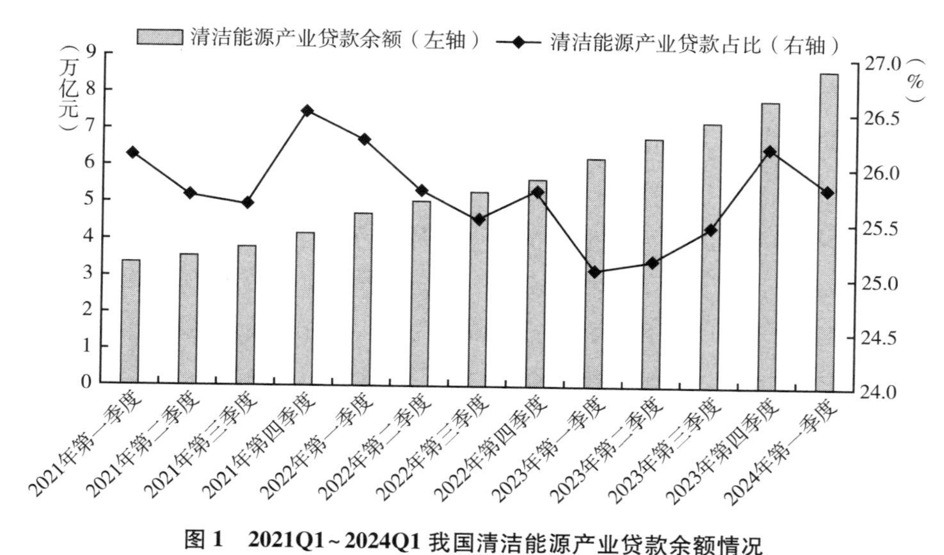

图 1　2021Q1~2024Q1 我国清洁能源产业贷款余额情况

资料来源：中国人民银行。

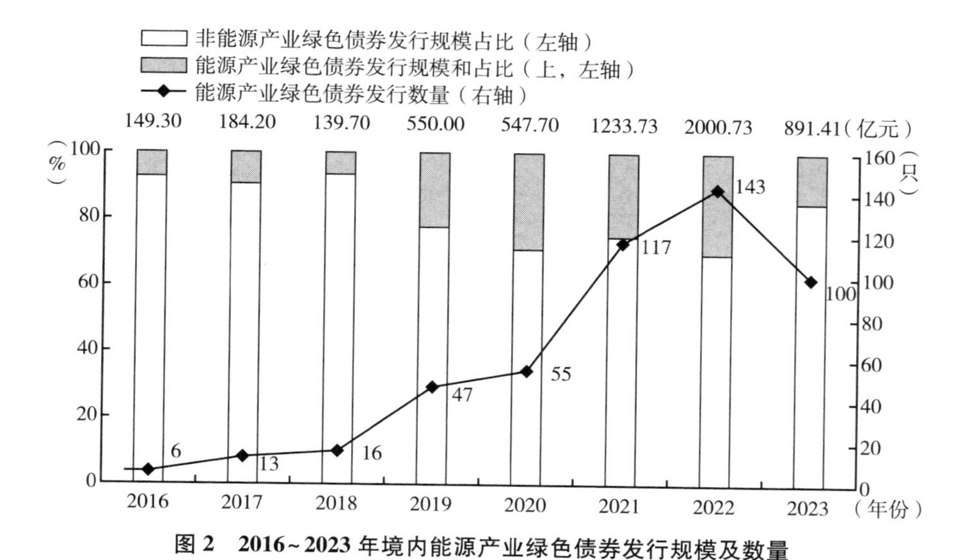

图 2　2016~2023 年境内能源产业绿色债券发行规模及数量

资料来源：中央财经大学绿色金融国际研究院。

2. 转型金融成为支持新型能源体系的新抓手

据中央财经大学绿色金融国际研究院绿色债券数据库统计，2022 年，能源企业共发行可持续挂钩债券6只，发行规模共计100亿元，平均发行规模为16.67亿元，平均票面利率为2.84%，发行期限均为3年，环境绩效指标设置趋同，主要为清洁能源、可再生能源的装机容量或新增装机容量；能源企业共发行转型债券4只，发行规模共计15亿元，平均发行规模为3.75亿元，平均票面利率为2.51%，平均发行期限为2.51年；能源企业共发行低碳转型公司债券3只，发行规模共计22亿元，平均发行规模为7.33亿元，平均票面利率为2.86%，发行期限均为3年；能源企业共发行低碳转型挂钩公司债券4只，发行规模共计60亿元，平均发行规模为15亿元，平均票面利率为3.15%，平均发行期限为4年。环境绩效指标内容与可持续挂钩债券相似，主要为可再生能源发电新增装机容量和水电新增装机容量（见表1）。总体来看，债券的票面利率与债种相关性并不突出，主要与发行期限挂钩，债券发行期限越长，债券信用风险越高，票面利率随之上浮；债券发行利率与债种呈现出一定相关性，即拥有环境绩效指标的挂钩类债券其平均发行规模相对更大。例如，2022年6月23日，大唐国际发电股份有限公司完成发行2.9亿元转型债券，发行利率2.6%，期限3年，募集资金用于置换燃煤机组天然气清洁利用项目。预计每年可节约标准煤41.59万吨，可减排二氧化碳183.85万吨，助力实现从燃煤到燃气的低碳转型和清洁供暖。[①]

表1　2022年能源企业发行可持续挂钩债券、转型债券、低碳转型公司债券、低碳转型挂钩公司债券情况

债券类型	发行人	债券简称	规模（亿元）	利率（%）	期限（年）	环境绩效指标
可持续挂钩债券	长江电力	G22长电3	15	2.78	3	可再生能源发电装机容量
	华能水电	22华能水电GN001（可持续挂钩）	20	3.18	3	清洁能源发电新增装机容量
	华能国际	22华能MTN005（可持续挂钩）	20	2.93	3	可再生能源发电新增装机容量

① 资料来源：中央财经大学绿色金融国际研究院绿色债券数据库。

续表

债券类型	发行人	债券简称	规模（亿元）	利率（%）	期限（年）	环境绩效指标
可持续挂钩债券	华能国际	22 华能 MTN006（可持续挂钩）	20	2.40	3	可再生能源发电新增装机容量
	华能水电	22 华能水电 GN012（可持续挂钩）	20	2.84	3	清洁能源发电新增装机容量
	大唐河南	22 河南发电 MTN001（可持续挂钩）	5	2.92	3	可再生能源发电新增装机容量
转型债券	华能国际	22 华能 MTN004（转型）	3	2.37	2	
	大唐发电	22 大唐发电 MTN005（转型）	2.9	2.60	3	
	大唐集团	22 大唐集 MTN001（转型）	4.1	2.93	3	
	华能国际	22 华能 MTN007（转型）	5	2.14	2	
低碳转型公司债券	华电国际	22HDGJ02	15	2.58	3	
	宝钢股份	G22 宝钢 1	5	2.68	3	
	攀钢集团	22 攀钢 02	2	3.33	3	
低碳转型挂钩公司债券	华能集团	22CHNG2Y	13	3.38	5	可再生能源发电新增装机容量
	华能集团	22CHNG1Y	7	2.94	3	可再生能源发电新增装机容量
	华电集团	22 华电 02	15	3.35	5	水电新增装机容量
	华电集团	22 华电 01	25	2.93	3	水电新增装机容量

资料来源：中央财经大学绿色金融国际研究院。

二　绿色金融支持新型能源体系发展的难点

（一）新型能源体系建设尚未成熟，金融支持的经济性保障受到影响

在多种环境权益机制交叉和电力市场化交易尚未成熟的背景下，能源投资面临发电价格不确定的市场化风险。一是可再生能源的环境权益认可度不

足。当前可再生能源绿色电力证书交易、绿电交易、可再生能源电力消纳保障机制、碳排放权交易市场等多种机制同时存在，各类机制下可再生能源的环境权益模糊不清，并有可能产生环境权益重复计算的情况，影响可再生能源环境权益的认可度。二是可再生能源市场化交易规模不足，由于缺乏强制性约束，市场主体消纳可再生能源电力的主动性受限，导致我国可再生能源的市场交易规模较发电规模而言过小。即使是在各类机制中强制性意义相对明显的可再生能源电力消纳保障机制，由于其仍在运行初期，设置的可再生能源消纳责任权重较为宽松，当前大部分省（区、市）的政府部门无需将配额严格分配至市场主体进行配额交易即可满足上一级主管部门制定的消纳责任要求，从而导致对市场主体的约束力不足。且目前各机制交易方式相对简单，例如《关于做好可再生能源绿色电力证书全覆盖工作 促进可再生能源电力消费的通知》中明确提出，现阶段可交易绿证仅可交易一次，流动性不足也影响绿证市场规模及其在市场定价中发挥的作用。

（二）绿色金融自身发展仍存不足，服务新型能源体系建设能力有待提升

当前绿色金融存在投放集中等问题，对大型企业项目投放积极性较高，但对中小企业的支持不足。绿色金融投放时对项目和主体的考核标准较为严格，加之新型能源体系建设进程中资金雄厚的央企和地方国企高频入场，导致绿色金融服务新型能源体系发展时多优先考虑主体资质强、绿色效益明显的优质项目，进而导致能源领域绿色金融投放的集中度较高，甚至出现贷款利率与存款利率倒挂现象。与此同时，面对占据市场主体大部分比重、负责原材料与零部件生产的能源产业链上游的小微企业，其通常由于抵押担保物不足，以及近两年来产能供需格局调整、卖方市场逐渐转为买方市场所导致的盈利能力改变，绿色金融投放较为审慎。此外，绿色金融产品还存在结构性不平衡的问题，与我国金融总体结构类似，我国绿色金融同样以绿色贷款、绿色债券等间接融资产品为主，债转股、股权投资基金等直接融资产品创新较少，难以满足能源企业补充资本金、引进战略投资者、上市并购等日

渐多元化的需求，以及氢能、储能等技术研发企业的长期资金需求。

转型金融与碳金融等新兴领域还需持续培育。以碳金融为例，碳金融是以碳资产为标的物的碳金融产品，是环境权益融资的创新方式，但由于碳市场的金融属性而开发程度有限，碳金融发展尚处于起步阶段。一级市场方面，传统能源企业是碳排放配额、自愿减排量等碳资产的重要所有方。特别是在碳排放配额层面，全国碳排放权交易市场目前仅将年度二氧化碳排放量超过 2.6 万吨的火力发电企业纳入控排范围。配额以免费分配为基础、有偿分配尚未全面展开，碳价形成机制尚不成熟，传统能源企业得益于能效提升、节能改造等措施形成的盈余减排量无法完全转化为经济效益。二级市场方面，传统能源企业已有开展碳金融产品创新的领先实践，但基于碳价形成机制还不成熟、碳资产金融属性开发有限等原因，当前碳金融主要集中于碳资产抵质押领域，且多是以“首单”“首创”为主的创新性示范，还未形成标准化、规模化的碳金融供给。

（三）新型能源体系覆盖诸多细分行业，产融对接力度有待加大

构建新型能源体系涉及众多细分行业，行业发展阶段与技术突破潜能各异，产融对接存在难度。一方面，与新型能源体系相关的细分领域尚未建立行业统一的发展规划与低碳标准，仅依靠金融机构自身力量难以基于对标资产的低碳发展路径以及低碳效益作出研判，进而难以确保金融资源精准投放。尤其是转型金融投放前需充分考量“转型目标是否科学”以及“转型所使用的技术是否可确保转型目标实现”等关键问题，在缺乏行业统一标准的背景下，金融机构难以自行精准研判。另一方面，构建新型能源体系所需的新兴技术在研发和应用阶段均存在较强的不稳定性，加剧了产融对接难度。在研发阶段，低碳技术突破存在周期曲线，突破性低碳技术的出现通常将引发行业的急剧变革；在应用阶段，技术扩散遵循 S 形规律，需要长期培育才能显现新兴扩散红利，因而技术在研发和商业应用领域上均具有强烈的不稳定性，可能导致原技术滞后于现实需求，从而形成新的搁置资产。

（四）相关人才发展面临多重挑战，跨领域知识融合亟待加强

从人才发展来看，金融领域人才与能源领域人才在跨领域知识融合方面均需加强。一是金融人才，绿色金融作为相对新兴的金融领域，对专业知识和实践经验的要求较高。然而，当前具备深厚绿色金融知识并能熟练运用相关工具的专业人才数量有限。同时，金融人才普遍对新型能源体系的技术细节、市场需求和发展趋势了解不足，存在行业发展趋势认识不充分、低碳发展路径研判不完全、技术突破跟进不及时等难点，导致投融资产品和服务没有与客户的能耗指标、节能项目匹配，以及对节能减碳技术、绿色低碳科技成果转化项目的支持力度不够等问题，从而影响投资决策的时效性和有效性。二是能源人才，能源领域人才在新型能源技术的研发与应用方面具备丰富经验，但对金融工具的认知较为有限，往往无法充分利用绿色金融资源来推动项目落地和资金筹集，进而影响了产融对接的效率以及创新金融工具在新型能源项目中的应用推广。

三　绿色金融支持新型能源体系发展的展望

（一）完善相关制度，为金融支持新型能源体系建设夯实基础

一是探索有效的市场化制度。当前能源价格机制在一定程度上影响了清洁能源项目经济效益。在补贴政策退出和电力市场化规模逐步扩大的背景下，清洁能源项目投资开发正面临发电能力、发电量和价格的三重不确定性，亟须通过有效的市场化机制保障清洁能源投资的收益稳定性。然而，目前能源价格的市场化形成机制在顶层设计与市场规模方面均有较大的提升空间。建议以发现环境要素价值为核心，统筹衔接各类能源价格形成机制。将绿证作为清洁能源电量环境属性的唯一证明，促进绿电交易、可再生能源电力消纳保障机制与绿证交易衔接，明确绿电环境要素的归属，提升社会认可度。以激发市场需求为抓手，扩大清洁能源自主交易规模。一方面，将清洁

能源电力消纳责任落实到市场用电主体，提升以履约为目的的绿电消费规模；另一方面，扩大清洁能源环境效益的应用场景，挖掘跨国公司及其产业链企业、外向型企业、行业龙头企业的具体需求，探索不同规模、不同区域的组合型交易产品，营造以自主交易为目的的清洁能源消费环境，用好市场化方法，释放稳定的清洁能源价格信号①。

二是要充分发挥财税引导作用。一方面，优化税收优惠路径，目前可再生能源税收优惠政策主要为减税和免税，手段应用具有一定局限性，叠加优惠政策分布于所得税、增值税等税种中，缺乏系统性，企业受益不均。建议根据不同能源品种的发展需求，加大针对性税收优惠力度。例如由于主力油田进入开发后期及资源劣质化，我国油气稳产增产难度日益增大，建议加大对低品位和难动用石油资源的税收优惠力度，出台减免老油田“尾矿”资源税、减征和免征资源税、增值税先征后退等措施。另一方面，运用财政资金主导建立新型能源产业基金，撬动社会资本参与，协助具备核心技术、较新业态、较清晰的市场前景等拥有较高投资价值的新型能源产业运行优质项目、落地相关技术、补齐产业链条、营造良好的产业生态。

（二）深化绿色金融顶层设计，为新型能源体系建设提供金融政策和标准支持

一是做好绿色金融与转型金融的有效衔接。在绿色金融“三大功能”“五大支柱”的顶层设计的经验基础上，金融监管部门宜持续细化完善项目与技术目录。清洁能源作为绿色金融支持范围中较为成熟的领域，具有较好的绿色金融支持基础，未来可基于绿色金融支持清洁能源经验，围绕清洁能源与化石能源持续完善顶层设计。一方面，针对清洁能源，可参照《绿色低碳转型产业指导目录（2024 年版）》《绿色债券支持项目目录（2021 年版）》等绿色标准，对产业链企业的供应链进行区分拓展，为拥有行业高技术含量、无替代零部件且无明显污染排放的供应商企业提供绿色认证与金

---

① 王遥、金子曦：《用好绿色金融支持清洁能源发展》，《经济》2023 年第 11 期，第 34~37 页。

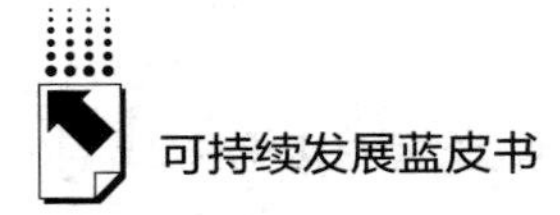

融支持，通过供应链向更多行业传导绿色低碳理念，调动供应链企业的参与热情。另一方面，针对传统化石能源，可参考国家和局部地区出台的转型金融目录，筛选具备降碳减排能力或潜力、符合国家划定的碳排放基准配额与行业“双碳”路线图规划的企业及项目，给予转型金融支持。同时，联合相关部门制定“新型能源体系建设创新技术目录”，鼓励金融机构以此为依据开展技术专项支持产品或知识产权抵质押服务创新。

二是激发碳金融市场活力。建议从企业与金融双视角强化碳资产价值属性。企业视角下，建议加快企业碳市场参与能力建设。一方面，针对已经被纳入全国碳排放权交易市场的火力发电控排企业，提升控排企业碳排放数据核算能力与质量，并联动第三方机构强化控排企业碳资产交易与履约能力建设。另一方面，针对储备有碳汇资产和具有碳汇资产开发潜力的能源企业，提前部署碳汇资产摸底与 CCER 开发能力建设工作，争取尽快对接部署 CCER 资产开发。金融视角下，引导金融资源向碳资产相关项目聚集：一是理顺关于碳金融确权登记、贷款审批、贷后管理的实施路径；二是通过纳入考核体系、增设政策激励、建立项目储备等多元化方式，推动金融机构参与碳金融市场，提高低碳投资效率，有效疏通碳金融融资渠道。

（三）加强绿色金融产品创新，促进新能源细分领域产融对接

首先，创新金融供给产品体系。创新提供高效服务清洁能源发展、传统能源转型与能源技术突破的多元化金融产品体系。一是面向中小企业强化供应链金融服务。能源价值链上中小企业众多，尤其是在零部件制造环节，例如风机零部件制造以中小民营企业为主。这些中小企业技术要求不高、抗风险能力弱，相较产业链上的大型企业而言获取融资难度更大。二是目前能源产业面临竞争加剧、电价退坡、增量需求放缓等问题，市场发展动力也需进一步激活。行业阶段性特点叠加企业困境，使得能源价值链对供应链金融提出了更高需求。建议以传递信用、控制风险为核心，以龙头企业为突破，根据不同类型能源产业链的发展现状和需求特点，提供涵盖应收账款质押融资、订单融资、控货融资等模式的全产业链金融解决方案，优化能源产业链

金融生态环境。

其次，面向优质资产畅通直接融资通道。对于大规模的企业而言，不论主营业务是传统化石能源还是新型清洁能源，在低碳与发展的双重使命下，均尤为需要大量资金支撑企业提升清洁能源业务占比。面对增量清洁能源投资与建设业务需求，一方面，建议允许符合条件企业通过发行优先股、可转换债券等方式筹集兼并重组资金，并鼓励各类投资者通过股权投资基金、创业投资基金、产业投资基金等形式参与企业兼并重组。另一方面，建议积极探索能源资产证券化，加快优质能源资产上市。得益于基础设施的属性，能源资产具有现金流稳定可预测、盈利性较好且实现使用者付费的特征，收益相对稳定、安全性较强，符合相关政策要求与资本市场期待。建议以风电、光伏发电、水力发电等清洁能源项目为示范，扩大能源资产证券化市场，支持能源企业缓解现金流压力、加快优化绿色资产配置。

再次，面向技术创新提供适应性融资工具。技术创新仍然是新型能源体系大规模与高质量发展的核心驱动力，以风电行业为例，解决风电叶片增长带来的技术问题、海上风电漂浮式基础稳定性与安全性问题、主轴承技术等“卡脖子”问题是提升产业可持续发展能力的关键因素，需要相应的金融工具精准、有效地支持各类技术研发与应用。建议加快引入专项基金、产业投资基金、风险投资、私募股权投资等金融工具，为能源科技型企业提供多样化、个性化金融服务。

最后，针对大型能源项目建设与运营特点创新专用金融产品。针对大型能源项目“重资产”特点，创新融资租赁产品，包括设备融资租赁以及售后回租等多种模式。针对大型能源项目运营收益相对稳定的特点，开发应收账款质押、应收账款保理等金融产品，协助企业加快资金周转。

（四）加强人才建设，提升金融服务新型能源体系的整体水平

一是提升金融人才对能源行业的认知水平。一方面，金融机构应加强对内部人员的绿色金融培训，通过开发涵盖基础知识、专业技能和实践应用的系统化培训体系，实行绿色金融、项目投融资、风险管理等岗位轮换，打造

内部绿色金融人才培养梯队等多种方式，提升内部人员对绿色金融的认知水平和实践能力。另一方面，要强化复合型人才队伍培育，特别是兼具能源行业研究与金融收益评价双向融合能力的专业人才，增强对能源行业发展趋势的认识和扩大行业知识的储备，提升用好绿色金融支持新型能源体系建设的内部积极性。

二是提升能源领域人才的金融工具应用能力。能源领域的企业应积极为技术专家和管理人员提供金融知识的培训，尤其是绿色金融工具的应用、投融资策略以及资金筹集方法。通过与金融机构合作开发课程或组织跨领域研讨会，帮助能源人才掌握如何利用绿色金融资源来推动技术研发和项目实施。同时，能源企业应主动与金融机构建立战略合作伙伴关系，共同探索新型能源项目的融资模式。在项目规划阶段引入金融专家，共同制定可行的资金解决方案。通过金融与技术的深度融合，确保项目资金的高效配置和风险管控。

三是加强跨领域培养与协作。由行业协会、研究机构建立跨领域专家交流平台，促进金融与能源领域的专家定期进行信息分享与合作研讨。可以设立“绿色金融支持新型能源体系构建”专门论坛或研讨会，鼓励不同领域的专家共同探讨技术发展路径、低碳转型模式和创新金融产品设计，促进跨领域知识的融合与应用。同时，鼓励高校、科研机构和企业联合开展绿色金融与新型能源的交叉学科培养项目。例如，设置绿色金融与能源技术的双学位课程、研究生联合培养项目等，培养兼具金融和能源技术背景的复合型人才。

B.11
“一带一路”倡议下“光伏+”生态的机制创新研究

何 杨 李泽升 姜希猛*

摘 要： 截至2023年底，“一带一路”经济带仍有近1/4的国家依靠出口能源来维系国民经济增长，抵御国际经济波动能力较弱。自共建“一带一路”以来，新兴产业贸易与产能投资合作持续巩固，“光伏+”生态创新模式作为光伏产业路线的大方向、大节奏、大趋势，将有利于全面构建全球人类命运共同体，加速各国实现碳达峰碳中和目标，助力乡村振兴远景规划达成。在碳中和目标下，不仅要积极深化“光伏+”生态投资便利化改革、完善生态效益评估机制、强化金融创新机制，还应鼓励相关部门出台政策机制，让“光伏+”生态模式更好地助力“一带一路”经济带国家能源结构转型。

关键词： “一带一路” “光伏+” 碳中和

一 引言

自“一带一路”倡议提出以来，中国始终将绿色低碳作为推动各国能源合作的主基调。共建绿色“一带一路”是“一带一路”顶层设计中的重

* 何杨，北京信息科技大学助理教授，主要研究方向为能源政策、能源经济、机制创新；李泽升，美国约翰霍普金斯大学硕士生，主要研究方向为能源经济与政策；姜希猛，乐山太阳能研究院院长，主要研究方向为太阳能利用技术、燃料电池等新能源材料。

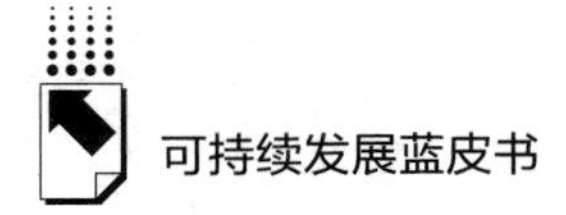

要内容[1]。与共建“一带一路”国家生态环保合作是践行生态文明和绿色发展理念、提升“一带一路”建设绿色化水平、推动实现可持续发展和共同繁荣的根本要求[2]。2017年，国家发改委和国家能源局共同制定并发布《推动丝绸之路经济带和21世纪海上丝绸之路能源合作愿景与行动》，旨在以“一带一路”能源合作为基础，凝聚“一带一路”沿线各国力量，共同构建绿色低碳的全球能源治理格局，推动全球绿色发展合作。2021年6月23日，在“一带一路”亚太区域国际合作高级别会议期间，29国共同发起“一带一路”绿色发展伙伴关系倡议[3]。在2023年10月举办的第三届“一带一路”国际合作高峰论坛上，习近平主席宣告了中国对于高质量共建“一带一路”的坚定支持，并提出了八项切实可行的行动方案。自共建“一带一路”倡议提出以来的十年间，中国作为全球生态文明建设领域中的核心参与者与贡献者，秉持着共商共建共享、开放包容、绿色生态、廉洁高效与可持续发展的核心理念，矢志不渝地推动共建“一带一路”的绿色发展进程。

2020年9月22日，国家主席习近平在第17届联合国大会一般性辩论上提出了“双碳”目标[4]。在2020年12月12日的气候雄心峰会上，习近平主席提出三点倡议。第一，团结一心，开创合作共赢的气候治理新局面。第二，提振雄心，形成各尽所能的气候治理新体系。第三，增强信心，坚持绿色复苏的气候治理新思路[5]。2023年12月，中央经济工作会议明确积极稳妥推进碳达峰碳中和，加快打造绿色低碳环境，减碳是推动经济增长的新动能。[6]。习近平总书记强调，生态环境保护和经济发展不是矛盾对立的关系，而是辩证统一的关系。产业发展与生态环境保护良性互动，一个重要前提在

---

① 《关于推进绿色“一带一路”建设的指导意见》，《中国环境报》2017年5月9日，第3版。

② 李丹、李凌羽：《“一带一路”生态共同体建设的理论与实践》，《厦门大学学报》（哲学社会科学版）2020年第3期，第66~78页。

③ 《“一带一路”绿色发展伙伴关系倡议》，新华社，2021年6月23日。

④ 《习近平在第七十五届联合国大会一般性辩论上发表重要讲话》，新华网，2020年9月22日。

⑤ 《习近平在气候雄心峰会上的讲话》，新华网，2020年12月12日。

⑥ 刘晓龙、崔磊磊、李彬等：《碳中和目标下中国能源高质量发展路径研究》，《北京理工大学学报》（社会科学版）2021年第3期，第1~8页。

于尊重自然规律，在充分发挥生态优势的基础上实现资源能源的高效、洁净、可持续利用①。

甄晓英、马继民在研究中提出，要积极引导共建“一带一路”国家和地区的资金投入新兴产业，拓展对外开放新空间。建立和完善“一带一路”区域合作新机制，构建开放平台创新机制②。光伏产业是国家战略当中的新兴产业，光伏产业在发展的过程中，面临一些问题：贸易壁垒频现，出口市场分散，产品同质化，利润下滑③。在推动全球人类命运共同体的当下，如何实现新兴产业的创新机制是值得研究的问题。

对“光伏+”生态进行研究具有重要的意义，在光伏与生态相结合的研究和案例当中可以发现④，中国在光伏促进生态恢复和可持续生计领域，具有世界领先性。在荒漠上的光伏电站对生态环境有一定的效应，包括土壤、植被、局地小气候、动物和微生物⑤。在沙漠中的光伏电站，光伏阵列的阻风固沙与遮阴增湿作用和人工管护，有利于站内植被恢复、土壤改良和沙区局地小气候的改善⑥。光伏产业是我国为数不多的具有国际竞争力，并取得国际领先优势的战略性新兴产业。中国的光伏治沙案例已经得到世界各国的广泛关注和认可，推进在荒漠上建立光伏电站，同时因地制宜地创建“光伏+”生态产业，不仅能够推动产业发展，同时有利于生态文明的建

① 申少铁：《生态优势就是发展优势》，《人民日报》2020 年 10 月 13 日。

② 甄晓英、马继民：《“一带一路”战略下西部地区的对外开放与机制创新》，《贵州社会科学》2017 年第 1 期，第 130~135 页。

③ 王恒田、杨晓龙：《我国太阳能光伏产品出口问题、机遇与对策研究——基于创新发展视角》，《价格月刊》2020 年第 8 期，第 52~56 页。

④ 袁全红：《“一带一路”给中国光伏产业带来的机遇与挑战》，《太阳能》2020 年第 8 期，第 10~13 页。

⑤ 刘怡：《光伏电站建设对生态环境的影响》，载《2019 中国环境科学学会科学技术年会论文集（第一卷）》，2019，第 81~84 页；Armstrong A，Ostle N. J.，Whitaker J. “Solar Park Microclimate and Vegetation Management Effects on Grassland Carbon Cycling” [J]. *Environmental Research Letters*，2016，11（7）：074016。

⑥ 王祯仪、汪季、高永等：《光伏电站建设对沙区生态环境的影响》，《水土保持通报》2019 年第 1 期，第 197~202 页；Sujith R. “Partner Crop Plants With Solar Facilities” [J]. *Nature Climate Change*，2015，524（7564）：161。

设。光伏产业在吸纳就业①、实现精准扶贫②、拉动经济收益③等方面也具有一定的作用，对落实能源生产和消费革命，建设清洁低碳、安全高效的现代能源体系具有重要意义。

中国的光伏产业具有走出去的国际竞争力。中国光伏产业经过十多年的发展，已经成为为数不多的具有国际竞争力并取得领先优势的战略性新兴产业。2017 年起，我国光伏产业链从硅料、硅片、太阳能电池片到组件等各环节生产规模的全球占比均超过 50%。2023 年，中国光伏组件产量达到 499GW，同比增长 69.3%，是世界其他国家的 4 倍左右，当之无愧地成为光伏产业的生产制造枢纽；光伏组件产品出口 211.7GW，同比增长 37.9%，出口额为 396.1 亿美元④。当前，中国市场光伏组件的主流产品市场价格降至 1 元/瓦，具有最高的性价比，为全球光伏市场和应对气候变化作出了巨大贡献。为此，研究“光伏+”生态模式创新，可促进信息与技术融合，促进绿色产业发展，以智慧能源推动生态发展。

二 “一带一路”倡议下中国光伏产业现状

（一）中国光伏电站建设规模世界第一

自 2013 年开始，中国光伏装机规模快速增长，连续 10 年位居全球第一，新增总装机容量连续 8 年位居全球第一。截至 2023 年底，我国累计光伏并网装机量超过 600GW，占全球光伏装机总量的 51.6%。2023 年，全国

① Liu B., Song C., Wang Q., et al. “Forecasting of China's Solar PV Industry Installed Capacity and Analyzing of Employment Effect: Based on GRA-BiLSTM Model” [J]. *Environmental Science and Pollution Research*, 2022, 29 (3): 4557-4573.

② 江鸿泽、梁平汉：《扶贫政策的经济增长效应：来自光伏产业扶贫的证据》，《数量经济技术经济研究》2024 年第 10 期，第 171~190 页。

③ Shuai J, Cheng X, Ding L, et al. “How Should Government and Users Share the Investment Costs and Benefits of a Solar PV Power Generation Project in China?” [J]. *Renewable and Sustainable Energy Reviews*, 2019, 104.

④ 《中国光伏产业发展路线图（2023 版）》，2024。

新增并网容量 2.16 亿千瓦，同比 2022 年增长近 1.5 倍①。值得一提的是，其中有相当规模建设于荒漠等退化土地上，可再生能源的发展，特别是光伏行业，有效地促进了中国的防治荒漠化工作。

（二）荒漠等退化土地上的光伏电站，具有较好的生态恢复效应

首先，在荒漠地区建设光伏电站和种植能源作物有利于荒漠化土地的生态修复，增加土壤有机碳，减少土地退化和侵蚀造成的碳排放。其次，荒漠等退化土地上的光伏电站，不仅能够提供可再生能源，还能够为当地民众提供就业机会，从而起到防治荒漠、应对气候变化、人人享有可持续能源和减少贫困的协同效应。在荒漠等土地退化地区建设光伏电站，对联合国 2030 年可持续发展议程作出积极贡献，特别是目标 1、目标 7、目标 13、目标 15 具有重要意义（见表 1）。

表 1　荒漠等退化土地上的光伏电站优点

序号	优点	目标	
1	光伏产生的清洁电力，减少碳排放	目标 7. 确保人人都能获得负担得起、可靠和可持续的现代能源	目标 13. 采取紧急行动应对气候变化及其影响
2	植被根系固沙，防止土地退化，形成碳汇	目标 13. 采取紧急行动应对气候变化及其影响	
3	降低风速，减少蒸发，使植被易于生长	目标 15. 防治荒漠化，制止和扭转土地退化	
4	植物可用于生产生物质能源、生物乙醇，减少化石能源的使用和减少碳排放	目标 13. 采取紧急行动应对气候变化及其影响	目标 7. 确保人人都能获得负担得起、可靠和可持续的现代能源
5	促进就业，减少贫困	目标 1. 在全世界消除一切形式的贫困	

① 资料来源：国家可再生能源中心。

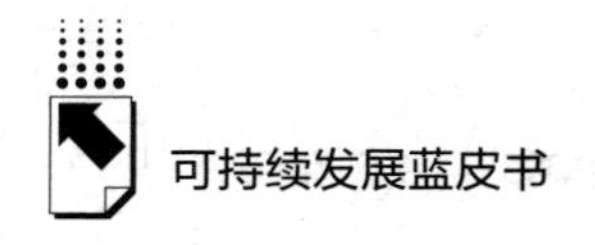

（三）中国的荒漠治理居世界领先地位

荒漠化是历史性和全球性生态问题，直接威胁国家生态安全，严重制约人类生存与发展，防治荒漠化是世界各国的共同责任和义务。近年来，我国采取一系列重大举措推进荒漠化防治，取得了巨大成效。从中国第五次全国荒漠化和沙化监测结果可以看出，中国荒漠化和沙化状况较2009年有明显好转，呈现整体遏制、持续缩减、功能增强、成效明显的良好态势。荒漠化和沙化面积持续减少，沙化逆转速度加快。中国生态文明建设成效显著，为世界的生态改善作出了重要贡献。2019年NASA公布的卫星图显示，地球在过去二十年里新增了约5%的绿化面积，其中1/4的贡献来自中国。中国已成为全球生态文明建设的重要参与者、贡献者和引领者。

（四）中国光伏在生态恢复和可持续生计领域的促进作用

中国的光伏治沙案例已经得到世界各国的关注和认可，推进在荒漠上建立光伏电站，同时因地制宜地创建“光伏+”产业。光伏产业是我国为数不多的具有国际竞争力，并取得国际领先优势的战略性新兴产业。光伏产业在吸纳就业、实现精准扶贫、拉动GDP增长方面具有明显效果，对落实能源生产和消费革命、建设清洁低碳安全高效的现代能源体系具有重要意义。

我国光伏治沙已经有一些典型案例具有了世界知名度。一是库布齐沙漠的光伏项目，基地采取“光伏+治沙+农林+旅游”的思路建设，采用“外围锁边+主干道路防护+场区林光互补”的三级防护光伏治沙模式。二是乌兰布和沙漠光伏项目实施的是“沙漠+光伏+设施牧场”的种植模式，不仅可以起到固沙绿化、防止沙漠化蔓延、改善生态环境的作用，而且可以提高太阳能光电转换效率。三是龙羊峡320MW水光互补项目，项目对青海共和盆地54平方公里的大型光伏园区生态环境进行建设规划，该项目是目前国内最大的水光互补项目，也是国内知名的光伏治沙项目。

（五）中国的光伏产业产能在世界具有优势

我国作为连接国际“一带一路”的重要枢纽，在发展光伏产业方面，无论是战略聚焦还是产业聚焦，无论是交通条件还是人才布局，都拥有得天独厚的条件。据国际能源署（IEA）预测，到2030年全球光伏累计装机量有望达到1721GW，到2050年将进一步增加至4670GW，光伏产业发展潜力巨大，而光伏产业已经成为我国产业经济发展的一张崭新名片和推动我国能源变革的重要引擎。目前，我国光伏产业在制造业规模、产业化技术水平、应用市场拓展、产业体系建设等方面均位居全球前列。

我国光伏产业拥有全球最完整的产业链，产能占全球的70%以上。近年来，海外市场一直是中国之外的重点增长市场，同时国内光伏出口也一直处于高位。中国光伏产品出口从2016年持续增长①，2023年，我国光伏主材（硅片、电池、组件）出口实现490.66亿美元。与此同时，2023年，我国三类光伏产品的出口总重量为1818.27万吨，同比上升25.56%。2023年上半年，我国光伏产业链主要环节产量高速增长，同比增幅均超过65%。从全球光伏产业链视角来看，中国已经牢牢占据光伏产业链龙头地位。

三　“光伏+”生态模式对创新机制提出新要求

（一）创新“光伏+”生态机制是实现人类命运共同体的一般要求

“人类命运共同体”这一超越民族国家中心、零和博弈规则、二元对立思维的“中国方略”曾多次在不同场合被习近平总书记倡导。此方略强烈表达了中国对和平发展、合作共赢的向往，体现了中国与世界各国共享共建、互商互惠、兼收并蓄的愿景。面对全球日趋复杂的生态环境和政治环

① 刘晓龙、崔磊磊、李彬等：《碳中和目标下中国能源高质量发展路径研究》，《北京理工大学学报》（社会科学版）2021年第3期，第1~8页。

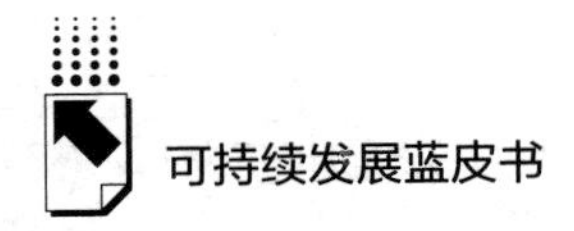

境，再加上各国各自所面临的不同发展困境，只有同心协力，并肩同行，才能加速低碳经济社会能源颠覆式变革，让全球生态文明之花怒放。

通过整理国际货币基金组织数据库数据，2015～2020年共建“一带一路”64个国家和地区中，高收入国家由17个增加到19个，中高等收入国家由19个增加到21个；中低等收入国家由25个减少到20个；低等收入国家由3个增加到4个①。从数据来看，尽管共建“一带一路”大部分国家和地区的国民收入得以不同程度的增长，但地区整体仍然面临经济发展落后、生态环境持续恶化、发展方式粗放、能源结构单一、电力产业及基础设施落后等突出问题。同时，将近1/4的国家和地区依靠出口能源来维系国民经济的增长，对抵御国际经济波动，特别是石油价格波动的能力十分有限。但是这些国家拥有普遍充沛的太阳能资源禀赋，因此其国民经济产业结构和能源产业结构应以“一带一路”合作为契机变革图强，积极利用相关产业转型对光伏产品刚需的大好机遇，形成和完善各自国家绿色低碳产业体系，支撑经济转型升级发展。

中国作为“人类命运共同体”的首倡者，正在积极探索“人类绿色生态共同体”的新构想。综观全球光伏产业发展，虽然我国光伏产能产量、生产成本、产业技术、产业结构、国际份额方面皆有较为突出优势，但也存在产能产量扩张过速、产业结构欠精细、企业盈收能力欠佳、海外业务经验尚缺、国际化复合型人才不足、国际规则参与度低等问题，因此中国光伏产业应借取“一带一路”走出去的东风再创佳绩，以及时消解当前所面临的困境。这既是推进时代绿色经济复苏，应对单边主义、保护主义和经济霸权主义，形成光伏经济新动能的客观要求，也是缓解全球资源匮乏、守住绿水青山、构建美丽家园的关键路径，更是促进共建“一带一路”国家光伏生态体系创新机制深刻变革的必然要求，为实现全球命运共同体和践行中国倡导指明了现实方向。

① 资料来源：国际货币基金组织数据库。

（二）创新“光伏+”生态机制是我国实现碳达峰碳中和目标的内在要求

过去的五年，中国光伏行业硕果累累，举世瞩目。其业态总体呈现规模大基地化、储能特高压化、分布式个性化、产业市场化及可持续化等特点，成功克服了全球风电产业发展瓶颈的巨大困难，迎来了为统筹国际国内大局、构建人类命运共同体、应对全球气候变化、走绿色低碳高质量发展道路而部署的“碳达峰碳中和”重大国家战略。为此，国务院七部门紧密发文谋划，不遗余力推进光伏产业向前向好发展，为实现碳达峰碳中和目标开好篇、起好步。

2020 年 8 月，《交通运输部关于推动交通运输领域新型基础设施建设的指导意见》印发，鼓励在服务区、边坡等公路沿线合理布局光伏发电设施，与市电等并网供电，相继又下发了要求制定高速公路路侧光伏工程技术规范的文件；2020 年 11 月，科技部在回复的《关于在“一带一路”国家开展光伏+生态修复合作的建议》中表示鼓励“光伏+生态修复”项目，推动荒漠化修复；2024 年 6 月，《财政部关于下达 2024 年可再生能源电价附加补助地方资金预算的通知》印发，下发 2024 年地方电网的可再生能源补贴；2024 年 9 月 18 日，国家能源局在其官方网站上发布了关于政协第十四届全国委员会第二次会议提案的答复函，重申了对分布式光伏新能源开发利用的高度关注和支持；2024 年 9 月，工信部发布《关于印发光伏产业标准体系建设指南（2024 版）的通知》，加强光伏产业标准工作顶层设计。以上政策不仅充分体现了国家创新光伏产业机制的决心和信心，而且为光伏产业高质量发展提供了新的方向指引。

（三）创新“光伏+”生态机制是我国推进乡村振兴的客观要求

中国光伏装机成本大幅下降，在河北、山西、新疆等地，已经出现大量农户安装光伏在 50 千瓦左右的情况，人均光伏装机量明显超过 10 千瓦。2020 年，山东省户用光伏新增 20 万余户，新增总容量为 600 多万千瓦，平均每户装机量 33 千瓦。2023 年，我国户用光伏新增并网容量为 4348.3 万千瓦，较 2022 年同比增长 72.24%，累计并网容量达到 11579.7 万千瓦。随着国家光伏扶贫项目开始在广大乡村普及，我国形成了主要包括地面光伏电站、户用光伏系统和村级光伏电站三种形式的光伏架构，并且一些地区结合农业渔业的应用形成了“农光一体”“渔光一体”的良好生态，给村镇带来了电力收益和农渔业收益，创造了就业收入。光伏扶贫对脱贫攻坚工作的圆满完成作出了重要贡献。同时，“光伏+”生态模式所带来的经济效益可以有效地起到光伏养老作用，这对于没有养老保险的农村人意义重大，有利于农村长治久安和乡村振兴。

四　结论与政策建议

“一带一路”倡议迄今为止已经提出了十年，当下共建“一带一路”国家以实现绿色和可持续发展，促进低碳、健康、包容性的经济增长为目标。在“3060”双碳的目标下，全国各省区市、地方各部门对生态文明建设越来越重视，减碳行动不胜枚举，同时“双碳”目标对能源转型提出了更高的要求，“光伏+”生态模式正是实现目标的一种有效手段。为此提出以下建议。

（一）国家行政职能部门积极行动

一是推进专项研发资金支持机制。研究可再生能源与生态修复之间的科学逻辑关系，并对重大关键技术和政策机制设计进行研究。针对重点项目应当采取专项和定向等方式进行项目申报，积极引导专家和学者对可再生能源与生态修复相结合的领域进行研究。二是专款支持联合国 IPBES 就光伏促进生态恢复进行全球学术评估报告撰写，并组建国内项目团队，为该项全球评估报告的撰写提供学术支撑。同时，筹建重点实验室和专业委员会，促进提升光伏研究的科技创新能力。三是开展可再生能源促进荒漠治理专项行动，定期组织共建“一带一路”国家分享可再生能源促进荒漠治理的案例，并为光伏技术提供多样化的应用场景。四是构建生态效益评估机制。对以往建于荒漠等退化土地中的光伏电站进行抽样或全面的生态效益评估。对生态优化的项目给予表扬，对生态恶化的项目勒令其进行整改。在今后开展的平价基地光伏项目中鼓励设置生态修复专项，并要求设立生态监测系统。

（二）推进教育培养合作模式

一是创新教育培养合作机制。教育部、国家留学基金委在现有留学计划中，设立可再生能源促进荒漠化治理专项，鼓励发展中国家在此专项下派遣硕博士留学生、交换生、博士后、访问学者来华留学或交流，鼓励举办相关的短期培训和夏令营等。鼓励高校就此设立科研专项、建立实验基地。鼓励企业与高校联合设立实验或观测基地。二是创新“光伏+”生态研究项目机制。积极邀请国际高校和研究机构加入“光伏+”生态研究项目，并筹建可再生能源促进生态恢复研究联盟，进而与全球高校研究院所进行更广泛的合作，与国际国内产业部门和机构进行更广泛的合作，筹建可再生能源促进生态恢复国际产学研联盟。

（三）强化金融创新机制

一是鼓励商务部在现有南南合作基金中设立共建“一带一路”国家可再生能源促进生态恢复专项基金，用于有关机构申请对非洲等共建“一带一路”国家立项试点示范项目进行研究、评估和设计。二是鼓励国家开发银行和亚投行设立多边投资担保机构，对相关项目进行研究资助，并发起可再生能源促进生态恢复基金，该基金邀请具有较大海外投资体量的央企，以及国内领先的光伏制造企业等相关企业参与，并鼓励国际金融机构和国际能源机构等相关机构的加入。

（四）创新多元合作机制

一是鼓励能源企业、光伏生产制造企业支持或参与建设可再生能源促进生态恢复培训中心，设立考察或实验基地。支持共建“一带一路”国家的光伏人才到实验基地进行考察和学习。二是全球能源互联网合作发展组织和国家电网等机构着手加强国际合作，对共建“一带一路”国家光伏基地和其他大型可再生能源基地建设的消纳能力、输配电网建设等电力配套系统进行研究和设计。

B.12

中国煤炭产业转型的进展、前景及路径

王　婧*

摘　要：　中国煤炭产业成功实现绿色低碳、节能高效、安全智能化的转型升级，不仅是我国完成“双碳”目标的关键，对全球气候环境目标的达成也有深远影响。20世纪90年代起，中国开始大力推进煤炭产业的转型升级，取得重大突破和长足进步。本文首先对我国助推煤炭产业转型的重要政策规划进行系统总结回顾，逐一分析政策规划中指导我国煤炭产业转型的具体指标，然后归纳总结中国煤炭产业转型的进展和问题，并对“双碳”目标下中国煤炭产业转型的前景进行消费预测和技术升级展望，最后在前述研究基础上，提出我国继续完成煤炭产业转型升级的路径举措。

关键词：　煤炭转型　“双碳”目标　清洁低碳技术　智能安全生产

根据全球实时碳数据库（Carbon Monitor）数据，2023年全球二氧化碳排放量为357.8亿吨，同比上升0.11%；其中，中国二氧化碳排放量为112.8亿吨，虽同比下降1.7%，但总量仍居全球高位（占全球排放总量的31.53%），面对全球气候协定的总目标，中国面临较大减排挑战。从碳排放来源看，中国碳排放主要来自能源领域，而目前能源领域的最大碳排放来源于煤炭产业，据国家统计局数据，2023年，中国煤炭消费量占全国能源消

* 王婧，中国国际经济交流中心助理研究员，数量经济学博士，理论经济学博士后，主要研究方向为能源转型、可持续发展。

费总量的55.3%。作为全球最大的煤炭消费国，中国煤炭工业转型能否成功不仅直接影响中国“双碳”目标能否达成，也深刻影响全球气候环境目标能否实现。

一　中国煤炭转型的进展评估

煤炭行业转型一直以来受到党中央、国务院和社会各界的高度重视。当前和今后一段时期内，煤炭在中国能源消费体系中仍占据重要位置，并将继续承担能源安全供给兜底的重大使命。这一现实情况决定了中国煤炭转型无法一蹴而就，需经历一个逐步、漫长的过程，涉及生产、消费、技术、体制机制等方方面面，是一项长期、复杂的系统工程。

（一）国家政策规划引领煤炭产业转型升级

20世纪90年代，国家开始制定出台政策规划，大力支持煤炭的清洁技术发展。1995年国务院成立“国家洁净煤技术推广规划领导小组”，1997年批准实施《中国洁净煤技术“九五”计划和2010年发展纲要》，这是我国首部国家层面制定的、对煤炭清洁技术发展作出指导和部署的文件。2007年，国家发展和改革委发布《煤炭工业发展“十一五”规划》，首次将节能减排等绿色发展指标纳入煤炭发展的约束性指标体系。二十多年来，党中央、国务院及国家有关部委出台了一系列与煤炭产业转型发展相关的政策文件，不断健全完善煤炭领域的法律法规和产业政策体系，引导中国煤炭产业实现绿色、低碳、节能、高效、安全和智能化转型升级（见表1）。

表1　指导中国煤炭产业转型的部分国家级政策规划一览

序号	名称	发布主体	发布时间
1	《中国洁净煤技术“九五”计划和2010年发展纲要》	国务院	1997年6月
2	《煤炭工业发展“十一五”规划》	国家发展改革委	2007年1月
3	《煤矿安全生产“十一五”规划》	国家安全监管总局	2007年2月

续表

序号	名称	发布主体	发布时间
4	《煤矿安全生产“十二五”规划》	国家安全监管总局	2011年12月
5	《煤炭工业发展“十二五”规划》	国家发展改革委	2012年3月
6	《洁净煤技术科技发展“十二五”专项规划》	中华人民共和国科学技术部	2012年3月
7	《关于促进煤炭安全绿色开发和清洁高效利用的意见》	国家能源局 环境保护部 工业和信息化部	2014年12月
8	《煤炭清洁高效利用行动计划(2015—2020年)》	国家能源局	2015年4月
9	《煤炭工业发展“十三五”规划》	国家发展改革委 国家能源局	2016年12月
10	《现代煤化工产业创新发展布局方案》	国家发展改革委 工业和信息化部	2017年3月
11	《煤矿安全生产“十三五”规划》	国家安全监管总局 国家煤矿安监局	2017年6月
12	《关于加快煤矿智能化发展的指导意见》	国家发展改革委等	2020年2月
13	《煤矿智能化建设指南(2021年版)》	国家能源局 国家矿山安全监察局	2021年6月
14	《煤矿智能化标准体系建设指南》	国家能源局	2024年3月
15	《煤电低碳化改造建设行动方案(2024—2027年)》	国家发展改革委 国家能源局	2024年6月

资料来源：作者根据公开资料整理。

表1中政策规划均以当时煤炭产业发展的现状为基础，分析煤炭产业发展的机遇和挑战，确定下一步煤炭产业发展的方针、目标和主要任务，其中不少政策规划通过构建具体指标，精准描述出煤炭产业转型要实现的预期效果（见表2）。

表 2　中国煤炭产业转型的重要阶段性目标一览

转型方向	指标	单位	2015 年	2020 年	2025 年
绿色低碳	煤矸石综合利用率	%	65	75	100
	矿井水利用率	%	68	80	100
	原煤入选率	%	66	75	80
	煤层气(煤矿瓦斯)产量	亿立方米	180	240	—
	煤层气(煤矿瓦斯)利用量	亿立方米	86	160	—
节能高效	大型煤炭产量比重	%	73	80	85
	采煤机械化程度	%	76	85	90
	掘进机械化程度	%	58	65	75
	全员劳动工效	吨/人年	840	1300	显著提升
安全智能	煤矿事故死亡人数	人	598	<510	持续稳定下降
	百万吨死亡率	—	0. 162	<0. 14	持续稳定下降
	智能化产能占比	%	—	—	不低于 60%
	智能化工作面数量占比	%	—	—	不低于 30%
	智能化工作面常态化运行率	%	—	—	不低于 80%
	煤矿危险繁重岗位作业智能装备或机器人替代率	%	—	—	不低于 30%

资料来源：作者根据表 1 中的政策规划整理。

为支持煤炭产业转型目标的实现，国务院、国家发展改革委以及财政部等部门相继出台一系列政策，从保障民生、财政补贴、产业引导等方面支持中国煤炭富集省市转型发展（见表 3）。

表 3　中国助推煤炭（矿区）转型发展的重要支持性政策一览

序号	名称	发布主体	发布时间
1	《关于促进资源型城市可持续发展的若干意见》	国务院	2007 年 12 月
2	《2012 年中央对地方资源枯竭城市转移支付管理办法》	财政部	2012 年 6 月
3	《全国资源型城市可持续发展规划(2013—2020 年)》	国务院	2013 年 11 月
4	《中央对地方资源枯竭城市转移支付办法》	财政部	2016 年 6 月

续表

序号	名称	发布主体	发布时间
5	《关于支持老工业城市和资源型城市产业转型升级的实施意见》	国家发展改革委等	2016 年 9 月
6	《关于加强分类引导培育资源型城市转型发展新动能的指导意见》	国家发展改革委	2017 年 1 月
7	《关于进一步推进煤炭企业兼并重组转型升级的意见》	国家发展改革委等	2017 年 12 月
8	《推进资源型地区高质量发展“十四五”实施方案》	国家发展改革委等	2021 年 11 月

资料来源：作者根据公开资料整理。

（二）煤炭产业转型取得的重大进展

近年来，我国积极发挥政策规划的引领倒逼作用，通过进一步完善煤炭产业链细分领域的清洁高效利用技术标准和规范，制定相关产品的能耗限额标准，发布高耗能落后设备淘汰目录，鼓励地方制定严于国家的地方能耗限额和污染物排放标准等，引领煤炭产业转型升级不断取得新的突破。

1. 煤炭产业绿色低碳转型取得突出成绩

近年来，减污降碳的煤炭绿色开采方式不断得以推广，充填开采、煤与瓦斯共采、无煤柱开采等煤炭绿色开采技术取得显著进步，煤炭资源回收率显著提升，矿区生态环境修复和环境治理成效明显，大气、水、土壤、绿化等生态环境质量稳中向好，主要污染物排放总量持续减少。矿区通过实施生态治理工程、植树造林、提高植被覆盖率，有效改善了生态环境。对于资源枯竭型城市矿山的地质环境，通过建设地下水水源地、采用无土快速生态修复技术等，大大改善了城市的投资环境和人居环境。

2. 科技创新助推煤炭产业节能高效转型不断加快

“十四五”时期，煤炭产业转向高质量发展新阶段，节能高效内涵不断深化。例如，山西省潞安化工机械集团的晋华炉 3.0 技术，通过凝渣保护，将汽化温度提高至 1500°C 以上，解决了高灰熔点煤水煤浆气化的难题，拓宽了煤种适应性。同时，气化室下部设置辐射废锅，回收合成气显热，副产高品质蒸气，进一步提升了能源利用效率，目前该技术已应用于新疆天业、中泰化学、河南金大地、浙江巨化等 27 家企业，涵盖多个煤化工领域。按已投入运行的 25 台（套）计算，初步估算，该技术每年可节省标煤 143.62 万吨，减少二氧化碳排放 382.03 万吨，减少二氧化硫排放 5.03 万吨，减少氮氧化物排放 5.70 万吨。还有河北省开滦集团通过科技创新成功实现煤炭资源的多元化利用，以煤炭为原料，大力培育高端聚甲醛、尼龙 66、高端聚酯材料、新能源材料等多条产业链等。

3. 煤矿安全智能生产水平大幅提升

据国家矿山安全监察局公布数据，2000 年，我国原煤生产百万吨死亡率高达 5.77，2010 年为 0.749。伴随着我国煤矿安全生产管理体制的完善、法律法规体系的健全和科技保障能力的提升，2021 年该指数已下降到 0.044。目前，我国不少现代化大型煤矿安全生产水平已基本与发达国家同等开采条件的煤矿持平。在煤炭智能化开采方面，近十年来我国取得重大突破，成功研制出具有自主知识产权的综采成套装备智能系统。这些系统能够实现采掘环境的智能感知、采掘装备的智能调控以及采掘作业的自主导航，煤矿井下还出现各种智能设备和机器人，如智能巡检机器人、无人驾驶矿卡等，能替代人工进行高风险、高强度作业，提高作业效率和安全性。据 Wind 数据，截至 2024 年 4 月底，全国已建成智能化采煤工作面 1922 个、智能化掘进工作面 2154 个，并建成近 60 处国家级示范煤矿和 200 余处省级（央企级）示范煤矿，这些示范煤矿在推动全国煤矿智能化建设中发挥了重要作用。

（三）煤炭产业转型的问题与难点

1. 如何合理统筹能源供应安全与煤炭长远转型的关系

煤炭在今后一段时间内，在我国能源保供中依旧发挥“压舱石”和“稳定器”作用，推动煤炭清洁高效利用，降低煤炭消费过程中的污染物排放和碳排放是煤炭产业高质量发展的难点。如何合理高效地发展替代能源，协调煤炭产业发展与转型的关系，通过财政补贴、税收优惠、金融支持等手段，降低煤炭转型的成本和风险，加强科技创新在煤炭转型中的支撑作用，最终实现能源结构的优化和绿色低碳发展，是接下来煤炭产业转型发展要解决的核心问题。

2. 煤炭产业转型与煤炭主产区的经济可持续发展问题

我国部分煤炭主产区产业结构单一，煤炭产业一煤独大，抗风险能力弱。伴随着能源结构向清洁、低碳方向转型，煤炭作为传统能源，其占比将逐步降低，一旦煤炭市场出现波动，极易对煤炭主产区整体经济造成较大冲击。另外，随着煤炭资源的不断开采，部分矿区面临资源枯竭问题，不仅会影响煤炭产业的可持续发展，也会对地方经济造成较严重影响。

3. 煤炭产业转型发展的技术支撑能力仍待提升

当前煤炭产业科技创新体系的结构亟待优化，未能充分发挥煤炭企业在科技创新中的主体作用，基础理论投资较少，导致我国有关煤炭清洁低碳转型发展的原始创新技术成果少，与国际先进水平有较大差距。同时，当前我国煤炭产业的关键核心技术水平较低。如在隐蔽致灾地质因素精准探测、智能探测、三维地质透明化等方面亟须加强攻关；在综采设备群智能自适应协同推进、智能快速掘进等关键核心技术和装备方面仍存短板；低生态损伤的煤矿绿色开采技术体系亟待完善，特别是针对西部生态脆弱区的低损害开采与生态环境保护理论与技术仍需加强研究。

4. 煤炭产业转型不可避免带来从业人员下岗的安置问题

随着煤炭产业的转型，传统煤炭开采和相关产业岗位大幅减少，大量从业人员面临失业风险。许多煤炭工人长期从事煤炭开采工作，技能相对单一，难以适应其他行业的岗位需求，增加了再就业的难度。部分下岗职工可能因失业而产生焦虑、抑郁等心理问题，影响其身心健康，若大量下岗职工得不到妥善安置，则可能引发社会不满和不稳定因素。

二　“双碳”目标下中国煤炭产业转型的前景

通过技术升级、产业链延伸和市场多元化等路径的实施，煤炭产业将逐步实现绿色低碳发展，煤炭产业的转型前景广阔。

（一）煤炭消费预测

目前较成熟的煤炭消费预测方法主要有：能源消费弹性系数法、情景分析法、时间序列法、灰色预测模型法等①。其中，情景分析法在假定某种现象或趋势持续到未来的前提下，依据关键参数设置差异，厘清不同情景下的煤炭需求。当前多家国际国内权威能源研究机构发布能源展望报告，如国际能源署（IEA）、美国能源信息署（EIA）、英国石油公司（BP）、中国石油经济技术研究院（ETRI）、国网能源研究院等，整理其对我国煤炭消费的预测（见表 4）。

表 4　国际国内机构对不同情景下未来的中国煤炭消费进行预测

机构	报告	情景	描述	2030 年	2040 年	2050 年
国际能源署（IEA）	《2023 年世界能源展望》（WEO）	既定政策情景	按现有政策意图和目标执行，且有具体措施支持	煤炭需求量为 28.45 亿 tce	25.68 亿 tec	中国工业用煤消费量占世界份额由 2018 年的 60%以上降至略高于 40%
		可持续发展情景	清洁能源政策和投资激增使能源体系步入正轨，实现可持续能源目标：《巴黎协定》、能源获取和空气质量等	中国煤电装机 1089GW	中国煤电装机 1087GW，煤电占总发电量比重下降至 40%以下	—
美国能源信息署（EIA）	《年度能源展望（2018-2050）》	参考情景	假设现行法律和条例在整个预测期间不变，使用参考案例作为基准来比较基于策略的建模	—	—	煤炭占中国发电的比例降至 30%

① 陈浮、于昊辰、卞正富等：《碳中和愿景下煤炭行业发展的危机与应对》，《煤炭学报》2021 年第 6 期。

续表

机构	报告	情景	描述	2030 年	2040 年	2050 年
英国石油公司（BP）	《bp 世界能源展望 2024》	当前路径情景	政府政策、技术和社会偏好继续以现有模式发展，进程相对缓慢，在 2030 年前碳排放达峰	约 155 艾焦	约 135 艾焦	中国煤炭消费下降约占全球煤炭消费下降总量的 90%
		净零情景	社会行为和偏好重大转变加速碳减排，假设 2050 年全球能源碳减排达 95%以上（与温升 1.5℃情景一致）	约 130 艾焦	约 70 艾焦	中国煤炭消费下降约占全球煤炭消费下降总量的 60%
中国石油经济技术研究院（ETRI）	《中国能源展望 2060》（2024 年版）	转型情景	能源三角近期向安全一极倾斜、远期回归到协调平衡格局，能源转型存在协调发展、安全挑战、绿色紧迫三大可能性路径	预计 2025 年前后，我国煤炭消费将达峰，约为 43.7 亿吨，到 2060 年降至约 3.8 亿吨。近中期，煤炭持续发挥能源“压舱石”作用；远期，随着可再生能源占比扩大，以及储能、智能电网等技术成熟，煤炭将更多发挥能源安全兜底保障作用		
国网能源研究院	《中国电力供需分析报告 2024》	—	—	煤电总装机于 2030 年前后达峰，峰值为 12 亿~14 亿 kW。煤电由电量供应主体逐渐转变为电力供应与调峰主体，将在我国电力系统中持续发挥重要作用；煤电发电量达峰时间早于装机达峰 2 年左右		

注：作者根据公开资料整理。

（二）煤炭清洁低碳技术及展望

煤炭清洁低碳技术对实现“双碳”目标具有重要作用，不仅有助于能源结构优化、降低碳排放强度、提高能源利用率，还有助于推进煤炭产业升级，提升国家的能源安全保障力。目前，我国主要的煤炭清洁低碳技术方法见表 5。

表 5　我国主要的煤炭清洁低碳技术及前景

过程	技术名称	技术主要内容
洗选加工	智能洗选技术	利用人工智能、大数据和物联网等技术，实现煤炭洗选的智能化和自动化。通过高精度的传感器和算法，对煤炭进行快速、准确地识别和分类，提高分选精度和效率
煤炭转化	煤制天然气技术	将煤炭通过气化、甲烷化等过程转化为清洁的天然气，减少燃煤产生的污染物和温室气体排放
	煤制油技术	采用加氢裂化等先进工艺，将煤炭转化为高品质的液体燃料，如柴油、汽油等
	整体煤气化蒸汽燃气联合循环发电（IGCC）技术	将煤炭气化后用于发电，同时回收余热，提高整体能源利用效率
煤炭燃烧	高效超超临界燃煤发电技术	通过提高锅炉的蒸汽参数和效率，降低发电煤耗和污染物排放
	超低排放燃煤发电技术	包括高效超低排放循环流化床锅炉发电技术、超临界 CO_2（S-CO_2）发电技术等
CO_2处理	CCUS 技术创新	研发新一代高效、低能耗的 CO_2 捕集技术和装置，降低捕集成本并提高捕集效率
	CO_2资源化利用技术	将捕集的 CO_2转化为有价值的化学品或材料，如碳酸盐、甲醇等
	CO_2封存技术	将捕集的 CO_2安全、永久地封存于地下或海底等适宜场所。包括 CO_2封存监测、泄漏预警等核心技术
综合开发	煤炭与生物质共燃技术	利用煤炭与生物质共同燃烧产生热能或电能的技术
	煤炭与新能源耦合发展技术	通过煤电联营、构建综合能源服务平台等方式实现煤炭与可再生能源的互补发展

注：作者根据公开资料整理。

未来，为实现我国煤炭清洁低碳高效利用应着力在如下技术领域实现突破。

（1）高效燃烧技术。继续研发和应用高效超超临界燃煤发电技术，提高燃煤发电的效率和清洁度。同时，加强燃烧过程优化和污染物控制技术的研究，减少二氧化硫、氮氧化物和颗粒物等污染物的排放。

（2）碳捕集、利用与封存（CCUS）技术。加大 CCUS 技术的研发投入，突破碳捕集、运输、利用和封存的关键技术瓶颈，降低 CCUS 技术的成本，提高其经济性和可行性，推动 CCUS 技术的商业化应用。

（3）煤炭转化技术。发展先进的煤炭转化技术，如煤制天然气、煤制油等，提高煤炭的附加值和清洁利用水平，加强对煤炭转化过程中的能效提升和污染物控制技术的研究。同时，加强装备升级与智能化改造。通过推广使用高效节能的煤炭开采、洗选、加工和利用设备，降低能源消耗和碳排放。利用人工智能、大数据、物联网等先进技术对煤炭生产和利用过程进行智能化改造，提高生产效率和自动化水平。

三　中国煤炭产业转型的实现路径

（一）以“双碳”目标为指导，及时更新修订煤炭产业标准规范

尝试构建中国煤炭产业全生命周期的碳足迹核算体系。基于国际通用标准和国内相关政策法规，制定适合煤炭全生命周期的碳足迹核算方法。科学评估包括开采前的准备、开采、加工转化（如洗选、焦化等）、运输（包括陆路、水路、铁路等）、使用（如发电、工业燃料等）以及最终的废弃处理或回收利用的碳排放总量、识别主要排放源、分析减排潜力。制定全国统一的核算标准和规范，确保不同企业、不同项目之间的碳足迹数据具有可比性。加强煤炭产业顶层设计的科学性和精准度，定期对煤炭发展产业规划中提到的指标标准进行复审和更新，与碳中和愿景实现的新目标、技术进步和当时当地的经济政策改变等外部因素相契合。

（二）继续加大煤炭产业转型发展的技术研发，完善激励机制建设

继续加大煤炭产业转型的技术研发、完善激励机制建设是推动煤炭产业成功转型的关键举措。聚焦煤炭产业转型发展的关键核心技术，如智能化开采技术、绿色采矿技术、清洁高效利用技术等，加大研发投入，突破核心技术瓶颈，与物联网、大数据、人工智能等技术相结合，通过科技创新融合，

实现技术自立自强。建立以市场为导向的薪酬分配机制，对在技术研发、创新创造等方面作出突出贡献的人员给予重奖。实施成果分享的利益共享机制，激发技术人员的创新热情。加大对煤炭产业技术人才的培养和引进力度，通过校企合作、联合培养等方式，培养一批高素质的技术人才，积极吸引国内外优秀人才加入煤炭产业，提升煤炭产业整体技术水平。

（三）全面提升煤炭产业综合治理能力，提高煤炭转型动态监管水平

应根据煤炭行业的发展趋势和实际需求，制定和完善相关法律法规，明确煤炭产业的发展方向、政策措施和监管要求，包括煤炭开采、加工、运输、销售等各个环节的规范，切实履行环保、安全等方面的要求。建立健全煤炭行业安全监管体系，加大安全监管力度。通过定期检查、专项整治等方式，及时发现和消除安全隐患，防止安全事故发生。加强对从业人员的安全教育和培训，提高他们的安全意识和操作技能。同时，加强对煤炭开采、加工、利用等环节的环保监管，通过加强环境监测、执法检查等方式，确保企业达到环保要求并持续改进环保工作。

（四）优化煤炭与新能源耦合发展路径，支持构建国家新型能源体系

根据“双碳”目标，制定煤炭与新能源耦合发展的阶段性目标和路线图，逐步降低煤炭消费比重，提高新能源利用比例。推动煤炭与风能、太阳能等新能源的互补利用。通过建设综合能源系统、储能设施等方式，实现煤炭与新能源的协同优化运行。例如，在煤炭资源丰富的地区建设风电、光伏电站，利用煤炭资源为新能源提供调峰、储能等支撑服务。加强煤炭与新能源之间的互补性，通过智能电网、微电网等技术手段，实现多种能源的优化配置和协同运行。同时，加强与国际能源组织、企业和研究机构的交流与合作，学习借鉴国际先进经验和技术成果，通过参与国际项目合作、技术引进等方式进一步提升我国煤炭与新能源耦合发展的水平。

参考文献

肖琳芬：《王国法院士：煤矿智能化技术体系建设进展与煤炭产业数字化转型》，《高科技与产业化》2024年第2期。

宋琪、吴可仲：《“乌金”之变：煤炭支撑“双碳”与兜住底线》，《中国经营报》2022年10月24日。

徐向梅：《推动煤炭清洁高效利用》，《经济日报》2022年8月15日。

刘见中：《强化科技创新推动煤炭行业高质量发展研究》，《中国煤炭》2022年第4期。

陈浮、于昊辰、卞正富等：《碳中和愿景下煤炭行业发展的危机与应对》，《煤炭学报》2021年第6期。

雷英杰：《污染防治攻坚战阶段性目标任务圆满完成》，《环境经济》2021年第Z1期。

姜大霖、程浩：《中长期中国煤炭消费预测和展望》，《煤炭经济研究》2020年第7期。

B.13

绿色金融：助力构建可持续发展未来

杜玛睿*

摘　要：　绿色金融作为现代金融业的重要分支，致力于通过金融手段推动环保和可持续发展目标的实现。绿色金融涵盖广泛，其中绿色信贷、绿色债券、绿色基金以及绿色保险是主要产品。这些金融产品以多样化的方式为绿色产业及环保项目提供资金支持与风险防范，协同促进绿色金融市场的蓬勃兴盛。鉴于气候、环境及资源问题的加剧，全球范围内普遍认同绿色可持续发展的重要性。金融行业作为现代经济体系的核心组成部分，在推动绿色可持续发展进程中发挥着至关重要的作用。目前，环保金融领域展现出积极向好的态势，各国政府与金融机构正加速实施生态文明建设相关策略，以促进绿色金融的高质量发展。

关键词：　可持续发展　绿色金融　高质量发展

一　国际绿色金融发展趋势

在全球经济日益关注环境保护与可持续发展的背景下，绿色金融作为一种新兴的金融模式，正逐步成为推动全球经济结构转型的重要力量。绿色金融，又称“环境金融”或“可持续金融”，是重要的环境经济工具，旨在通过金融工具实现环境保护和可持续发展。

---

* 杜玛睿，中国国际经济交流中心博士后，统计学博士，主要研究方向为绿色金融、可持续发展。

（一）全球绿色金融发展历程

绿色金融这一理念最早于1991年被提出，然而其起源可以追溯到20世纪70年代。1974年，德国政府倡导创立了全球首个政策性环保银行，名为“生态银行”。该机构旨在为那些难以通过传统金融渠道筹集资金的环保项目提供优惠性贷款，从而成为绿色信贷业务的核心发源地。在全球范围内，各国纷纷借鉴德国的实践经验，将传统业务向绿色转型作为绿色金融创新的重要切入点。通过成立“生态银行”，为绿色产业提供发展支持的高效渠道。

1992年的联合国环境与发展大会以可持续发展为目标，通过了《21世纪议程》；1997年的《京都协定书》使得绿色金融观念在全球范围内开始推行；2003年，涵盖荷兰银行、花旗银行、西德意志银行、巴克莱银行等7个国家的10家全球领先金融机构签订了“赤道原则”协议，将绿色金融实践推向新的高度。在2015年举行的联合国可持续发展峰会上，全球共有193个成员国正式批准了“2030年可持续发展议程”。随后，该议程于2016年启动，涵盖了17项关键的可持续发展目标（SDGs）。2016年，G20峰会在中国杭州举行期间，《G20绿色金融综合报告》正式公布。该报告阐述了绿色金融的概念、宗旨、适用范围以及所面临的问题。随后，全球超过30个国家纷纷启动了绿色金融政策的制定工作。从2020年开始，绿色金融逐步形成国际化规模，在2021年《生物多样性公约》第十五次缔约方大会（CBD COP15）以及《联合国气候变化框架公约》第二十六次缔约方大会（COP26）的共同推动下，绿色金融成为解决气候变化和维护生物多样性的关键手段。

随着可持续发展问题成为全球关注的焦点，各国之间加强紧密合作，共同推动绿色金融发展，构建了一系列促进可持续发展的组织与合作框架。

（1）气候相关财务信息披露工作组（TCFD）。2015年，由金融稳定理事会（FSB）倡导的TCFD成立，其主要目标是为全球金融领域构建气候披露指南。2017年，全球金融机构与气候相关信息的主流披露框架——TCFD

披露框架应运而生。迄今为止，该框架已在全球范围内得到广泛应用。

（2）央行与监管机构绿色金融网络（NGFS）。2017 年，NGFS 应运而生，这是一个由多国央行和监管机构组成的国际合作平台，致力于实现全球气候目标。该网络着重研究气候变化对宏观金融稳定性和微观审慎监管的影响，旨在加强金融体系的风险管理，并推动资本投向绿色低碳领域。

（3）《“一带一路”绿色投资原则》（GIP）。2018 年，中国绿金委和伦敦金融城联合发起了《“一带一路”绿色投资原则》。该倡议的目标是推动共建“一带一路”国家实现绿色可持续发展，为众多发展中国家提供一个负责任的融资平台，以建立绿色金融生态系统、提高绿色资本获取能力，实现国家减碳目标。

（4）《负责任银行原则》（PRB）。2019 年，联合国环境规划署金融倡议组织（UNEP FI）发布了 PRB 报告，该报告旨在为可持续银行体系提供一致的实践框架，以支持实现联合国可持续发展目标和《巴黎气候协定》。

（5）可持续金融标准工作组（IPSF）。2019 年，由中国和欧盟共同主导成立 IPSF。工作组致力于促进绿色金融标准在全球范围内的统一。在 2021 年 11 月，《可持续金融共同分类目录》的发布，以及 2022 年 6 月更新版的推出，为跨境绿色资本流动、减少交易成本、增强市场信心以及促进全球可持续金融标准趋同化提供了关键的驱动力。

（6）自然相关财务信息披露工作组（TNFD）。2021 年，联合国开发计划署（UNDP）与其他国际组织共同发起了 TNFD 项目，旨在为企业机构自然相关风险披露提供建议框架。该项目的宗旨是借鉴 TCFD 的结构和基础，构建一个针对自然相关风险的披露框架，以实现风险管理并引导资金流向“自然积极”方向。

（7）自愿碳市场诚信委员会（ICVCM）。2021 年，自愿碳市场的独立治理机构 ICVCM 成立，致力于为全球自愿碳市场制定并实施碳交易准则。该机构在 2022 年 7 月 27 日发布了《核心碳原则》（CCPs）草案，其目标是建立一个“可信的、严格的和易获取的”全球门槛标准，以确保优质碳信用的产生。这一措施旨在创造真实、额外且可核查的气候影响。

（二）境外主要市场绿色金融发展情况

目前，众多国家和新兴经济体都在积极推进绿色金融市场的建设，构筑绿色金融发展框架，促进可持续发展目标的实现。美国、欧盟和日本的绿色金融处于发展前列。

1. 美国绿色金融发展情况

美国高度重视构建绿色金融体系，通过实施绿色金融相关法律与政策，促进绿色金融市场化进程。自 1980 年《超级基金法》颁布以来，美国绿色金融政策体系的核心目标为推动控制环境净化与温室气体排放。从联邦到州级，均已建立起具备实际操作性的绿色金融法规框架。在美国，主要金融机构较早采纳绿色金融理念，并在其发展过程中扮演了先锋角色。金融机构在绿色金融领域的创新活动日益频繁，推动了绿色金融市场规模扩大和活跃度的持续增长。美国绿色创新产品种类繁多，环保项目资金投入与融资环节衔接顺畅，已经形成了一种良性的循环机制。

2. 欧盟绿色金融发展情况

欧盟在绿色金融领域努力构建一套促进可持续投资与发展的金融框架，并在其演进过程中不断拓宽绿色金融的内涵，使之成为全球绿色金融实践的典范。欧盟的绿色金融策略被众多国家视为重要参考依据，其政策架构主要以 2018 年发布的《可持续发展融资行动计划》为中心，着重关注绿色分类标准、监管措施及披露规定等方面。自 2018 年起，欧盟委员会采取自上而下的策略，积极推动绿色金融政策的制定。通过大量的政策发布，发出了向绿色金融发展的坚定信号。依据《可持续发展融资行动计划》《欧盟分类法条例》《欧盟分类法气候授权法案》《气候授权法案修正案》等政策指引，全面促进可持续经济增长。在 2020 年，欧洲联盟委员会推出了《可持续金融分类方案》与《绿色债券标准》。这两项措施旨在通过制定具体的可持续活动标准，构建分类清单，并设立技术筛选标准以识别符合环境目标的绿色经济活动。此外，欧盟在绿色债券领域先行授权绿色债券技术委员会于 2018 年制定绿色债券独立审查的认定标准，总结出欧盟官方的绿色金融产品标准，增强在绿色金融领域的影响力。

3. 日本绿色金融发展情况

与美国和欧洲国家相比，日本在政策制定、绿色标准以及绿色金融工具的实践方面存在一定差异。日本绿色金融政策的主导力量主要源自日本内阁府、金融厅、环境省以及经济产业省等核心部门。经济产业部重视对能源与产业政策的研究，环境部关注气候变化政策，而其他中央部门则负责与各自领域相关的政策制定。这些部门将金融领域与本职工作相结合，以实现各项政策的有效落实。日本将绿色金融界定为“为低碳活动提供资金的金融行为”，其中金融产品与项目不仅被划分为绿色与非绿色，包括促进产业转型和创新的项目也可视为绿色项目。此外，日本绿色保险的发展状况较为成熟，其在地震、火灾以及巨灾保险领域的研究探索方面处于世界领先水平。日本的债券市场相对活跃，但绿色信贷市场、碳市场和绿色基金市场仍然处于初级阶段。

（三）全球绿色金融发展趋势

1. 国际绿色标准的形成

鉴于各国绿色金融发展阶段不同，绿色金融的内涵亦呈现多样化，在全球范围内尚未形成统一定义。主要涉及两个层面：一是着重阐述融资目标，二是强调融资手段或平台。在全球范围内，发达国家与发展中国家对于绿色金融的定义存在显著不同。发达国家更早地推行绿色金融实践，工业化进程导致的环境污染问题已基本得到解决，绿色金融的重点在应对气候变化问题；环境问题在发展中国家依然显著，因此绿色金融需要同时关注气候变化和环境污染治理。

国际绿色标准的建立和完善需要大量的实践经验和时间积累。在全球范围内，环境议题受到日益关注。环境经济学、可持续发展理论、绿色金融理论等为构建绿色标准提供了坚实的理论基础。联合国环境规划机构（UNEP）、国际金融公司（IFC）、世界银行（WB）等全球性组织以及国际机构都纷纷参与到绿色标准的制定和推广中，促进了绿色金融标准的国际交流与合作，推动了全球绿色金融标准的塑造与壮大。实施绿色金融标准的过程中，需要通过实际应用来进行检验和反馈，以确保其有效性和可行性。在实际操作中，环保金融规范需适时响应市场动态与监管政策的调整，从而进行相应的优化与完善。基于全球环境问题日趋复杂、绿色金融市场迅猛发展的背景，绿色金融标准亦需不断优化与升级。通过执行标准更新与迭代，绿色金融标准将更加符合全球绿色金融市场的发展趋势，进而为全球经济向绿色低碳方向转型和持续发展提供有力支撑。

2. 碳市场的多元化发展

在全球应对气候变化的共同愿景下，碳市场作为实现减排目标的关键机制，未来将呈现多元化与深度融合的态势。市场规模将持续扩大，随着全球各国减排承诺的加强以及企业社会责任意识的提升，碳市场将吸引更多市场主体参与，覆盖从基础工业到金融投资等众多领域，形成庞大的市场规模和交易活跃度。

交易模式多样化。碳排放配额交易已不再是市场的唯一交易方式，碳信用、碳期货、碳期权等金融衍生品将被逐步纳入并丰富市场结构。这类创新型交易模式既能满足各种风险偏好和收益需求的投资者，又能通过价格发现机制有效地指导资源配置，进而推动低碳技术的研究与应用。

技术革新为碳市场发展提供动力。基于区块链技术的碳交易具有去中心化、高透明度和不可篡改等特性，这些特性能够显著增强碳交易的追踪能力和信誉度，从而降低交易成本。利用大数据与人工智能技术，可以实现碳排放数据的即时监测和精确分析，为政策制定提供科学支撑，推动碳市场的高效运作。

国际合作推动碳市场发展。全球协同作战不仅有助于实现碳排放减少的目标，而且能够为各国经济的绿色转型提供坚实支撑。借助跨国界的互动与协同，碳交易市场将进一步优化，为抵御气候变迁作出更大贡献。

3. 绿色金融的数字化未来

数字化技术在推动绿色金融发展方面具有多方赋能作用。目前，国际上推进绿色金融的数字技术主要是大数据、人工智能和云计算，而未来区块链与物联网的应用会更加广泛。

提升管理效率。利用人工智能、大数据等先进技术构建一体化绿色信贷管理平台，实现对信贷业务的绿色辨识以及全流程贴标、突出项目优先支持、贷后风险预警管理以及数据报送等功能的综合整合，提升绿色金融效益。

风险预警与监控。运用区块链、大数据和人工智能等先进技术构建绿色金融数据监测管理体系，从绿色项目和资产资料来源统计、绿色识别评级以及绿色项目及资产的测算与量化等多个方面提升效率。借助区块链技术所具备的去中心化、开放透明、自治匿名以及不可篡改等特性，实现对“漂绿”风险的预警与监控。

提升信息披露能力。利用物联网、大数据、人工智能以及量化计算等数字技术，构建 ESG 数据库和评价体系。这包括对企业碳排放量和环境效益等信息进行统计、实时监测、计算和分析，并自动生成报告。提升企业信息披露的能力和效率。

赋能普惠金融。针对金融服务设施不足的地区，发展网络银行业务，为从事绿色能源项目的当地小微企业客户提供服务。通过精细化分析用户需求，量身定制并推荐与其风险承受能力和收益预期相匹配的绿色债券、绿色证券投资组合等投资产品。

二　中国绿色金融发展现状

近年来，我国在绿色金融领域取得了突出的进展。绿色信贷绿色债券等金融产品不断丰富，绿色投资规模也呈现逐年增长的趋势。同时，绿色金融在推动产业结构优化、激发绿色技术创新等方面展现出积极作用。

（一）我国绿色金融政策日趋完善

绿色金融的发展依赖于完善的政策支持。当前，我国已经成为全球较为完善的绿色金融政策体系国家之一。

2015 年，中共中央、国务院发布《生态文明体制改革总体方案》，其中强调“构建绿色金融架构”，标志着我国正式将绿色金融纳入国家战略规划。2016 年，七部门共同发布了《关于构建绿色金融体系的指导意见》，标志着我国绿色金融发展进入了顶层设计阶段。历经多年发展，我国生态文明建设与绿色发展已经发生了历史性、转折性以及全局性的变化，同时，我国绿色金融发展也初步形成了新的政策思路。2021 年，《中共中央　国务院关于完整准确全面贯彻新发展理念做好碳达峰碳中和工作的意见》强调了积极发展绿色金融。中国人民银行初步确立了以“三大功能”和“五大支柱”为核心的绿色金融发展思路。2023 年中央金融工作会议明确提出，完善绿色金融等五大领域的发展战略，为绿色金融的发展注入新的活力。自此以后，绿色金融的顶层构架、标准体系以及金融市场快速发展，广义上的绿色金融内涵与外延不断扩大。2024 年 3 月，中国人民银行、国家发改委等七部门共同发布《关于进一步强化金融支持绿色低碳发展的指导意见》，这是我国实现碳达峰碳中和目标的重要政策支撑措施之一。2024 年 8 月，中共中央和国务院发布了《关于加快经济社会发展全面绿色转型的意见》，明确提出了 2030 年、2035 年的绿色低碳转型目标，并从中央层面对加速经济社会全面绿色转型进行了系统性部署。特别强调，在金融工具方面，将延长碳减排支持工具的实施期限至 2027 年底，并制定转型金融标准等措施。

在我国，绿色金融已经形成了一套完整的政策体系框架。其中，中央层面通过顶层设计来统筹规划绿色金融的发展蓝图；各部门根据国家政策，制定具体的绿色金融实施方案；地方政府则依据各自的特点和需求，贯彻落实绿色金融的总体规划。

（二）我国绿色金融产品与服务逐渐丰富

绿色金融由早期的绿色信贷、债券、基金衍生出环境证券化、碳金融等创新型金融工具。当前，主要的绿色金融工具包含绿色信贷、绿色债券、绿色保险、碳排放权交易市场以及绿色产业基金等。从交易市场看，以绿色信贷、绿色债券为代表的金融产品是基于现有金融体系构建的绿色金融工具；碳排放权交易市场等金融产品，是融合环境效益、突破传统金融框架的创新型金融产品。

我国绿色金融市场的发展速度引人注目。绿色信贷余额和绿色债券发行规模均呈现上升态势。统计数据表明，我国金融业增加值在 2020 年达到 76250.65 亿元，而到了 2023 年则上升至 100676.6 亿元[①]，这一变化反映出绿色金融市场具有活跃性和发展潜力。从多个维度来看，中国绿色金融市场的发展已经取得了显著的成就，并在持续完善与深化。

1. 绿色信贷

随着绿色信贷政策的逐步完善以及金融机构风险管理水平的不断提高，绿色信贷的规模、增长速度以及市场占有率均呈现稳定上升的态势。截至 2023 年末，我国本外币绿色贷款余额 30.08 万亿元，同比增长 36.5%，相较各项贷款增速高出 26.4 个百分点，与年初相比，增加了 8.48 万亿元[②]。我国绿色信贷的主要投资领域包括基础设施的绿色改造、节能减排以及清洁能源等方面。这既展现了政府对于绿色产业的扶持态度，同时也反映出金融机构对于绿色项目的偏好。目前，绿色信贷领域在结构特征和发展趋势方面均展现出积极向好的态势，预计在未来绿色经济增长过程中扮演关键角色。

2. 绿色债券

作为一种重要的环保金融产品，绿色债券通过发行来筹集资金，以支持绿色项目的开展和维护。近期，我国绿色债券市场的发行规模持续增长，其产品种类也逐渐多样化。特别是符合国际规范的贴标绿色债券发行量呈现持续上升趋势。依据万得数据统计，截至 2024 年 6 月底，我国境内市场贴标绿色债券累计发行额达到 3.74 万亿元，存量总额为 2.04 万亿元。2023 年，我国境内及离岸市场共发行绿色债券总额达到 0.94 万亿元绿色债券，其中，

---

① 国家统计局网站，https：//data. stats. gov. cn/easyquery. htm？cn = C01&zb = A0204&sj = 2023。

② 《2023 年金融机构贷款投向统计报告》，中国人民银行网站，http：//www. pbc. gov. cn/goutongjiaoliu/113456/113469/5221508/index. html。

符合中国银行业协会（CBI）标准的贴标绿色债券发行量为 0.6 万亿元[①]，这一数据表明，我国绿色债券市场正逐步与全球市场接轨，并在国际市场上获得了广泛认可。

3. 绿色基金

绿色基金通过汇聚社会资本，专注于绿色领域的投资，为绿色产业发展提供关键性资金援助。我国绿色基金正处于持续发展与扩张的轨道，众多投资者逐渐将目光聚焦于绿色基金的投资前景。湖州市已经创立了规模高达 500 亿元的绿色产业基金，并建立了全国首个区域性 ESG 评价数字化体系。在我国，宁夏、安徽、江苏、重庆、陕西、山东、贵州、浙江、广东、湖北、河北、云南等地区已经设立了绿色发展基金。部分碳中和基金也相继成立。

4. 绿色保险

绿色保险为绿色产业提供风险管理服务，涵盖环境污染责任保险、绿色汽车保险等领域。绿色保险的壮大有利于减轻绿色产业面临的风险，并增强其持续发展能力。2023 年，绿色保险业务保费收入达到了 2298 亿元，为客户提供了 709 万亿元的保险保障，赔款金额为 1214.6 亿元。截至 2023 年 6 月末，保险资金投资与绿色发展相关产业的累计余额达到 1.67 万亿元，年增长率为 36%[②]。随着绿色环保产业的持续壮大，绿色保险市场的需求也将不断扩大。

5. 碳市场

自 2021 年 7 月起，我国全面实施碳排放权交易市场，目前已被纳入发电行业的重点排放单位达 2257 家，年度覆盖二氧化碳排放量为 51 亿吨。我国碳市场成为全球最大的温室气体排放覆盖市场。截至 2024 年 6 月底，我

---

① 《2023 年中国可持续债券市场报告》，https：//www.climatebonds.net/node/357515。

② 中国保险行业协会：《绿色保险分类指引（2023 年版）》，https：//www.iachina.cn/module/download/downfile.jsp? filename=2dd52a3b6c7047df804f5c42e8864d4f.pdf。

国全域碳排放权交易市场累计成交量达到 4.67 亿吨，交易总额为 271 亿元[①]，交易规模持续扩大。自全国碳排放权交易市场建立三年以来，我国已经构建了较为完善的制度架构，并且形成了“一网、两机构、三平台”的基础设施支撑体系。碳排放核算和管理能力显著提升，碳市场活力稳步增强。2024 年 4 月 24 日，全国碳市场收盘价达到 100.59 元/吨，首次超过百元大关，相较于交易首日的开盘价 48 元/吨，实现了翻倍增长。碳定价的基础性功能正在初步展现，而碳排放权的绿色金融特性逐渐得到市场的认可。2024 年 1 月，我国温室气体自愿减排交易市场正式启动，其运行状况稳定且呈现良好的发展趋势。

（三）中国绿色金融国际合作积极推进

我国充分发挥自身优势，积极引领并促进国际合作，为绿色金融体系的完善与发展提供有力支持。

我国在 2016 年担任二十国集团（G20）轮值主席国期间，提出建立绿色金融研究小组的倡议。在中方和欧洲等多方支持下，研究小组已被提升为工作组。二十国集团首次就可持续金融议题制定了一份框架性文件，名为《G20 可持续金融路线图》。自 2023 年起，中国人民银行与美国财政部、二十国集团轮值主席国展开协商，不断推动实施《G20 可持续金融路线图》，拟订了 2023 年 G20 可持续金融重点任务。

在 2017 年，中国人民银行联合荷兰央行、法国央行等八个金融机构共同创建了绿色金融网络（NGFS）。截至 2023 年底，全球金融稳定基金组织的正式成员数量增加到了 127 家机构。我国中央银行与相关方面携手探讨评估气候变化对金融领域的影响，引领实施《应对生物多样性丧失和系统性金融风险

---

① 《全国碳市场发展报告》，https：//sthjj.zhengzhou.gov.cn/attachment/%E3%80%8A%E5%85%A8%E5%9B%BD%E7%A2%B3%E5%B8%82%E5%9C%BA %E5%8F%91%E5%B1%95%E6%8A%A5%E5%91%8A%EF%B C%882024%EF%BC%89%E3%80%8B%E4%B8%AD%E6%96 %87%E7%89%88.pdf? zwdyz6I2mrNKbGaohfjIEUapnpkz8fEy04UjF8JupuvZKvfk8ow9jHDiFl1mh_ Nu20rcuK6s3aKmyqb6K8q25Snqa3_ X。

的行动议程》。另外，中国人民银行也积极促进金融稳定理事会（FSB）、巴塞尔银行监管委员会（BCBS）等标准制定机构对解决数据缺口问题进行评估，致力于研究开发气候风险监管工具，完善绿色金融监管标准。

2018 年，中国金融学会绿色金融专业委员会与英国伦敦金融城联合推出《“一带一路”绿色投资原则》（GIP），这是可持续金融领域的关键倡议，同时也是支持绿色“一带一路”建设的重要行动。近年来，《“一带一路”绿色投资原则》的影响力持续增强。截至 2023 年 9 月，全球共有 46 家金融机构和企业，源自 17 个国家和地区，签署了绿色“一带一路”建设相关协议，成为该项目的关键参与者和资金来源。为提升我国绿色金融体系的整体建设水平，中国人民银行与海内外相关机构携手发起可持续投资能力建设联盟（CASI），为我国共建项目提供相应的培训支持。

2019 年，我国作为创始成员国与部分欧盟成员国共同发起了可持续金融国际平台（IPSF）。以推动绿色与可持续金融领域的全球协同合作为目标，激励私人资本参与可持续投资。双方共同发布了《可持续金融共同分类目录》（以下简称《目录》），该目录以欧盟《可持续金融分类方案——气候授权法案》和中国《绿色债券支持项目目录》为核心，构建了一套具有广泛适用性的“绿色语言体系”。随后，《目录》进行了修订，修订版本中涵盖了 72 项由中欧双方共同认可的对气候变化缓解具有重大影响的经济活动。中欧国家在推动双方绿色分类标准的可比性、互通性方面走在了前列，有利于促进双方市场主体向对方金融市场发行绿色债券。在当前阶段，建设银行、兴业银行、中国银行等机构已经发行了符合《共同分类目录》标准的贴标债券，法巴银行则提供了与之相应的《共同分类目录》贴标贷款。

三　我国绿色金融发展中存在的问题

（一）绿色金融标准亟待统一

绿色金融标准体系、创新定价制度体系以及推动绿色金融的标准国际化是当前亟待解决的关键议题。目前，我国的绿色金融标准与国际标准尚未实现同步。2020 年，气候政策倡导机构（Climate Policy Initiative）发布了一份名为《中国绿色债券市场概览及有效性分析》的报告。该报告指出，我国允许绿色债券用于清洁煤炭和化石燃料利用方面的融资，但这一规定与东盟、欧盟以及气候债券倡导组织的标准存在差异①。2012 年与 2015 年，我国分别推出了《绿色信贷指引》和《绿色债券发行指引》。然而，至今我国尚未建立统一的绿色债券标准体系。两种规定在绿色项目的认证标准上存在不同，对融资效率和国际合作的推进产生负面影响。此外，我国金融标准体系在国家与地方层面的协同配合仍有待加强，金融改革试验区的辐射引领功能亟须提升。我国相关部门发布的《绿色产业指导目录》《绿色信贷指引》等文件，主要围绕综合性和原则性意见展开，然而，在一些地区，尚未依据当地实际情况构建具体可执行的绿色金融标准体系。尽管深圳、浙江等金融改革试验区已经推出了地方绿色金融标准，但是大多数地区的绿色金融标准体系尚未形成。

（二）绿色金融产品定价制度不完善

绿色金融领域的投资与融资活动将环境效益视为关键目标，从而导致传统金融行业中经济与环境效应之间平衡发展的变革。因此，对资源环境方面进行定价更新成为必要。首先，我国绿色金融项目的定价方式有所不同，国外侧重于市场化原则的应用，通过市场力量来推动绿色金融；在我国，政府管理和金融监管的重要性日益凸显，旨在促使金融机构更加积极地支持可持续发展。因此，在定价机制中所需考虑的指标及其权重也将出现差异。其次，绿色金融定价机制缺乏经验数据支持。鉴于绿色金融在促进传统企业实现低碳转型的过程中，主要聚焦于新兴领域，面临数据积累不足、数据深度与广度有限、产品和服务研发缺乏可靠风险评估等问题，因此难以对产品和服务进行定价。最后，绿色创新研发产品和服务大部分

① 吴应甲、付腾瑞：《绿色金融国际合作的困难及法治路径》，《银行家》2023 年第 1 期。

仍处于试验阶段，其运营过程受到政府政策的显著影响。目前市场价格无法准确反映实际供需状况，进而对创新型绿色金融产品的推广与发展造成不利影响。

（三）绿色金融融资供需主体发展效率不足

一方面，绿色金融项目的正外部性导致风险与收益不匹配，从而产生了融资难题。鉴于绿色金融领域的市场规模庞大、参与主体众多，政府难以为银行提供与其规模相匹配的激励措施和风险补偿机制，因此，大量资金匮乏的绿色项目难以获得充足的绿色投资者支持。在生态环保领域，项目的公益性较为突出，导致其自身收益难以满足贷款本息的需求。另一方面，鉴于绿色政策尚未充分实施，因此各方对绿色金融投资的积极性较低。在金融领域，市场主体以金融机构为主导，这些投资者多数受到政策压力的驱动而进行投资活动。然而，他们未能将绿色金融业务发展作为企业战略的重要组成部分，表现出一定程度的被动性。绝大多数金融机构在推动绿色金融进程中仅聚焦于经营层面，对于绿色发展的文化塑造相对忽视。这些机构内部缺乏与绿色金融发展相协调的管理体系，并且在整体发展规划方面也有所欠缺。

（四）绿色金融基础设施不健全

目前，服务于绿色金融的基础设施在信息披露、平台监管以及法律制度建设等方面仍存在不足。首要问题是绿色金融信息公开不充分，加剧了绿色金融风险。当前，环境保护机构在促使企业公开绿色信息方面的努力相对有限，导致银行难以及时全面了解企业的绿色实际状况。同时，信贷发放与环评信息的互动机制也存在不畅之处。其次，在绿色金融领域尚未建立一致的监管体系，跨部门协调将提高业务运营复杂性。

四　进一步促进中国绿色金融发展的对策与建议

绿色金融在促进绿色产业的发展、推动环保技术的创新与应用以及扩大融资渠道等方面具有显著影响。在未来，绿色金融的发展将更加注重可持续性和社会责任。政府、金融机构与企业应携手并进，强化政策导向与市场培育，以促进绿色金融市场的良性发展。在应对全球性环境问题的过程中，国际协作与交流显得尤为重要。通过共同努力，实现绿色、可持续的未来发展目标。

（一）加强绿色金融政策引导与支持

绿色金融的发展不仅依赖于市场的自主动力，也需要政府政策的明确引导和支持。因此，必须明确绿色金融的发展方向，制定具有针对性的政策导向，以此引导金融机构、企业和个人积极投身于绿色金融实践。

完善法律体系和政策框架。只有构建完善的法律体系，才能明确绿色金融行为的法律定位、权益与义务以及监管规范，从而保障绿色金融在法治轨道上稳健发展。绿色金融监管的优化与法规体系的完善相辅相成，为确保绿色金融市场竞争的公正性和稳定性提供坚实保障。

建立专门的绿色金融资金池，以减少融资成本。采取税收减免、财政补助等策略，激发金融机构与企业对绿色项目的投资热情，有效缓解绿色项目在初期融资困难、融资成本高昂的问题，促进绿色金融的广泛运用。

构建绿色金融评估和激励体系。政府可以采取建立绿色金融奖项、优先审批绿色债券等策略，对在绿色金融领域表现卓越的金融机构、企业和个人予以表彰与奖励，以提升其积极性与主动性。构建评估体系，定期对绿色金融进展进行审视与概括，以便及时调整政策导向，促进绿色金融的持续进步。

制定具有前瞻性和可操作性的绿色金融政策。例如，在清洁能源、基础设施绿色升级以及节能环保产业等领域，可以采取碳减排支持工具和专项再贷款等政策手段，确保资金流向这些关键领域，从而推动绿色金融的健康发展。

（二）提升绿色金融市场参与度

在当前绿色金融迅猛发展的背景下，金融机构作为推动绿色经济发展的关键力量，其角色和行为至关重要。金融机构需积极探索绿色金融领域的创新产品与服务，以适应绿色项目多样化的资金需求。

培育绿色投资者群体。金融机构有必要推广和普及绿色投资观念，从而提高市场对于绿色项目的接受程度和投资热情。此举能够促使资本投向环境保护、节能减排以及清洁能源等绿色产业，同时推动产业结构向低碳绿色转型。

绿色金融人才的培育和引进。金融组织应重视掌握绿色金融领域专业知识与技巧的人才，以提升其在该领域的专业素养及服务品质。借鉴国际先进的绿色金融理念与经验，有助于促进我国绿色金融领域的创新与成长。

提高公众对绿色金融的认识和参与度。金融机构可以主动归纳并传播在绿色金融领域取得的成果与策略，为其他金融实体和企业提供借鉴和参考。此举不仅有利于提高整个行业的环保金融水平，也有助于推动绿色金融事业的持续健康发展。

（三）强化绿色金融风险管理能力

在当前绿色金融逐渐成为金融领域的新焦点之际，建立全面且高效的风险管理机制对金融机构而言显得尤为重要。不仅对金融机构自身的稳健运作具有重要意义，也为绿色经济的持续健康发展提供了强有力的支撑。

构建具有针对性的风险管理框架。金融机构应针对绿色金融的独特性，建立相应的风险管理体系。这一体系涵盖了制定明确的绿色金融政策导向，界定绿色项目的识别标准与门槛，以及构建全面覆盖风险评估、风险监测、风险应对和风险报告等环节的风险管理机制。

强化绿色项目风险监控与预警机制。随着绿色金融业务的持续发展，金融机构能够通过构建绿色金融风险数据库，借助大数据、人工智能等尖端技术手段，实现对绿色项目的持续追踪和即时监测。此外，应构建风险预警体系，有效识别并评估潜在风险，为决策过程提供坚实支撑。

重视绿色保险业务的发展。绿色保险在减少绿色项目风险损失和提升项目实施可行性方面具有显著作用。保险机构应主动研究绿色保险产品的创新，例如碳排放权整合型保险、太阳能发电销售信用风险补偿保险等，以提供更为全面和精确的风险防范措施，从而支持绿色项目的发展。金融机构有能力通过与保险公司携手，共同促进绿色保险领域的繁荣。

（四）促进绿色金融国际合作与交流

在全球环境保护转型的背景下，绿色金融作为促进经济持续发展的关键手段，正逐步成为国际合作中备受关注的领域。为了全面融入并主导全球绿色金融进程，我国正在积极实施一系列策略，旨在促进与国际绿色金融领域的互动与协作。

积极投身于国际绿色金融标准的建立和更新过程。通过与全球机构及各国的协同合作，共同促进绿色金融规范的优化与壮大。此项策略有利于我国绿色金融规范与全球同步，推动全球绿色金融市场的互联互通。同时，我国积极推动国内绿色金融标准的普及，以增强其在全球范围内的知名度和影响力。

鼓励我国金融机构和企业积极参与国际绿色金融项目，开展合作。此举有助于吸纳国际领先的绿色金融技术及经验，同时推动我国绿色金融市场的创新与成长。此外，与国际绿色金融项目的联合，有助于进一步拓展我国企业的融资渠道，从而降低融资成本。

积极推广中国绿色金融的成功经验和模式。通过与国际组织及相关国家的协同合作，共同推动绿色金融观念与实践的普及，从而扩大我国在全球绿色金融领域的影响力和提升话语权。通过定期举办国际绿色金融论坛和研讨会，邀请国内外相关领域专家学者、企业家和政府机构代表共同探讨绿色金融发展前沿问题。通过组织国际绿色金融论坛和研讨会等形式，推广绿色金融发展的经验与成果，塑造积极形象。

案例篇

B.14
河南：推进以人为本的新型城镇化

田 凯　张 博　刘景森　刘潇然*

摘　要：　城镇化是人类社会发展的客观趋势，是现代化的必由之路和重要标志，是可持续发展的重要组成部分，是促进城乡融合发展、实现共同富裕的根本路径。近年来，河南省持续推进以人为本的新型城镇化建设，城镇化进程不断加快、城镇化质量大幅提升，城乡面貌持续改善，城乡融合发展取得重要进展，2023年，全省常住人口城镇化率达到58.08%，增幅居全国前列。但是，城镇化率增速放缓、工业对就业带动不足、县城承载能力较弱、城市安全韧性保障仍存在短板等，一定程度上制约了河南省新型城镇化建设。特别是，人口、房地产供需关系等重大变化带来了新的挑战，需要统筹新型工业化、新型城镇化和乡村全面振兴，进一步健全推进新型城镇化体制机制，为新型城镇化可持续发展提供不竭动力。

* 田凯，河南省数据局副局长；张博，河南省发展改革委人事处处长；刘景森，河南省数据局综合处副处长；刘潇然，河南省发展改革委城市处干部。

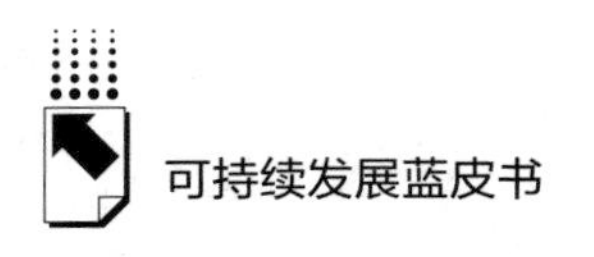

关键词： 以人为本　新型城镇化　可持续发展　河南省

党的十八大以来，以习近平同志为核心的党中央明确提出实施新型城镇化战略，提出走“以人为本、四化同步、优化布局、生态文明、文化传承”的中国特色新型城镇化道路。党的二十大报告进一步阐述了新型城镇化战略，提出“推进以人为核心的新型城镇化”“推进以县城为重要载体的城镇化建设”“深入实施区域协调发展战略”等，党的二十届三中全会明确了健全推进新型城镇化体制机制的重大改革举措。2024 年 7 月，国务院印发《深入实施以人为本的新型城镇化战略五年行动计划》，提出了未来五年实施以人为本的新型城镇化战略的目标任务。

新中国成立以来，河南的城镇化水平得到长足发展。城镇人口占总人口的比重由 1949 年的 6.3%，提高到 2023 年的 58.08%。城镇人口由 265 万人增长到 5701 万人，2017 年起全省城镇人口超过乡村人口，从一个以农业人口为主的省转变为一个以城镇人口为主的省。[①]

一　河南省城镇化发展历程

河南省城镇化发展历程，可大致分为缓慢发展、稳步推进、高速发展、新型城镇化建设四个阶段。

（一）缓慢发展阶段（1949~1977年）

在改革开放之前，我国实施重工业优先发展战略，河南也随之启动了工业化进程。一批棉纺厂、火电厂、矿机厂、拖拉机厂、煤矿等工业企业先后在郑州、洛阳、焦作和平顶山等城市建成投产，由此产生了一批岗位，推动一部分农民进城工作，成为城市工人。这一时期是河南城镇化和工业化的起

① 《2017 年河南省国民经济和社会发展统计公报》。

步阶段，底子薄、基础弱，非农岗位虽有增加，但总体相对较少。同时，受国家国防战略影响，城镇化建设呈现波动式前进，加之户籍制度等限制，城乡人口流动性较小，农民进城数量有限，城镇化进程相对缓慢。这一时期，河南城镇化率提升相对较慢，由 1949 年的 6.3%增长到 1978 年的 13.63%，30 年里提升了 7.33 个百分点，年均提高 0.24 个百分点；城镇人口由 265 万人增长到 963 万人，增加 698 万人，年均增加 23 万人。

（二）稳步推进阶段（1978~1995年）

党的十一届三中全会开启了新中国对外开放的历史进程，也推动河南城镇化进入稳步提升阶段。随着改革开放的推进，河南探索实施家庭联产承包责任制，农业劳动生产率明显提升，由此产生更多的农村剩余劳动力，乡镇企业也开始出现，为更多农民转移到城镇提供了可能。但由于政府在政策上对农民进城就业实施“离土不离乡”，且严控“农转非”指标，农村劳动力并未能大范围、大批量地向城市转移。这一时期，河南城乡人口流动较为平稳，城镇化率从 1978 年的 13.63%提升至 1995 年的 17.19%，仅提升 3.56 个百分点。虽然河南城镇人口从 963 万增加到 1564 万，但相当一部分的增量源于城市自身的人口增长。需要注意的是，在这一阶段，我国整体城镇化率从 17.92%提升至 29.4%，提高了 11.48 个百分点。河南城镇化率与全国的差距从 1978 年的 4.29 个百分点拉大至 1995 年的 12.21 个百分点。

（三）高速发展阶段（1996~2011年）

随着党的十四届五中全会提出的“两个根本性转变”实施见效和改革开放的深入推进，河南工业化迎来跨越式发展。通过全面盘活整合国企资源、积极承接国内外产业转移，中国大力推进以工业化为先导的工业化、城镇化和农业现代化“三化”进程。城市经济体量快速扩张，产生大量用工需求，农村劳动力迅速涌入城市，且大中小城镇同时扩展城市边界，将更多农村地区纳入城镇范围，由此推动河南城镇化进程开始加速发展。2002 年郑州市郑东新区规划获批，2003 年河南提出了《中原城市群发展战略构想》，并出台了《中共河南省委、河南省人民政府关于加快城镇化进程的决定》。在这一阶段，河南城镇化率从 1996 年的 18.39%提升到 2011 年的 40.47%，年均提高 1.47 个百分点，城镇人口超过 4400 万，年均增加 171 万人。

（四）新型城镇化阶段（2012年至今）

2012 年 12 月，中央经济工作会议首次提出新型城镇化的概念，次年党的十八届三中全会明确提出坚持走中国特色新型城镇化道路，标志着中国城镇化又进入了一个崭新的发展阶段。党的十八大以来，河南始终坚持以人为核心的新型城镇化战略，高水平推进中原城市群建设，高质量规划建设郑州都市圈，奋力推动“百城提质”，推动大中小城市在户籍、土地、财政、教育、就业、医疗、养老、住房保障等领域配套改革，走集约、智能、绿色、低碳的新型城镇化道路。2014 年，河南在全国率先全面实行居住证制度，有效打破农业和非农业户口藩篱，到 2016 年，河南进城落户农民便达到 300 万人。通过一系列举措，河南城镇人口集聚能力进一步增强，并于 2017 年实现城镇常住人口超过农村常住人口的历史性突破。2012~2023 年，河南常住人口城镇化率从 41.99%提升至 58.08%，提升 16.09 个百分点，年均提高 1.34 个百分点，年均提升速度高于全国 0.21 个百分点，常住人口城镇化率与全国的差距从 2012 年的 11.11 个百分点缩窄至 8.08 个百分点。

二　新型城镇化建设为中国式现代化建设河南实践筑牢根基

近年来，河南省认真贯彻落实总书记重要指示精神，坚持走符合河南实际的新型城镇化路子，以人的城镇化为核心，以中原城市群为主平台，推动大中小城市和小城镇协调发展。特别是，“十四五”时期以来，河南省锚定

“两个确保”、实施“十大战略”，将实施以人为核心的新型城镇化战略摆在更加突出的位置，不断创新思路举措、完善体制机制，加快郑州国家中心城市建设，推动郑州都市圈扩容提质发展，培育建设洛阳和南阳副中心城市，不断优化城市空间布局、完善城市空间治理、提升城市治理水平，推动城镇化建设不断迈上新台阶、取得新进展。

（一）突出强核聚能，着力优化城镇发展空间格局

坚持规模和质量双提升，加快构建“主副引领、四区协同、多点支撑”的发展格局。一是郑州国家中心城市建设取得新提升。落实省委、省政府关于支持郑州建设国家中心城市的各项政策举措，向郑州下放286项省级管理权限，争取将“科技创新高地”作为郑州核心功能之一纳入国家国土空间总体规划，指导郑州研究编制《郑州市特大城市转变发展方式实施方案》，推动郑州当好国家队、提升国际化，引领现代化河南建设。二是郑州都市圈规划建设取得新突破。争取将郑州都市圈纳入国家“十四五”期间重点培育的18个都市圈，研究编制《郑州都市圈发展规划》并获国家复函，研究制定郑开同城化发展规划、新阶段郑州航空港区规划和都市圈各专项规划，构建都市圈“1+1+3+N+X”规划体系。制定实施郑州都市圈2024年工作要点，同步建立都市圈重大项目库，共入库项目230个，总投资1万亿元。2023年，郑州都市圈“1+8”市新增城镇常住人口51.4万人、占全省新增城镇人口的76.4%，郑州都市圈成为新型城镇化建设的主战场和重要载体。三是副中心城市建设取得新进展。争取省委、省政府出台支持洛阳建设中原城市群副中心城市、南阳建设省域副中心城市的若干意见，推动30多个省份相关部门制定配套支持政策，向洛阳、南阳梳理下放一批省级管理权限，实施洛阳百万吨乙烯项目、唐白河航运工程等一批重大项目，加快打造支撑全省高质量发展的重要增长极。四是城镇协同区一体化发展进入新阶段。研究制定关于支持安阳以红旗渠精神为引领建设现代化区域中心强市的意见，推动安濮鹤签订豫北跨区域协同发展合作协议，联动长治、邯郸、聊城、菏泽等毗邻省份城市，建立

健全区域协同发展体制机制。研究制定洛济深度融合发展规划，推动洛阳、三门峡深化产业协同、交通互联等28项合作，实施南信合高铁、襄阳至南阳高速、沈丘至豫皖省界段高速等一批协同区线性工程。

（二）突出服务引领，着力促进农业转移人口融入城市

聚焦农业转移人口市民化这个首要任务，制定出台一系列重大规划和政策举措。一是户籍制度改革不断深化。出台《河南省人民政府关于深化户籍制度改革的实施意见》《推动非户籍人口在城市落户实施方案》《关于进一步放宽户口迁移政策深化户籍制度改革的通知》等政策文件，全面放宽农民进城落户条件，畅通农业转移人口市民化制度通道，推动郑州落户基本实现"零门槛"，全面取消其他城市落户限制。二是全面实施居住证制度。制定《河南省居住证实施办法》，在全面落实国务院规定的持证人享受6项基本公共服务和7项便利的基础上，增加了"享受上级政府规定的不受户籍限制的跨区域补贴政策"和"60岁以上居住证持有人享受免费乘坐市内公共交通"2项便利，全省累计制发居住证500多万张。三是推进基本公共服务提质扩面。完善以居住证为载体的基本公共服务供给机制，对农业转移人口公共文化体育、法律援助、基本公共卫生、随迁子女义务教育等各项服务不再区分户籍归属地，推动随迁子女入公办学校就读比例达到92.14%。深入实施全民参保计划，2023年，全省参加城镇企业养老、失业、工伤保险的农民工分别为28.24万人、14.43万人和140.47万人，有效提升农业转移人口社会保障水平。四是提升农业转移人口融入城市的能力。深入推进"人人持证，技能河南"建设，强化农业转移人口职业技能培训和职业教育，截至2023年底，全省技能人才总量达1744.5万人，占全省从业人员的36.5%；高技能人才（取证）总量达516.8万人，占技能人才总量的29.6%，较上年增长1.9个百分点，农业转移人口技能水平持续提升。

（三）突出改善民生，提升城市宜居韧性智慧水平

深入践行"人民城市人民建、人民城市为人民"理念，打造宜居、创

新、智慧、绿色、人文、韧性城市。一是大力实施保障性安居工程。统筹推进“三大工程”，制定城中村改造、加快发展保障性租赁住房、建设保障性住房和支持郑州实施“平急两用”工程的实施意见，“十四五”以来，新开工改造老旧小区 149.37 万户，基本建成棚改安置房 62.36 万套，新筹集保障性租赁住房 24.7 万套，总量居全国前列。二是深入实施城市更新行动。印发城市防洪排涝能力提升方案、关于实施城市更新行动的指导意见、实施城市燃气管网“带病运行”专项治理行动等政策文件，全面排查燃气、排水、供水和供热等城市生命线工程安全隐患，“十四五”以来完成燃气、排水、供水和供热等改造 1 万多公里，有效提升城市安全运行水平。三是加强城市环境基础设施建设。印发《河南省“十四五”城镇污水和生活垃圾处理及利用发展规划》，出台《河南省加快推进城镇环境基础设施建设实施方案》《河南省关于加快发展城市停车设施的实施意见》《河南省污泥无害化处理和资源化利用实施方案》等一系列政策文件，累计建成生活垃圾焚烧处理设施 72 座、处理能力 7.15 万吨，基本具备全省清运生活垃圾“零填埋”能力。

（四）突出改革创新，促进城乡全面深度融合发展

坚持以工补农、以城带乡，加快构建新型工农城乡关系。一是加快许昌国家产城融合发展试验区建设。争取将许昌纳入全国 11 个试验区名单，出台关于支持许昌高质量建设城乡融合共同富裕先行试验区的实施意见，成功创建国家农村产权流转交易规范化整市试点，鄢陵县土地承包经营权流转项目实现线上交易，长葛市入选农村集体经营性建设用地入市国家试点，初步形成了一批可复制推广的典型经验。二是推进以县城为重要载体的城镇化建设。统筹推进县城公共服务设施、环境卫生设施、市政公用设施、产业培育设施提质升级，增强县城综合承载能力，推动农业转移人口就近就业、就地城镇化，2023 年全省县域城镇化率 46%、较 2021 年提高 2.1 个百分点，增幅高出全省平均水平 0.5 个百分点。三是大力发展县域经济。实施县域放权赋能、省直管县财政、一县一省级开发区“三项改革”，开展县域治理“三起来”示范，分三批认定了 37 个践行县域治理“三起来”示范县（市），

赋予部分省辖市级经济管理权限，引导优化开发县、重点发展县发挥生态功能性比较优势。

三　以新型城镇化推动城市可持续发展

整体来看，河南省城镇化建设取得了明显进展，仍存在城镇化水平偏低、增速明显放缓，产业就业供给不足、农业转移劳动力持续流出，城镇空间的发展协同性有待提升，县城作为新型城镇化重要载体的作用不强，城市安全韧性保障仍存在短板等问题。随着进入新发展阶段，以国内大循环为主体、国内国际双循环相互促进的新发展格局加速构建，河南省要抢抓黄河流域生态保护和高质量发展、新时代推动中部地区高质量发展等国家重大战略政策机遇，深入实施以人为本的新型城镇化战略。

（一）以政策突破为抓手，推动新一轮农业转移人口市民化

探索建立身份证和社保卡并行、各有侧重的人口服务管理制度，逐步推进居住证与身份证功能衔接，推动居住证与身份证信息记录互认互通。进一步拓展社保卡应用场景，充分发挥社保卡身份凭证、就医结算、缴费和待遇领取、金融应用等功能，拓展政府事务办理范围。以常住人口为基数，深化“人—地—钱”挂钩机制，参考城市常住人口规模，分解下达市民化奖励资金、预算内投资、新增建设用地指标、配置基本公共服务设施等，落实有关配套政策。

（二）强化城镇产业就业牵引，构建支撑新质生产力的新型生产关系

面向新质生产力发展方向，推动产业体系升维突破，培育壮大新兴产业，前瞻布局未来产业，推动科技创新，增强产业动能。发展现代服务业和劳动密集型产业，提升产业就业承载力。全面提升产教融合质效，着力提高人力资源培养与产业适配性，匹配省内重点产业发展方向，完善高等院校、

职业学校学科体系建设，建立院校专业动态调整机制。持续推动省内重点高校在优势制造产业领域打造产业学院。实施重大产业项目就业影响评估，充分发挥项目带动就业的作用，优先推动就业带动能力强和就业质量高的项目，在同等条件下将其确定为重点建设项目，并在资源要素配置上加大倾斜支持。

（三）以都市圈和各级中心城市建设为引领，持续优化城镇化空间格局

推动郑州都市圈发展规划落地实施，加强都市圈协同的制度建设，深化要素市场化配置改革。推进洛阳中原城市群副中心城市提级扩能，优化都市区空间形态，全面提升洛阳发展动能，构建综合发展新优势。加快南阳省域副中心城市培育，提升中心城区建设品质，提升经济产业发展能级，建设区域新兴经济中心。支持黄淮四市区域中心城市建设，推动城镇化潜力地区率先突破，增强中心城区规模能级与辐射带动作用。

（四）加大保障性住房建设和供给，完善租购并举的住房制度

推动配售型保障性住房规划建设，建立完善住房保障体系，建立完善由公租房、保障性租赁住房、配售型保障性住房构建的住房保障体系。满足新生代农民工、新毕业新就业的住房需求分类供应。结合去库存工作，持续推动配售型保障性住房建设和筹集，鼓励各地开展配售型保障性住房规划建设工作。针对房地产库存压力较大的城市，结合去库存工作，持续开展配售型保障性住房募集。规范发展住房租赁市场，推动长租房租购同权。

（五）加强“一老一小”服务保障，增强对青年人群的吸引力

着力降低生育成本，优化关键性生育政策供给。研究出台生育补贴政策，完善普惠托育服务体系。探索制定根据养育未成年子女负担情况实施差异化租赁和购买房屋的优惠政策。面向老年人群需求，完善养老服务保障覆盖面，大力发展银发经济，扩大养老产品供给，规划布局“银发经济”产

业园区。完善面向青年人才的人才政策和住房保障措施，降低年轻人安居门槛。推进青年发展型城市建设，营造高性价比、有烟火气、交友氛围浓郁的城市人居环境，吸引年轻人。

（六）以安全韧性为先导，有序推进城市更新与新型城市建设

加强更新工作战略引领性，有序开展城市更新行动，重点开展城市战略地区的空间品质提升工程以及涉及关键民生事项的补短板和安全韧性建设工程。大力推动平急两用公共基础设施建设，以规划标准为引领，注重平急兼顾。根据实际情况和应急需求，制定“平急两用”公共基础设施建设专项规划，优化空间布局和供给结构，提升“平急两用”建设工作的针对性和实效性。

参考文献

《高举中国特色社会主义伟大旗帜　为全面建设社会主义现代化国家而团结奋斗——在中国共产党第二十次全国代表大会上的报告》，人民出版社，2022。

《中共中央关于进一步全面深化改革　推进中国式现代化的决定》，2024。

《关于印发〈深入实施以人为本的新型城镇化战略五年行动计划〉的通知》，2024。

河南省人民政府：《河南省新型城镇化规划（2021—2035年）》，2021。

B.15
上海：以科创力量提升可持续发展能级

孙颖妮*

摘　要： 上海以科技创新为关键引擎，探索城市可持续发展。近年来，上海始终把科技创新摆在城市发展的核心位置，以科技创新为引领，建设现代化产业体系。在科技创新引领下，上海的产业结构不断优化，新产业、新模式、新动能不断涌现，新质生产力加快发展，科技创新“关键变量”正转化为高质量发展“最大增量”。同时，上海不断增强科技创新策源功能，在科技创新体制改革等方面先行先试，强化科技创新中心建设的制度供给，持续给出上海科创探索经验。十年来，上海打出全方位、多层面的政策组合拳支持科技创新，如今，一个全链条式科创政策供给体系已然成型，上海加快向具有全球影响力的科创中心迈进。在这个过程中，上海的系列做法也为全国各地科技创新发展起到了示范引领作用。

关键词： 科技创新　策源地　创新要素　产业升级　上海

科技创新是推动社会可持续发展的关键力量。在《中国可持续发展报告》中，创新驱动是可持续发展评价指标中权重最高并且放在首位的指标。近年来，上海始终把科技创新摆在城市发展全局的核心位置，全力打造世界级创新高地。

当前，中国经济从高速增长阶段迈向高质量发展阶段，经济增长模式也从“要素驱动”转向“创新驱动”，迫切需要把科技创新摆在更加突出的位

---

* 孙颖妮，《财经》区域经济与产业研究院副研究员，主要研究方向为宏观经济、区域经济。

置，大幅度提高科技进步对经济增长的贡献率。与此同时，中国加快发展新质生产力，为中国式现代化建设注入更为强大的内生动力，而科技创新则是发展新质生产力的核心要素和关键支撑。在这样的背景下，科技创新已成为各个城市实现高质量可持续发展的关键引擎。

近年来，上海的科技创新能力不断提升，科技创新策源功能不断增强。2023 年 12 月发布的《全球科技创新中心 100 强（2023）》显示，上海保持全球科技创新中心第一方阵，位列全球第十；从《中国科技创新中心 100 强（2023）》报告来看，上海综合排名位于全国第二，在产业变革驱动维度，上海位居全国第一。

在科技创新引领下，上海的新产业、新模式、新动能不断涌现，新质生产力正在实践中锻造形成，并展示出对高质量发展的强劲推动力和支撑力。上海市科委的数据显示，2023 年，上海市工业战略性新兴产业总产值占规模以上工业总产值比重达到 43.9%；上海集成电路、生物医药、人工智能三大先导产业规模达 1.6 万亿元；战略性新兴产业增加值同比增长 6.9%，占全市 GDP 的 24.8%。[①]

一　将科技创新摆在城市发展核心位置，发挥科创引领作用

上海始终把科技创新摆在城市发展的核心位置，以科技创新为引领，建设现代化产业体系。同时，上海发挥示范引领作用、强化科技创新策源功能，加快向具有全球影响力的科创中心迈进。

（一）加快建设具有全球影响力的科创中心

2014 年 5 月，习近平总书记考察上海，要求上海要努力推进科技创新、

① 《上海：2023 年战略性新兴产业总产值占规模以上工业总产值 43.9%》，中国青年报客户端（2024 年 5 月 22 日），https://baijiahao.baidu.com/s?id=1799733290600084537&wfr=spider&for=pc，最后检索时间：2024 年 9 月 6 日。

实现创新驱动发展战略方面走在全国前头、走在世界前列，加快向具有全球影响力的科技创新中心进军。①

十年来，上海出台多项重磅举措支持科技创新。2015 年 5 月，上海发布《关于加快建设具有全球影响力的科技创新中心的意见》（以下简称“科创 22 条”）指出，上海作为中国建设中的国际经济、金融、贸易和航运中心，必须服从服务国家发展战略，牢牢把握世界科技进步大方向、全球产业变革大趋势、集聚人才大举措，努力在推进科技创新、实施创新驱动发展战略方面走在全国前头、走到世界前列，加快建设具有全球影响力的科技创新中心。②

“科创 22 条”发布后，上海又相继出台了一系列“硬核”科技政策组合拳，为科技创新提供有力支撑。其中，深化科技体制机制改革是科技创新发展的关键支撑和重要动力。2019 年 3 月，上海在“科创 22 条”基础上，结合新的形势发展，发布了《关于进一步深化科技体制机制改革增强科技创新中心策源能力的意见》（以下简称“科改 25 条”），旨在破除一切制约科技创新的思想障碍和制度藩篱，全面深化科技体制机制改革。

“科改 25 条”围绕“增强创新策源能力”的政策主线，提出促进各类主体创新发展、激发广大科技创新人才活力、推动科技成果转化、改革优化科研管理、融入全球创新网络、推进创新文化建设等六个方面 25 项重要改革任务和举措。在中共上海市科学技术工作委员会原书记刘岩看来，“科改 25 条”的出台其实就是去润滑上海科技体制机制运转中摩擦阻力大的地方，让整个机器高效运转起来，跑出加速度。③

2020 年 5 月，上海施行《上海市推进科技创新中心建设条例》（以下简

---

① 《上海：向具有全球影响力的科创中心进军》，中国共产党新闻网（2019 年 5 月 30 日），http：//cpc.people.com.cn/n1/2019/0530/c415067-31110416.html，最后检索时间：2024 年 9 月 6 日。

② 《中共上海市委　上海市人民政府关于加快建设具有全球影响力的科技创新中心的意见》，中国政府网（2015 年 5 月 27 日），https：//www.gov.cn/xinwen/2015-05/27/content_2869524.htm，最后检索时间：2021 年 9 月 5 日。

③ 中共上海市科学技术工作委员会、中共上海市委党史研究室编《口述上海科创中心建设》，上海人民出版社，2024，第 64 页。

称《条例》），以提升创新策源能力为目标，对以科技创新为核心的全面创新作出了系统性和制度性的安排。该《条例》的颁发旨在使上海推行的各项科创改革于法有据。同时，科创中心建设涉及科技、金融、财政等众多领域，在纵深推进过程中，新情况、新问题、新需求日益凸显，制定该《条例》，将行之有效的改革举措转化为制度安排，破解制约创新的制度瓶颈，有利于通过制度创新推动科技创新，将制度优势转化为制度效能。①

十年来，从科创体系建设、科技体制改革、人才引进、科创氛围营造，到科技金融服务体系打造、推动产学研用融合、促进科技成果转化、完善知识产权保护，从张江科学城建设科创中心核心承载区的实践探索，到长三角G60科创走廊建设，上海打出了全方位、多层面的政策组合拳，一个全链条式科创政策供给体系已然成型，上海加快向具有全球影响力的科创中心迈进。

（二）不断提升科技创新策源能力

如果说此前上海科创中心建设的各项举措和重大改革等实践是在“建框架”，那么当前，上海国际科技创新中心建设则是在向“强功能”迈进：着力强化科技创新策源功能，努力打造成为科技强国建设的重要引擎。

上海科创中心建设提出“策源地”的关键目标。“策源地”意味着上海要率先探索、前瞻布局，为其他城市的科技创新探新路，起到引领作用。“策源地”目标的实现不仅要提升科技创新的国际影响力，还要加速科学新发现、研究新范式、技术新发明的出现，加强对国际科技创新发展的辐射作用，对经济、社会、金融、产业、贸易产生引领作用。

其中，率先进行制度创新是上海发挥科技创新策源功能的重要举措。近年来，上海积极推进科技体制机制改革先行先试，强化科技创新中心建设的制度供给：包括着眼突破制约创新发展的体制机制障碍，在六个主要方面着力“自主改”，即建立符合创新发展的体制机制障碍、构建市场导

---

① 《上海市推进科技创新中心建设条例》，上海市人民政府网（2020年5月1日），https：//www. shanghai. gov. cn/zdqyzjkxc/20230608/d557367e132e4f128ab1af6aeba29b9e. html，最后检索时间：2024年9月5日。

向的科技成果转移转化机制、完善激励创新的收益分配机制、健全企业主体的创新投入机制，建立积极灵活的创新人才发展制度和构建跨境融合的开放合作新机制等。①

“科改 25 条”的发布是上海推进科技体制机制改革先行先试的重要举措。据了解，“科改 25 条”主要着重于四个方面的改革：一是对研发机构的主体和科学家给予更多的自主权；二是从政府的角度“解绑”“松绑”；三是充分提升知识价值，主要是科学家、科技工作者的薪酬制度问题；四是充分保障科技工作者的科研活动和相应的生活条件。②

长三角 G60 科创走廊建设则是上海推动区域协同创新的先行先试举措。上海松江区是长三角 G60 科创走廊的策源地，如今长三角 G60 科创走廊建设已经从上海松江的具体实践上升为国家战略重要平台。作为科创走廊的策源地，如今的上海松江区也在科技创新的引领下，从曾经的农业区、传统制造业区，变身为长三角地区重要的先进制造业集聚地；从全区房地产税收比重最高占“半壁江山”，回归至合理区间；“6+X”战略性新兴产业迅猛发展，成为上海高端制造业主阵地和科创中心的重要承载区。

上海市科学技术委员会副主任屈炜表示，接下来上海将坚持以“强化科技创新策源功能”为主线，加快深化布局、持续深化改革，推动科创中心建设再上新台阶，接下来将重点提升创新体系效能、强化创新源头供给、培育形成新质生产力、打造科创“核爆点”。③

“五大新城”（嘉定新城、青浦新城、松江新城、奉贤新城、南汇新城）就是上海增强科技创新策源能力的重要载体。五大新城在规划时，就承载了

---

① 《上海系统推进全面创新改革试验加快建设具有全球影响力的科技创新中心方案》，中国政府网（2016 年 4 月 12 日），https：//www. gov. cn/zhengce/zhengceku/2016-04/15/content_5064434. htm，最后检索时间：2024 年 9 月 6 日。

② 中共上海市科学技术工作委员会、中共上海市委党史研究室编《口述上海科创中心建设》，上海人民出版社，2024，第 50 页。

③ 《推进科创中心建设　上海打算这么干！丨高质量发展调研行》，财联社（2024 年 5 月 23 日），https：//baijiahao. baidu. com/s？id = 1799800263243336409&wfr = spider&for = pc，最后检索时间：2024 年 9 月 5 日。

一项重要的功能定位——成为“上海科技创新和高端产业发展的重要承载地”。接下来，“五大新城”将稳步增强科技创新策源能力，引进培育多元优质创新主体，积极打造具有全球影响力的研发主体，持续提升创新载体建设水平，完善孵化—加速—转化的园区全周期孵化生态，更好发挥龙头企业的研发带动作用，充分发挥产业链纵向集聚与创新链横向链接功能，有效嵌入全球价值链和创新链。[①]

二　系列举措营造良好创新生态，科创体系愈加完善

（一）创新资源要素加快集聚

科技创新离不开人才、资金、应用等配套机制以及各类创新资源和要素的汇聚。

资金方面，上海的创新投入持续增长。2023 年，上海全社会研发经费支出相当于上海市生产总值的比例达 4.4%，其中基础研究经费支出占全社会研发经费支出的比重达 10%左右；上海市财政科技支出 528.1 亿元、增长 36.7%，其中市级财政支出 265.3 亿元，基础研究支出占比达 23.6%。[②]

上海基础研究投入经费居全国第二位，仅次于北京。上海市在“十四五”规划纲要中提出基础研究比重要达到 12%左右，这一目标处于全国前列水平。

人才是科技创新的核心支撑。上海确立了人才引领发展的战略地位，相继制定实施了一系列政策举措吸引人才。同时，不断破除束缚人才发展的思

① 《上海：推动五大新城产城融合发展》，中国新闻网（2024 年 3 月 29 日），https://baijiahao.baidu.com/s?id=1794842253208840230&wfr=spider&for=pc，最后检索日期 2024 年 9 月 6 日。

② 《激发新质生产力 上海完善“从 0 到 100”科创全链条》，人民网（2024 年 5 月 28 日），http://sh.people.com.cn/n2/2024/0528/c138654-40859348.html，最后检索时间：2024 年 10 月 19 日。

想观念和体制机制障碍，提升人才核心竞争力。

上海市委组织部部务委员、上海市人才局（市外国专家局）副局长谭朴珍介绍，上海主要从三个方面实施人才战略。首先是人才引进国际化。在吸引海外人才方面实施一系列开放、便利的政策举措。例如，上海近几年持续放宽留学生落户条件，不断加大对留学生的引进力度。此外，上海每年都通过举办各种国际性论坛，如世界顶尖科学家论坛、世界人工智能大会等吸引世界人才关注上海、了解上海。

其次是人才工作制度化。2015 年，上海发布“科创 22 条”后，随即研究出台了《关于深化人才工作体制机制改革促进人才创新创业的实施意见》（即上海人才“20 条”）。2016 年，上海在人才“20 条”基础上制定了《关于进一步深化人才发展体制机制改革加快推进具有全球影响力的科技创新中心建设的实施意见》（即上海人才“30 条”）。2021 年，市委提出加快“五个新城”建设，研究出台了支持“五个新城”人才发展的“35 条”特殊举措推动优秀青年人才和海外人才向“五个新城”聚集。此外，针对临港新片区、张江科学城等重点区域以及重点产业领域，相继研究制定了针对性的支持举措，希望通过人才政策助力科创中心建设。①

最后人才培养体系化。此前上海人才计划相对碎片化，各部门有各自的人才计划。经过大力整合，上海市财政支持的 33 项人才计划调整为 3 项，从源头上减少“帽子”数量，推动人才“帽子”、人才称号回归学术性、荣誉性本质。

经过系列努力，过去十年来，来沪工作和创业的留学回国人员超过 30 万人，排名全国第一；上海连续 14 年入选科技部“外籍人才眼中最具吸引力的中国城市”。在沪两院院士 180 余名，还集聚了一大批“国家高层次人才特殊支持计划”人才、国家自然科学基金委“杰青”、教育部长江学者、国家“四青”人才、上海领军人才等。人才优势已成为上海城市发展核心竞争力和软实力的重要体现。

---

① 中共上海市科学技术工作委员会、中共上海市委党史研究室编《口述上海科创中心建设》，上海人民出版社，2024，第 212 页。

科研院所是科技创新的重要载体。近年来，上海瞄准科技前沿，抢先布局落地了上海量子科学研究中心、李政道研究所、上海脑科学与类脑研究中心、上海期智研究院等一大批研究机构集聚，为前沿领域的科学研究赋能。

2023年，上海印发《关于促进我市新型研发机构高质量发展的意见》，指出将大力兴办新型研发机构。《意见》提出，重点培育20家具有国际影响力的高水平新型研发机构，引导社会力量建设200家投入主体多元化、管理制度现代化、运行机制市场化、用人机制灵活化的新型研发机构。[①]

（二）加快完善科技创新服务体系

除了人才引进、资金支持、平台建设等方面的创新举措外，上海还着力优化科技创新服务体系，营造良好的创新生态和氛围，提升科创浓度。例如，上海加快技术孵化、科技金融、知识产权服务、专利运营等相关功能性资源的集聚，加大政策扶持力度。在金融生态方面，上海正通过各种举措构建更加完备的科技金融体系，为科技型企业提供匹配生命周期、符合行业特点、适应发展需求的综合性金融服务。

为提升科创浓度，上海正全力打造各类科创孵化载体，打造科技创新“核爆点”。据上海市科技创业中心统计，2014年，上海全市共有118家科创孵化载体；截至2024年6月，载体数量已超过500家。在系列举措下，上海的科创氛围越来越浓厚。

三　前瞻性科创产业布局正不断转化为发展优势

（一）科技创新引领产业结构优化升级

科技创新是引领现代化产业体系建设、推动新兴产业发展、开拓产业新

① 《上海发文将大力兴办新型研发机构，引进符合条件的人才可直接落户》，大河财立方（2023年5月30日）https：//baijiahao. baidu. com/s? id = 1767283804190723785&wfr = spider&for=pc，最后检索时间：2024年9月6日。

赛道的核心。在科技创新引领下，上海的产业结构不断优化升级，可持续发展能力不断增强。

上海生物医药产业从“跟跑”到“领跑”的实践正是上海通过科技创新引领产业升级迭代的生动体现。据悉，在20世纪90年代以前，中国的医药工业都是以仿制药为主，全国99%都是仿制药，上海也不例外。90年代以后，上海逐渐提出仿制药不是上海生物医药的发展方向，上海要从“以仿为主”“创仿结合”逐步过渡到“以创为主”，大力推动创新药研发，开始向原始创新药进军。

2014年，习近平总书记在上海考察时提出“加快向具有全球影响力的科技创新中心进军”后，上海生物医药开始了从“以创为主”到“首发引领”的转型。当年，上海市政府办公厅发布《上海市生物医药产业发展行动计划（2014-2017年）》及《关于促进上海生物医药产业发展的若干政策（2014年版）》，进一步优化上海市生物医药产业创新和发展环境，加快形成“优势互补、错位发展、各具特色”的生物医药产业布局，加快生物医药创新产品向高端、高附加值方向转型的步伐。

2019年，上海生物医药创新成果加速涌现，生物医药领域新一轮科技创新行动计划启动。2020年，聚焦基础前沿领域和关键核心技术，上海加速推动生物医药科技创新。经过几年的发展，上海生物医药产业规模持续增长，研发创新能力在全国处于前列，产业链更加完善，产业创新服务体系进一步优化。

当前，上海已经开启生物医药产业创新高地“加速跑”。未来，上海将进一步提升生物医药产业的创新策源能力，积极构建开放融通的生物医药产业创新格局。

（二）科技创新“关键变量”转化为高质量发展“最大增量”

生物医药只是上海前瞻性科创产业布局之一。2021年，上海发布《上海市战略性新兴产业和先导产业发展“十四五”规划》明确提出，全力推动落实集成电路、生物医药、人工智能“上海方案”，重点打造以三大产业为核心的“9+X”战略性新兴产业和先导产业发展体系。

其中，“9”个战略性新兴产业重点领域包括：集成电路、生物医药、人工智能等三大先导产业，以及新能源汽车、高端装备、航空航天、信息通信、新材料、新兴数字产业等六大重点产业。“X”是指前瞻布局一批面向未来的先导产业，重点布局光子芯片与器件、类脑智能等先导产业。[①]

当前上海的三大先导产业正不断释放发展新动能。例如，近年来，上海精心布局人工智能产业地图，推动人工智能与经济社会融合发展。作为上海三大先导产业之一的人工智能产业不断强化创新策源、应用示范、产业集聚和人才汇聚。当前，一体两翼、软硬协同的上海人工智能产业生态梯度和发展格局逐步构建起来。上海人工智能产业已形成从软件模型到智能终端、从基础研究到创新应用的全产业链布局。上海距离成为人工智能“第一城”的目标也越来越近。

当前，上海加速颠覆性技术创新，抢占科技战略制高点。上海已制定实施计算生物学、合成生物学、基因治疗、元宇宙、区块链等领域专项行动方案，深化人形机器人、量子计算、6G、人工智能驱动的科学研究（AI4S）等领域创新布局。

如今，上海前瞻性的科创产业布局正不断转化为发展优势。上海集成电路、生物医药、人工智能三大先导产业规模达 1.6 万亿元（2022 年 1.4 万亿元），战略性新兴产业增加值同比增长 6.9%、占全市 GDP 的 24.8%。

在科技创新的引领下，上海经济实力不断迈上新台阶，城市能级和核心竞争力大幅跃升，经济社会高质量可持续发展向纵深推进。

同时，上海的系列做法也为全国各地科技创新发展起到了示范引领作用。当前，各地都将科技创新摆在城市发展全局的核心位置，投入大量资金、资源等要素支持科技创新，也投入大量资源招商引资高科技产业，却忽略了机制改革的重要性以及法治化的力量，忽略了提升科创氛围的核心因

① 《上海市战略性新兴产业和先导产业发展“十四五”规划印发，重点打造以三大产业为核心的“9+X”发展体系》，智通财经网（2021 年 7 月 21 日），https：//new. qq. com/rain/a/20210721A07RMH00，最后检索时间：2024 年 9 月 6 日。

素。为推进科技创新顺利进行，上海大力推进科技体制改革，破除一切制约科技创新的思想障碍和制度藩篱，解开绑住科研人员的绳索。同时，上海出台了一系列法律法规，为科技创新提供法治化保障，其中，《上海市推进科技创新中心建设条例》是国内首部科创中心建设的“基本法”。为了各部门统筹做好科创工作，上海积极进行工作改革，例如，改变人才计划碎片化问题，大力整合，将上海市财政支持的 33 项人才计划调整为 3 项，着力破解人才“帽子”满天飞的问题。这些做法为全国其他城市推进科技创新起到了示范引领作用。

参考文献

陈强等：《从建源到施策——新征程中上海国际科创中心建设》，上海人民出版社，2023。

王春：《上海国际科技创新中心：从“建框架”向“强功能”跃升》，《科技日报》2024 年 3 月 5 日。

B.16
成都：可持续发展的和美乡村实践

邹碧颖*

摘　要：　纵观成都和美乡村的建设，农副产品、建筑规划、传统文化、活动设计，乃至生活方式都能同艺术审美相融合，这些村落或引入外来人才，或引入外来资本，重新复盘改造乡村风貌，结合村庄固有的农业、景观、历史特色，挖掘出新的文化内涵，推出新的消费产品，带动提升村民收入，丰富当地人的精神文化活动。通过艺术乡建带动经济发展，浸润精神文化，成都乡村展露出的美学氛围和可持续发展路径在中国大城市中很少见，这正是成都和美乡村样本的价值所在。

关键词：　成都　和美乡村　艺术进村　可持续发展　乡村建设

音乐节进乡、美术馆进乡、大地艺术节进乡……最近几年，成都周边冒出不少以艺术、文旅为主打吸引点的村庄。诸如官塘新村是距离成都市区最近的非遗文化艺术村，春天的油菜花、秋天的水稻，环绕着村里的川西民居风格的建筑，面塑陶艺馆、书画篆刻馆、木雕馆、蜀锦博物馆，展现出独特的田园美丽。竹艺村是非遗竹编的发源地，村庄内分布着众多以竹子编织而成的景观装置，村内还有见外美术馆、三径书院、农家小院等，同城市的周边游览活动结合了起来。明月村有着悠久的烧制陶瓷历史，依托明月窑、茶山、竹海等景点，吸引了众多知名陶艺家、艺术家驻足。山柒村的七个村子联动构成一个环线，规划了度假区和主题公园，并融入了瓷器和煤矿元素，

* 邹碧颖，《财经》杂志高级记者、研究员，主要研究方向为宏观经济、乡村振兴。

实现了“睡在山水间”的梦想。南岸美村毗邻安仁古镇、建川博物馆等景点，拥有成都首批乡村生态博物馆和川西院落的建筑群貌，油菜花开得特别漂亮，田野间设有专门的木头栈道和打卡点……

成都的乡村中，街头巷尾、田间地头常见音乐、美术、诗歌等艺术活动，市民们也热衷参与，这和成都人骨子里的那份悠闲与浪漫是分不开的。大家在欣赏乡村的田野和烟火气的同时，还能感受到诗和远方。政府以乡村自然环境美化与基础设施建设为基点，借助城市能量，促进城市人才回流反哺乡村，促进城市资本投资乡村，促进城市消费者涌向乡村，通过发展乡村艺术文旅带动乡村一二产业，成都走出了一条独特的城乡共生、富有地域美学特点的可持续乡村发展之路。

一 成都市全面谋划和美乡村概况

近年来，成都市深入贯彻落实中央对四川工作系列重要指示精神，深化运用“千万工程”经验，全面启动宜居宜业和美乡村建设三年行动计划，统筹推进“百村先行、千村提升”工程和乡村建设“十大行动”，成都市乡村风貌持续改善、产业活力持续迸发、治理效能持续提升、共富基础持续夯实。2023 年，成都市第一产业增加值 594.9 亿元，增长 3%；农村居民人均可支配收入增长 6.9%。

一是强化顶层规划，优化乡村建设路径。加快编制和美乡村重点片区规划，推动先行村、重点村“多规合一”实用性规划应编尽编。出台《成都市宜居宜业和美乡村分类建设指引（试行）》，细化明确村庄分类建设标准，每年培育市级重点村 50 个、先行村 50 个；优选 10 个村开展提升建设，以点带面推动乡村建设，连片成面打造和美乡村示范带，加快呈现“百村先行、千村提升、全域和美”发展图景。二是加强基础设施建设，夯实提升乡村宜居品质。统筹推进农村路水电气信设施补短，推动 5G 网络、新能源充换电桩等新型基础设施建设，分步推进自来水、天然气“户户通”，加快打造 15 分钟公共服务圈。实施农村人居环境提升行动，巩固农村垃圾、污水、厕所“三大革命”成果，引导农业农村全面绿色转型，成都市农村无害化卫生厕所普及率达95%以上。持续推进乡村移风易俗，累计创建国家级乡村治理示范镇2个、示范村15个，省级乡村治理示范镇12个、示范村98个。三是促进城市人才回流，夯实乡村共富基础。制定《成都市农业社会化服务三年行动方案》，完善县乡村三级农业社会化服务体系。组建首批“5+8+N”乡村振兴专家人才服务团下沉乡村开展“组团式”巡回服务，积极引导原村民、“新农人”、“农创客”等入乡返乡建设，累计培育农业职业经理人3.2万人。四是培育乡村宜业动能。稳步推进“一带十五园百片”粮油园区建设，打造50个百亩粮经科技研发展示点、40个千亩粮经复合高产高效展示片、30个万亩粮油高产展示区，夯实“天府粮仓”生产根基。实施千亿级现代都市农业集群培育提升行动，做精乡村“土特产”。促进三次产业跨界融合，延链布局农机装备、智慧农业、农村电商、农产品精深加工业态，累计开发休闲观光、文化创意、运动康养等乡村消费新场景72个。2023年，成都市休闲农业实现营业收入445亿元、增长15.8%。①

二　艺术乡建的成都样本

（一）明月村

明月村位于唐宋茶马古驿蒲江县甘溪镇，面积11.38平方公里，属于浅丘地带，拥有悠久的邛窑历史文化。截至2024年7月，明月村拥有15个村民小组，1383户、4086人，拥有雷竹8000亩、茶园3000亩，竹海、茶山、松林、古窑，自然环境和人文资源得天独厚。明月村获评首批联合国“国际可持续发展试点社区”。

锁定文化创意旅游定位，明月村深挖明月窑的历史文化元素，实施明月

① 成都市农业农村局：《乡村建设情况》，2024年7月。

国际陶艺村建设项目。设立文创项目扶持基金，对明月村11个文创院落改造项目共给予300余万元的经费补贴。在手工艺文创园核心区落实187亩项目规划用地，依据地形等划分成大小不一的17个地块，确保17个项目顺利落地。引入文创项目50余个，目前明月窑、蜀山窑陶瓷艺术博物馆、明月远家综合体、火痕柴窑工坊、晓得精品酒店、呆住堂艺术酒店、有朵云咖啡馆、敬岳堂自然教育研学所等30余个文创项目已建成开放。迄今，明月村设计举办过“中韩茶山竹海明月跑”“中韩陶艺文化交流会”，连续举办13届春笋艺术节、9届中秋诗歌音乐会，常态化开展民谣音乐会、皮影戏、“醉月流觞-端午古琴诗会”、竖琴田园音乐会等明月村特色文化品牌活动，不断丰富乡村精神文化生活和提升旅游产品吸引力，营造积极健康、文明向上的美丽乡村新氛围。

近年来，明月村加强茶山、竹海、松林生态资源保护，坚持产村相融、四态融合理念，投入6000万元，建成占地77亩的明月小区，保留了原生态川西林盘韵味，并预留了用于旅客住宿的客栈房舍。注重保护原有林盘院落资源和地形、水系特征，保持原有青瓦、土墙风貌，推进老旧院落改造，完成了“谌塝塝”微村落建设。创新设置“明月书馆”“陶艺博物馆”等个性化、文艺范的公共文化服务空间。建成村公共服务中心、2300余平方米文化广场、乡村旅游接待中心、8.8公里旅游环线、12个生态停车场，提升明月环线植物景观，安装导视牌；建设旅游厕所、景观步道、水电气线路、排污系统等配套设施，提升基础设施和公共服务配套水平。

随着文创产业的聚集发展和新村建设的提档升级，明月村对全国文创人才的吸引力不断提升，明月村成立明月国际陶艺村管委会园区党委，下设4个支部，由党员牵头负责项目促建、人才引进、产业提升、新村建管等方面的组织引领和带头示范，引进专业人才负责项目统一规划、招商、推广和管理。截至2024年7月，已吸引北京、上海、台湾等地100余位艺术家、创客入村创作、创业和生活。引导社会公益组织搭建明月书馆、明月讲堂、明月夜校等培训载体，先后开展了陶艺、草木染、书画等各类培训200余期，艺术家、文化创客倾情授课和当地村民积极学习，逐渐成为明月村业余生活新风尚、文化人才促进乡风和谐的新引领。①

（二）铁牛村

2018 年，明月村操盘团队来到成都蒲江县西来镇铁牛村，打造践行“以人为本、回归自然、回归生活”理念的可持续生活社区。团队从最初的 4 个人发展到 2024 年常驻铁牛村新村民 60 余人。80 后、90 后占 80%，本科及以上学历占 70%，20%有海外留学或工作经历，50%在地生活超过 3 年，并引进“候鸟型”新村民 300 余人，链接城市共创方 15 家，在地成立丑美生活、时观文旅、麦昆塔规划设计等公司和社会组织 8 家，回引返乡创业就业村民 20 余人，带领 200 余户本地村民共同参与乡村振兴事业，持续推动村级集体经济发展壮大，带动村民增收致富。2023 年，铁牛村农民人均可支配收入 3.8 万元，同比增长 8.6%，村集体经济收入突破 100 万元（含闲置资产流转收益），同比增长 177.7%。

新村民扎根铁牛村，希望吸引更多致力于社会创新和可持续生活方式的年轻人回归乡村。铁牛村最大的产业是农业，全村种植柑橘 9900 亩、猕猴桃 1400 亩，渔业养殖 1000 亩。2021 年，铁牛村新村民成立的在地运营公司——丑美公司，承包了老村民 9 亩果园、6 亩鱼塘，率先种植生态丑柑和荷花。2022 年初，9 亩果园共产出生态耙耙柑约 27000 斤（273 项农残检测指标均未检出）。新村民创立生态丑柑品牌“丑美阿柑”，2022 年春节前在北上广等一线城市的核心商业区进行推广和销售，对比当年本地农户耙耙柑单价仅 2 元/斤的价格，新村民生态种植的耙耙柑在城市卖到了 10 元/斤。2023 年，在新村民的带动下，铁牛村将生态果园规模扩大到 41 亩，创新建立村企联合体——丑美铁牛公司（组织方）+丑美公司（销售方）+泰禾有机（技术指导方）+农户（种植方）的四方合作利益链接机制，推动村级集

① 蒲江县委宣传部：《文创产业激发村落文化魅力　新老村民共助乡村文化振兴——以蒲江县明月村为例》，2024 年 7 月。

体经济发展壮大和农民可持续增收致富，2024 年初，果子成熟上市，收购价高出市场价 1.5 元/斤，农户每亩增收 1 万元。村企联合体收取丑美公司 0.6 元/斤的生态种植服务费，村企联合体实现营收 10 万余元。丑美公司实现耙耙柑销售收入达 200 万元。新村民团队还开发了一系列生态农创产品，开发出阿柑饼干、阿柑米露、阿柑巧克力、阿柑米花糖、阿柑果酒等 10 多个产品。团队为各类产品专门设计了生态包装，加入充满温情的说明书和有趣的生态种植日志等。2023 年，第一批产品已推向市场，2.5 斤生态耙耙柑可酿成 1 斤果酒，一瓶单价 138～168 元。1.5 斤生态耙耙柑和 1 斤醪糟可酿成阿柑米露 750ml，售价 78 元。2023 年，丑美公司二产产品销售收入达 400 万元。

新村民通过三年研发，在果园里植入生态装配式建造——茶庐，在乡村农业产业的基础上创造新的消费体验场景。在果园里打造出了丑美果乐园，并引入咖啡厅、田野茂、乡村美学节气餐厅等，举办“阿柑周末”等周末体验营，成功打造出“阿柑”全产业链生态品牌。同时带动了老村民创业，铁牛村从只有一家农家乐，发展到有 3 家民宿、4 家餐厅，旅游接待能力和服务质量都得到了提升。2023 年，丑美实现活动承办、餐饮服务等收入 70 余万元，带动铁牛村餐饮、住宿、农副产品等消费收入 800 余万元。

乡村规划设计团队经过 3 年的实践探索，为铁牛村规划了以整村 9.59 平方公里打造未来乡村公园社区的美好蓝图，规划布局生态农业产业园区、乡土美学文创园区、田园文旅度假园区 3 个园区，通过农场式林盘聚落、街区式林盘聚落、庄园式林盘聚落和乐园式林盘聚落 4 种形态在地实践，编制了《铁牛村未来乡村公园社区——天府新林盘聚落总体规划方案》。2022 年，铁牛村成为成都市首批 25 个未来公园社区创建单位之一，也是其中唯一一个乡村模板。[①]

（三）东林村

东林艺术村位于郫都区德源街道东南部，地处郫都、温江、高新西三区

---

① 蒲江县委宣传部：《蒲江县城乡融合案例——铁牛村》，2024 年 7 月。

交界之处，距成都市区 36 公里，面积 4.32 平方公里，截至 2024 年 8 月，共有 1273 户 4119 人（常住人口 5058 人）。过去，东林村以农业为主要产业，是成都市最大的种蒜村落，全村共 4500 亩耕地，有 4000 亩在种植大蒜。这里的村民世代种植德源大蒜，据资料查证，早在清乾隆年间，东林村大蒜就远近闻名，距今已有 200 多年历史。2016 年，东林村入选“中国大蒜村”。[①] 袁隆平国际杂交水稻种业硅谷也坐落于此。

近年来，东林村以艺术作为转型驱动力，借助农业景观，打造出一个将自然风光与人文艺术完美融合的田园生活胜地。艺术村里，600 亩的大田景观与错落有致的林盘院落构成了一幅独具匠心的“大地景观”。村子设置丰富多元的打卡游玩项目，其中，田野音乐街区成为网红景点之一。田野音乐街区是艺术农场风格的特色街区，彩色的集装箱、复古的老轿车、路牌、椰子树……很适合拍摄复古画报。音乐街区包含东林音乐电台、东林文创店、马师豆瓣、蜀绣展览馆、蜀绣主题餐厅、机车咖啡集合店、特色小吃美食等。通过游客自发宣传，如今的音乐街区已经成为成都周边的一个热门拍照打卡地点。

回溯起来，2018 年是东林艺术村历史上的分水岭。过去，村里的风貌和普通川西林盘并无差异。但随着周家院子、薛家院子、刘家院子、向家院子等整体拆迁，共计 28.64 亩宅基地的 40 年使用权入市拍租，打开了东林村的“网红”之门。按照林盘原貌，原址上建起了“东林汇”“东林里”两处新院落，袁隆平杂交水稻科学园就此诞生。游客来到科学园可以了解种子的成长故事，感受“禾下乘凉梦”，参与农耕体验、水稻知识科普、实验室操作、禾下露营等活动。

2021 年春节前后，东林汇、东林里及相邻的向家院子林盘植入了民宿、咖啡、烧烤、餐饮、茶室、说唱、盆景、蜀绣、评书、文创集市、裸眼 3D 等多元场景，它们连同“散落”的 16 件（组）艺术装置和 600 余亩大田景

---

① 天府郫都：《“中国大蒜村”东林村：一半蒜香一半诗意》，2024 年 1 月，https://mp.weixin.qq.com/s/0G1Pr9eVGB0ThAHUq5ljPg。

观，共同构成了今天的东林艺术村。随着东林村逐步向文旅产业转型，旧糖厂改造成谷予餐厅，音乐小镇也发展起来，吸引了越来越多的市民前去游玩。用艺术点亮乡村，用价值激活乡村，村里弥远咖啡日营业额达千余元，周末翻了一番。

从 2021 年到 2024 年，东林村举办了“天府大地艺术季”和“天府粮仓艺术节”。前者让从前寂寂无闻的东林村，以“艺术”之名迅速走红，成为流量村庄。郫都区文旅局数据显示，天府大地艺术季累计接待游客 287 万人次，实现旅游综合收入 14.3 亿元，有效推动生态旅游和富民增收有机结合。近年来，东林村还与四川音乐学院、四川传媒学院等 12 所院校达成合作意向，每月一所学校“承包”当月演出。游客还可以欣赏“艺术家走进乡村”书画摄影名家邀请展、“嗨郫音乐”互动月活动，欣赏到艺术的独特魅力，感受到乡村文化的深厚底蕴。2024 年初，东林村还新建了村委会和村民体育休闲中心，提升了居住质量。2023 年，村集体资产 6.3 亿元，东林村集体经济年收入 7000 余万元。[①]

（四）五星村

五星村的湿地田园牧歌景观备受瞩目。五星村位于成都崇州市白头镇东南部，面积 3.6 平方公里，耕地 3486 亩，人口 3066 人。五星村依托大田景观、湿地风光等乡村资源，秉持“景区带园区融社区”发展思路，坚持“龙头企业+集体经济组织”联动发展，组建天府国际慢城农文旅联盟，基于对农村产权制度改革的探索，采取“统一土地流转、统一产权收储、统一策划规划、统一招商引资、统一共享客户”和“分户经营”的“五统一分”模式，实现品控管理和抱团发展。

近年来，五星村打造了天府国际慢城景区，入选国家级 4A 级景区。该景区占地 1 万余亩，由桤木河湿地公园、天府国际慢城酒店和五星村原乡体验区组成，园内有鸳鸯、白鹭等 300 余种动物和雪松等 200 余种植物。依托

① 郫都区委宣传部：《东林村 2023 年总结及 2024 年工作计划》，2024 年 1 月。

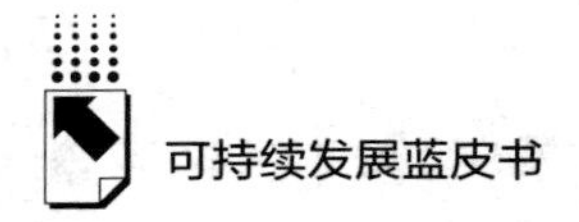

景区内桤木河湿地公园，五星村的现代农业生态产业模式，以大田农业、山林水系、岛状林盘和民俗风情为主题特色，打造出一个陶渊明式的田园牧歌式生活景区。

五星村的桤木河湿地公园总面积5040亩，其中水域面积1365亩，绿道18公里，步游道25公里，2016年被四川省林业厅评为“省级湿地公园”。以五星村内的蜗牛建筑作为地标中心，四周环绕着上千亩的大田景观，土地成片平整，一年四季四景，春天看油菜花，夏天看绿色稻田，秋天看水稻丰收，冬天看绿色麦浪。天府国际慢城酒店的建筑以川西民居风格为主。建筑用材以木、石灰、青砖、青瓦为主，就地取材，经济节约，与环境十分协调，乡土气息格外浓郁，呈现出一种质感美、自然美。慢城酒店整体以国家非物质文化遗产竹编为载体，以竹编和川西民居相结合，打造五星特色“慢”酒店，融入竹编文化、农耕文化。

五星村的“艺林美术”主要从事美术培训，客单价3000元，2023年营业收入约20万元。五星村剧院于2021年投入运营，占地面积1000平方米，投资1000余万元，是集电影院、剧场、咖啡、西餐于一体的小型综合体，2023年营业收入约40万元。目前，五星村经营民宿59家，周末、节假日的入住率可以达到90%以上。经营餐饮28家。2024年赏花节期间，累计接待18万人次，实现旅游营业收入1400万元。2023年，五星村集体经济收入523万元，现代农业、旅游、研学培训、物业管理收入分别占比10%、45%、30%、15%，实现普惠性分红约160万元，人均分红515元，五星村农村居民人均可支配收入4.5万元。

目前，五星村集体经济已形成由20余名各类专业人才组成的集体经济运营管理核心团队。通过集体经济入股80万元，鼓励群众将闲置房屋按春天酒店的标准统一装修，交由酒店统一管理经营。成功引进深圳酒店公司投资500万元建设运营五星春天酒店。五星村还建立起“3322”集体经济收益分配机制：三成收益作为分红金，普惠全村集体经济成员分红；三成收益作为发展金，用于扩大再生产、转增资本、弥补亏损和壮大村集体经济；两成收益作为奖扶金，用于奖励在全村集体经济发展过程中表现优异、贡献突出的干部群众和帮扶全村各类困难群体；两成收益作为公益金，用于村内公益事业支出，确保集体经济用之于民。①

（五）连山村

每年 3 月，成都简阳市连山村就成了桃花的海洋。穿梭在桃花纷飞的小径，花香四溢，抬头驻足间，好似闯入世外桃源。赏花、垂钓、美术摄影、烧烤露营、围炉煮茶……桃花源赏花季开幕，游客可以深入村庄感受桃花文化。连山村位于禾丰镇，地处成都的东大门，距简阳城区 15 公里、成都市区 1 小时，距重庆不足 2 小时车程。村庄依山带水，地势开阔，2017 年，连山村引进四川胜男农业开发有限公司，流转土地 4900 余亩，连片种植晚白桃、五月脆、松森桃等 27 个桃树品种，种植规模达 4560 亩，开始打造“中国桃花源”。

连山村面积 8. 01 平方公里，现有村民 1040 户 3462 人。近年来，连山村营造“场景+”，持续推进“中国桃花源”现代桃产业示范园区建设，培育 3A 级林盘景区，评选星级“五美庭院”“一米花园”36 户。打造“桃李连山”品牌，承办简阳市首届赏花季，设置山野活力运动会、露天音乐会、乡野集市等特色活动，带动群众增收 200 余万元。连山村不断丰富消费场景，改造乡村美学餐厅“莲舍 · 源味”，开发“连山六小碗”“连山大刀肉”特色菜，全年集体经济收入 40 余万元。连山村建成“巧手工坊”省级妇女居家灵活就业示范基地，注册“金简银针”商标，生产缝纫、钩编、蜀绣等产品，承接“蓉宝”“皂猫”等订单，带动就近灵活就业妇女人均增收 2. 4 万元。2023 年，村集体经济总收入 370 万元，较 2022 年增长 210 万元；村民可支配收入 2. 8 万元，较 2022 年增长 3820 元。

连山村不断升级“数字+”，加快现代农业发展。推进千亩粮油基地项目建设，完成高标准农田改造、宜机化改造、智慧农业物联建设、智能监测管理等现代化农业基础设施建设，推动农田综合利用和全程机械化耕种，实

① 崇州市委宣传部：《崇州市五星村、竹艺村相关素材》，2024 年 7 月。

现“一人管万亩”的数字化生产作业。探索“集体+”，创新产业经营模式。探索“集体+公司”模式，流转胜男公司1100余亩桃园，通过公司回购、桃树认养等模式经营，为村集体经济增收65万元。探索“集体+联盟”模式，加入六联共兴集体经济联盟共同经营耕地1500余亩，全年集体经济收入370万元。以前村民种地一年也就2万元，村里发展桃产业后，除了承包土地的租金，每个月还在村集体里务工，村民一年的收入至少有7万元。

借助桃产业，连山村推动“农商文旅体”融合发展。连山村修建了桃源步道，统一打造了阳光房、水美乡村等消费场景，拓展“产业+休闲娱乐观光”模式。2023年，相关产业带动该村400余人就地就业。连山村还将村民土地分级量化入股到村集体经济，组织村民就近务工，全年劳务收入64.6万元，人均增收1.24万元。近年来，连山村还通过构建图书阅览室、刺绣艺术培训以及定期组织村民参与传统文化学习教育活动等方式，提升了村民对传统文化的认可度与归属感。①

结 语

长期以来，农业生产投入大、人力成本高、附加值低、产业链条短，单靠农业并不足以实现乡村振兴。成都的样本则提供了一种新思路。成都市民周末喜爱游乐，而艺术乡建创造出一种双赢，通过城市人才、资本为乡村发展谋篇布局，将纯粹的一产延伸至二产、三产。特色的乡村风貌活动吸引城市游客来到乡村，不仅丰富了城市居民的周末生活，更为乡村带来了消费者与人气，拉动了乡村农产品、农家乐、民宿的创收。新式审美建筑的修建、朝阳艺术活动的举办，不仅意味着村容村貌的简单改变，亦将城市居民与乡村居民连接起来。乡土文化经过当代地域美学的艺术转化，激发了村民内生动力，吹动和美乡村“一池春水”。

① 简阳市委宣传部：《连山村可持续发展情况简介》，2024年7月。

B.17

济源：向“绿”出发 打造千亿级有色金属循环经济产业集群

周奎明*

摘 要： 发展循环经济是加强生态文明建设的基本路径，是推动经济高质量发展的必然选择。近年来，作为河南省循环经济发展的排头兵，济源始终践行新发展理念，深耕循环经济产业，以有色金属及深加工为主业，不断延伸产业链条，以“产业协同、耦合发展、低碳循环”为路径，构建起“矿石—工业废渣—绿色冶炼—铅锌铜电解—精深加工—城市矿产—再生有色金属”的循环经济发展模式，推动产业集群耦合共生，力争打造全国乃至全球重要的有色金属循环经济产业基地。

关键词： 循环经济 绿色低碳发展 “双碳”战略

济源位于河南省西北方向，地理特征表现为北方较高南方较低，地貌复杂，山峰险峻，气候为暖温带季风气候，因济水发源地而得名。同时，济源也是愚公移山故事的发源地。1988 年，济源撤县建市，并在 1997 年开始实施省级直管体制。城市面积达 1931 平方公里，人口 73.2 万，是中原城市群 14 个主要发展区域中的一个，在 2017 年 3 月被确定为国家产城融合示范区。此外，济源还荣获了全国文明城市、国家卫生城市、国家园林城市、全国绿化模范城市、国家森林城市、中国人居环境奖以及首批国家全域旅游示范区等 40 多项国家级荣誉称号，是人口净流入市和财政净贡献市。

---

* 周奎明，河南省济源产城融合示范区发展改革和统计局党组书记、局长。

济源的兴起源于工业，在20世纪五六十年代，这个位于豫西北部的小城市，凭借其独特的历史环境和资源优势，从“五小工业”开始逐渐发展，经历了各种困难和挑战，始终坚持不懈地前进，工业经济的发展取得了令人瞩目的成就，创造了“济源速度”和“济源经验”。特别是1997年省直管体制以来，济源历届市委、市政府都旗帜鲜明地提出实施“工业强市”发展战略，各级干部和广大群众在享受工业经济发展带来的红利时，对坚持发展工业、加快工业转型的强烈共识已然形成。济源的工业在整个三次产业的构成里，所占的比例为60.4%，其铅的产出量达到了全国的19.8%，而白银的产出量则达到了20%。同时，济源的优特钢也占据了河南省装备制造行业75%的钢材使用量。目前，济源已经成为我国最大的绿色铅锌冶炼基地、全国规模最大的白银生产基地以及中国中西部最大的特钢制造基地，也是河南省内重要的能源、化工、机械制造基地。在工业的显著推动下，2023年，济源的地区生产总值达到了788.61亿元，同比增长5.4%，而且其人均生产总值也达到107955元，这项指标一直保持着河南省的领先地位。

一　济源有色产业发展现状

现在，济源已建立了“4+6+N”的产业结构，包括四大战略性产业：有色金属、钢铁、食品饮料、化工，以及六大战略性新兴产业，即纳米新材料、高级设备、电子信息、节能环保、能源和新能源、生物医药和大健康。此外，还包括前沿新材料、氢能与储能、生命健康、碳捕集工程等N个未来产业（见图1）。

对济源来说，有色金属产业，不仅是不可或缺的基础原材料产业，更是工业经济发展增长的主要动力，是推动各项社会事业建设的重要经济来源，是促进人民生活稳定繁荣的坚实根基。济源有色金属产业经历了一轮又一轮的变革，贯穿了面壁破壁的岁月，一次又一次地创新，伴随着做大做强的步伐。历史的缘由、时代的契机，让济源不经意间走向中国有色金属产业的潮

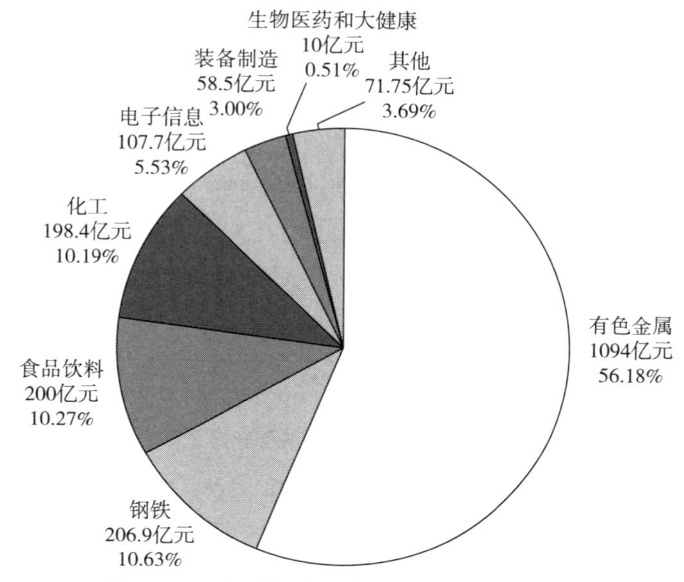

图 1 2023 年济源主要产业的产值及占比情况

注：其他产业产值的数据由调研材料倒推工业总产值计算所得；纳米产业的产值数据缺乏，包含在其他产业中；食品饮料的数据来自《中华工商时报》的报道，https：//finance. sina. com. cn/jjxw/2023-11-02/doc-imztemiy8359626. shtml。

头浪尖，成为一个行业的探路者、拓荒者、引领者。济源有色金属铅锌的历史产量如图 2、图 3 所示。

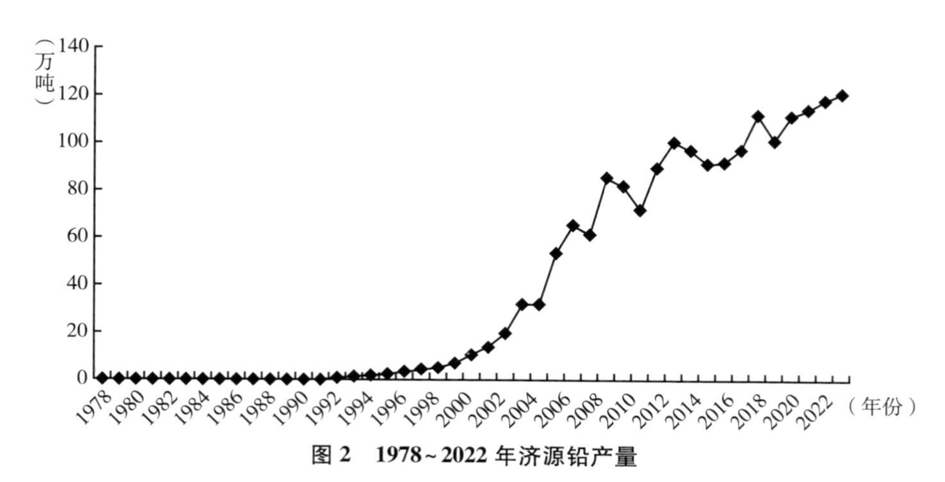

图 2 1978~2022 年济源铅产量

注：资料来源于历年《济源统计年鉴》。

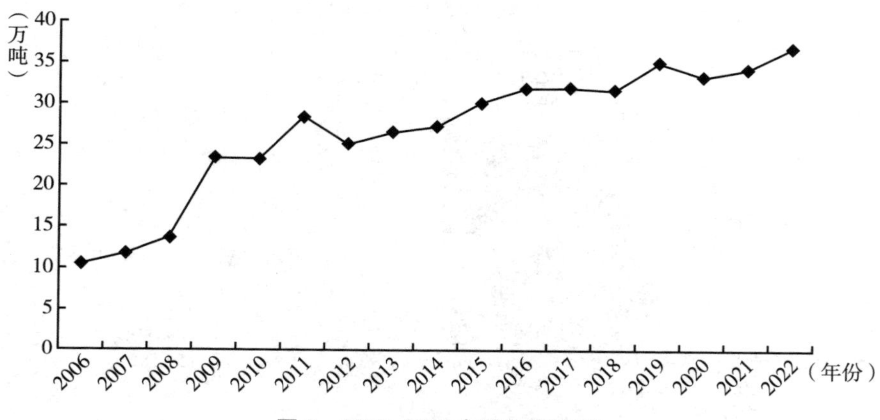

图 3　2006~2022 年济源锌产量

注：资料来源于历年《济源统计年鉴》。

作为绝对的支柱产业，2023 年济源有色金属产业完成产值 1094 亿元，占工业总产值的半壁江山。围绕有色金属新材料产业链精深加工，济源已具备年产电解铅 150 万吨（占全国产量的 19.8%），电解锌 49.1 万吨（占全国产量的 6.9%），电解铜 15.4 万吨（占全国产量的 1.2%），白银 4483.3 吨（占全国产量的 20%，占全国矿产银产量的 37.4%）；黄金 21.3 吨（约占全国产量的 6%）（见图 4）。

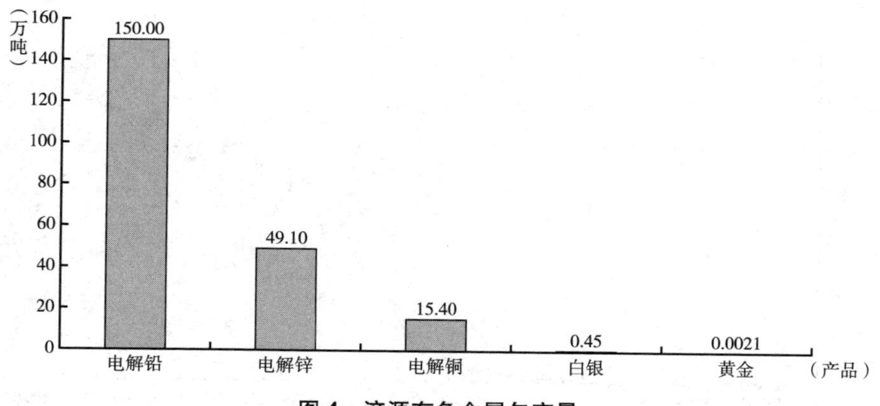

图 4　济源有色金属年产量

注：资料来源于历年《济源统计年鉴》。

目前，济源有规模以上有色金属生产企业 28 家，代表性企业主要是豫光金铅（年产值 417.2 亿元）、金利金铅（年产值 306.4 亿元）、万洋冶炼（年产值 293 亿元）3 家。在这些企业中，豫光金铅和金利金铅 2 家企业入围“2024 年中国企业 500 强”，豫光金铅成为世界一流专精特新示范企业，是国家第一批循环经济试点单位、国家废旧金属再生利用领域试点企业、首批清洁生产示范企业，也是行业内唯一一家所有的铅、锌、铜、再生铅都满足标准要求的企业。万洋冶炼、金利金铅入围“中国制造业企业 500 强”和“中国民营企业 500 强”，均是中国有色金属企业 50 强和铅锌行业国家标准的重要起草单位，他们的铅锌冶炼技术在国内外都居领先地位。同时也在持续推动技术革新，他们独立开发出“富氧底吹氧化—液态高铅渣直接还原炼铅”“废旧铅酸蓄电池自动分离—底吹熔炼再生铅工艺”“双底吹连续炼铜”等多项关键技术，实现中国铅、锌、铜冶炼的多次革命性升级（见图 5）。

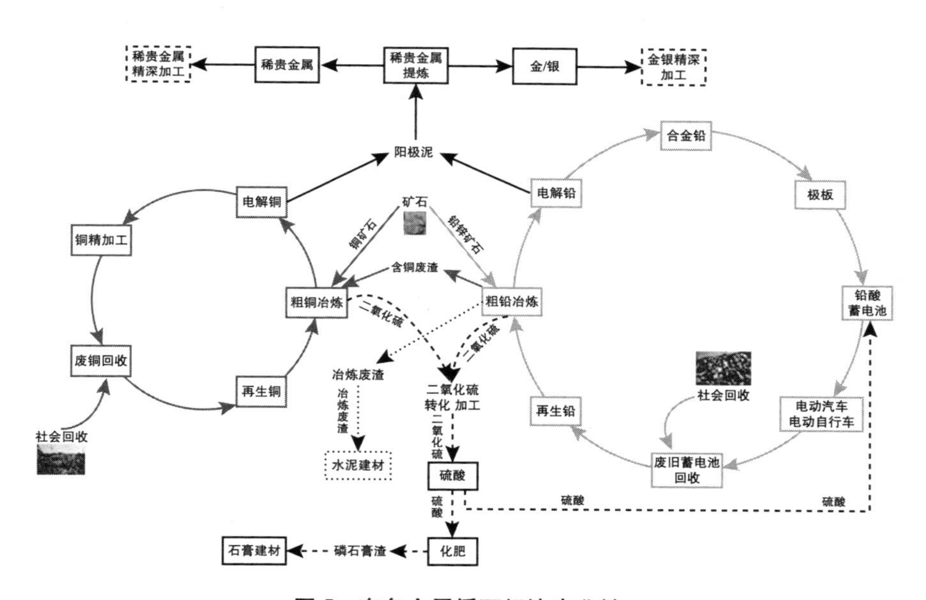

图 5　有色金属循环经济产业链

现在，豫光集团通过持续的技术革新和结构优化，已经实现了从单一的铅冶炼到铅锌铜互补，再到多种有价金属材料的全面回收加工发展。这个过程逐渐扩展到稀贵合金材料和稀贵金属高端材料，形成了铅锌铜及深加工全产业链的发展，成为济源首个千亿级循环经济产业集群。“粗铅—电解铅—极板—蓄电池—再生铅”“电解锌—锌合金—氧化锌”“粗铜—电解铜—精炼铜—铜箔”“阳极泥—金银等贵金属回收—金银制品深加工”“综合回收—稀散金属提取”“冶炼废气—二氧化硫—硫酸—化肥—磷石膏渣—石膏板”等一系列产业链已经大规模建立起来。

二 济源多措并举发展循环经济

循环经济作为一种创新的经济增长方式，最早可以追溯到20世纪60年代。国家在2003年将其纳入科学发展观，制定了《中华人民共和国循环经济促进法》等，在不同城市、行业中大力推进循环经济发展模式。在2021年，《国务院关于加快建立健全绿色低碳循环发展经济体系的指导意见》明确指出，各个领域都应尽快寻找并找到实现绿色循环发展的核心途径，以解决我国的资源和环境生态问题，推动“双碳”目标的实现。在此基础上，众多机构共同推出《关于加快推动工业资源综合利用的实施方案》和《工业领域碳达峰实施方案》等相关政策，以此来指导各个行业发展循环经济，推动“双碳”的管理。简言之，循环经济是一种与可持续发展理念相一致的经济增长模式，对有效解决中国资源匮乏且过度使用问题，建设资源节约型、环境友好型社会至关重要。

作为国家级的产城融合示范区，济源始终坚定地走在前、作示范，专注于主导产业和关键领域，全方位推广循环经济的理念，推动企业实施循环式生产、产业循环式组合、园区循环式建设，加速构建现代化的循环型产业体系。

（一）“吃干榨净”，产业链价值效益大幅提升

在近些年里，济源一直在积极推动企业的数字化、智能化以及绿色化的深度整合，以此来持续提高其“含绿量”。在开拓废旧有色金属回收利用赛

道上，积极探索“生产—消费—再生”的循环发展路径，不断地加大科技创新力度，研究新的工艺，成功地开创了一种将再生铅和原生铅相结合的全新模式。这种方法可以把废弃的铅酸电池中的剩余资源“榨干榨净”，让废旧电池变废为“宝”，从而推动资源的高效、绿色循环利用。铅锌冶炼企业通过加强综合回收技术研究，对铅锌铜矿中伴生和冶炼渣固废中的稀贵小金属进行回收，实现从“吃资源”到“吃废料”的华丽转身。以金利集团铅基多金属固废协同强化冶炼项目为例，其能够实现年综合利用铅膏 11.5 万吨、铜烟灰 5000 吨、钢厂烟灰 5000 吨、废弃阴极射线管 5000 吨，年产值 50 亿元，利税 1 亿元。

（二）“变废为宝”，主导产业发展根基逐步夯实

济源注重产教融合发展，深化与中南大学、昆明理工大学、中国科学院过程工程研究所等合作，开展关键核心技术攻关，将工业固废危废“变废为宝”，转化为建材、能源、化工材料等产品，提升资源利用效率。如今，鲁泰纳米与中国科学院过程工程研究所合作建设高盐水综合治理及利用示范工程，实现了高盐废水全资源化回收、工业废水零排放，年新增产值 2.1 亿元、营业收入 1 亿元、利税 3000 余万元。中联水泥通过收集水泥窑的废弃物如钢渣，来吸收二氧化碳，这些吸收的碳和其他材料一起处理，生成高品质的复合矿粉。这样，低碳胶凝材料、混凝土配料以及人造骨料等一系列的建筑材料实现商业化转变。金利集团拟规划实施冶炼渣磁化生产铁精粉项目，提取水淬渣中的氧化铁用于生产铁精粉，作为钢铁冶炼的原材料，预计可新增产值 2.6 亿元、利税 3000 余万元。

（三）“重塑结构”，循环经济产业园区布局优化

依据国家的循环经济和“双碳”目标策略，济源也持续专注于处理废弃的家电、电子设备、汽车、电线电缆、机械设备、通信器材、金属和塑料包装袋等“城市矿山”以及粉煤灰、冶炼废渣、工业副产石膏等大规模固体废物和含有铅、砷等工业危险废物的资源化利用，打造循环经济产业示范

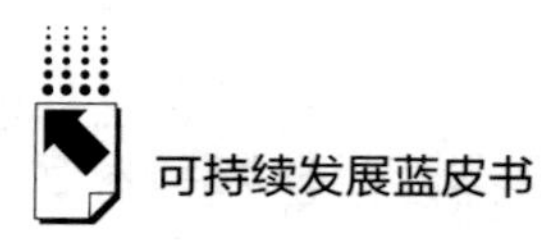

园区。目前，园区规划面积 20.60 平方公里，以有色金属及深加工为主业，发展 4 个片区，其中，经济技术开发区主区，主要发展有色金属绿色智造、有色金属新材料和再生资源循环利用；思礼循环经济产业园，主要发展有色金属绿色智造、再生资源循环利用；承留循环经济及新材料产业园，主要发展有色金属绿色智造和再生资源循环利用；有色金属深加工产业园，主要发展有色金属新材料和再生资源循环利用。

表 1　园区内废弃资源主要利用企业

序号	企业名称	废弃资源利用方向
1	河南豫光金铅集团有限责任公司	废旧蓄电池、铅锌冶炼渣
2	河南金利金铅集团有限公司	废旧蓄电池、铅锌冶炼渣
3	济源市万洋冶炼(集团)有限公司	废旧蓄电池、铅锌冶炼渣
4	济源市金利金鸿实业有限公司	阳极泥综合回收稀贵及多种有色金属
5	河南金利金锌有限公司	冶炼废渣再生资源回收
6	济源市聚鑫资源综合利用有限公司	废渣、污泥加工处置
7	济源国泰实业有限公司	处理炼钢炉渣
8	济源市国泰微粉科技有限公司	高炉矿渣
9	济源市国泰再生资源有限公司	废钢
10	河南润博盛环保科技有限公司	畜禽养殖废弃物处理和资源化利用
11	济源创新科技集团有限公司	建筑垃圾回收利用
12	济源霖林环保能源有限公司	生活垃圾焚烧发电
13	济源市迈捷环保科技有限公司	脱硫灰、废芒硝回收利用
14	济源市金康达实业有限公司	废玻璃回收利用
15	济源市方升化学有限公司	电石渣综合利用
16	泰山石膏(济源)有限公司	磷石膏、脱硫石膏综合利用
17	河南省晋邦再生资源回收利用有限公司	报废机动车回收拆解
18	济源市太行锌业有限公司	含锑废料综合回收三氧化二锑
19	济源市中辰环境科技有限公司	危险废物处置
20	济源市尚恩环保科技有限公司	一般固废与危废的资源化利用
21	济源市中辰环境科技公司	工业废弃物综合处置
22	万洋肥业	磷石膏、硫酸
23	济源市三兴废旧机动车回收拆解有限公司	废旧机动车
24	济源市耀辉玻璃制品有限公司	废旧玻璃

（四）“大干快干”，循环经济产业发展后劲十足

围绕有色、钢铁、化工等重点行业领域，先后谋划实施循环经济产业项目30余个，总投资70余亿元。尚恩环保有色冶炼废物资源综合利用项目，年处理有色金属冶炼渣10万吨；正在谋划建设的区域性固废危废处置中心项目，年可处理含砷废物30万吨、废酸3万吨。碳捕集产业园谋划实施钢渣捕集二氧化碳生产建筑材料、微藻生物固碳等项目，打造二氧化碳捕集、利用和封存试验示范全产业链。通过一批项目的实施，进一步补齐资源循环利用领域短板，提升废弃物回收利用效率，持续稳步助推循环经济发展。

三　有色循环经济取得成效

（一）成功构建了千亿级别的有色金属循环经济产业基地

济源经济技术开发区作为河南省重点打造的千亿级有色金属循环经济产业基地，包括140多家企业，其中有48家是规模以上企业。该基地依托行业龙头企业，如河南豫光金铅、金利集团、万洋集团等，形成了铅、锌、铜、白银等有色金属的规模化生产能力，年产能分别达到较高水平。济源经济技术开发区已经打造出了一个国家级的有色金属循环经济标准化示范区、一个国家级的资源再生利用基地以及一个国家级的绿色园区。

（二）经济指标实现稳步增长

从经济指标来看，济源循环经济的发展也取得了显著成效。近年来，济源的生产总值、工业增加值、固定资产投资等关键经济指标均保持了稳步增长。特别是在循环经济产业的带动下，有色金属产业集群成为支撑经济增长的重要力量。同时，济源还通过优化营商环境、强化要素保障等措施，为循环经济的发展提供了有力保障。2023年，济源循环经济产业总产值600亿元以上，占工业总产值的30%以上。2024年上半年，济源地区生产总值增

长6.4%，居河南省第4位；规上工业增加值增长10.8%，居全省第4位；前三季度，地区生产总值增长6.3%，居河南省第3位。

（三）深入践行绿色发展理念

济源在发展循环经济的过程中，始终坚持绿色发展理念。通过推进企业数字化、智能化与绿色化的深度融合，不断提升高质量发展的“含绿量”。在探索低碳循环发展的模式上，济源对工业废渣等废弃物的资源化利用和无害化处理，不仅有助于减少环境污染和生态破坏，还促进了经济的可持续发展和生态文明建设。2023年，济源工业固废综合利用率95%以上、危废利用率90%以上，规模以上重点用水企业水重复利用率97.8%。

（四）科学技术实现重大突破

依靠“一院八所”的独立创新，豫光金铅六次成功地推动了中国铅冶炼工艺技术装备的革新性提升。豫光的循环经济模式被赞誉为中国典范，在国内首创了“废旧铅酸蓄电池自动分离—底吹熔炼再生铅”先进工艺，开启了再生铅与原生铅融合的全新方式，从而实现了资源的高效循环使用。万洋冶炼的“冶炼废气—二氧化硫—硫酸—化肥—磷石膏渣—石膏板”的循环经济产业链，是由其主导并执行的一个持续性的炼铅新技术和其在工业中的应用项目，这个项目被授予国家科学技术进步二等奖。金利金铅在同行业内率先实现了废水零排放，通过国家首批清洁生产验收。中联水泥已经成功实行了超低排放的提升改革以及无组织的排放整体管理，并在全国范围内首次实现了零排放，废水的再利用率也达到了100%。此外，其工业循环使用水的比例也达到了97.1%，每吨水泥的单位产出水量为0.20$m^3/t \cdot m^3$，达到了同行业中的领先水平。豫光水处理项目实现废水重金属污染物零排放，实现废水利用率80%以上，也积极响应了国家“双碳”战略。

四　当下面临的挑战及下一步思考

如今，济源的城市定位变成“转型升级的关键期”，有色行业作为主导产业，在规模不断壮大的同时，正在步入以绿色转型和智能化升级为主题的4.0时代。“创新、协调、绿色、开放、共享”的新发展观念，已经被广泛接受并在大众中得到了认同。推动循环经济的快速发展和资源的节约与高效利用，是实现转型升级的核心。作为一个老工业基地，当下的济源同样也面临着转型和发展的双重压力，急需一些举措来实现优势再造、换道领跑。一是受地形限制，开发建设成本较高。济源境内多为丘陵地形，平地较少，直接可利用土地资源不足，大部分土地都需要经过一定的工程技术手段处理后方可使用。因此，无论是配套设施建设还是企业建设，均增加了建设成本，对循环经济发展建设造成一定阻碍。二是目前济源高能耗、高污染企业较多，资源环境受限。能源消耗总量偏高，能源结构以煤为主，对应产业工业增加值较小，能源产出率较低，排放量高，需继续对技术设备进行更新优化升级，节能减排、拓展上下游产业链条，方可进一步实现园区的循环可持续发展。同时，还面临科研院所和人才方面竞争力不足的问题。

下一步，在发展循环经济进行“双碳”治理过程中，对济源来说，既需要企业个体的深入推进，也需要企业群体间的协同合作。对此，在构建企业自身绿色低碳发展的“微循环”基础上，建议推动企业形成循环经济试点示范，将自身经验转化为可跨企业重复使用的解决方案，用企业低碳发展的“微循环”撬动畅通产业的“中循环”，最终共同推进产业“大循环”。

（一）延伸产业链条，打通企业“微循环”

以“一转带三化”为抓手，高度重视企业内部节能减排和产业链条延伸，支持企业向高精尖和精深加工方向发展，形成一条完整的循环经济产业链条。加快工艺改进，提升企业发展韧性。此外，倡导公司、大学以及科研单位深入整合，共同培育循环经济和碳排放领域的创新型专家，打造绿色低碳循环技术创新的孵化设施以及创新创业的联动平台，以推动绿色低碳循环技术的转移以及创新成果的转化。

（二）强化共生耦合，畅通产业“中循环”

以“循环经济”为主导，加速推进传统优势产业的提升、战略性新兴产业的壮大以及未来产业的突破性发展，并致力于“减少碳排放、降低碳排放、利用碳排放”，以此加速产业间的横向耦合。通过“矿石—产品—废物—循环再生—产品”的闭合流程，济源能够在有色金属的循环经济中进行资源的高效开采和使用。纳米技术与济源原材料工业“高位嫁接”，有色向工业用银和高纯用银延伸，豫光实施硝酸银、工业银粉、银浆等项目。提前布局实施碳捕集工程，用好碳排放，打造集科研、碳交易、厂房及配套设施于一体的全方位多层次优质产业园区。

（三）推进产业集群，实现区域“大循环”

借助国家级的资源再生利用基地以及打造的省级静脉产业园，持续改进产业的发展空间布局，增强产业链的完备性，从而实现产业集群的聚集式发展。采用“降低消耗、利用、再利用”的策略与路线，塑造出一条上下游产业链。下一步，济源将形成五个独特的循环经济产业链，包括铅、锌、铜、废渣、冶炼烟气，这种模式展现出济源的独特性，提高了产业升级度及行业间共生耦合能力。另外，借助黄河流域的生态环境保护和优质发展、国家级的产城融合示范区以及郑州的“1+8”都市圈建设的机遇，连接产业与城市，构建出一种新的产城融合发展模式。济源是“城市矿山”，这种方式替代了原生资源的开采，并构建了一个综合回收再生资源的循环体系，在城市道路和开发过程中产生的建筑垃圾被引入静脉产业园区，通过产业的循环使用，再次变成城市道路的基础材料；城市居民生活中产生的退役铅酸蓄电池、锂电池、废弃轮胎和电器等，也能够通过循环使用来实现资源的再生。通过这种模式，每年能够回收和处理的废旧铅酸蓄电池总量达到 40 万吨，生产再生铅 20 万吨，不仅延长了产业生态链，更达到了社会效益、经济效益和环境效益的共赢。

参考文献

徐铭辰、刘衡：《发展循环经济助力装备制造业碳达峰碳中和的路径剖析》，《财会月刊》2024 年第 12 期。

马荣：《循环经济助经济发展方式转变和高质量发展》，《中国改革报》2019 年 8 月 5 日。

雷曜、周怡、杨之韵等：《绿色“双循环”背景下中国碳足迹体系建设研究》，《金融与经济》2023 年第 11 期。

叶盛基：《践行“双碳”战略需重视汽车零部件再制造产业》，《表面工程与再制造》2022 年第 4 期。

温翯、韩伟、车春霞等：《燃烧后二氧化碳捕集技术与应用进展》，《精细化工》2022 年第 8 期。

张金梅：《装备制造业循环经济标准化发展模式研究》，《中国标准化》2015 年第 4 期。

李艳：《绿色冶炼　循环发展——豫光金铅循环经济产业发展纪实》，《中国有色金属》2015 年第 21 期。

舒畅、乔娟、吴一平：《循环经济产业链中企业与政府的行为分析》，《企业经济》2014 年第 6 期。

B.18
以科技创新赋能，联想的 ESG 与社会价值实践之路

王　旋*

摘　要：　在新一轮科技革命与产业变革的时代浪潮中，代表绿色与可持续发展方向的 ESG（环境、社会与公司治理）正是发展新质生产力的底色。2024 年是联想成立 40 周年。长期以来，联想以 ESG 为引领，将社会价值与 ESG 定位为公司战略重要支柱之一，围绕为国家、为行业、为环境、为民生创造更大的社会价值，推动千行百业智能化、低碳化转型，助力中国高质量发展。经过持续多年的深耕，联想因 ESG 表现卓越，获得了国际与国内多项权威荣誉，并于 2022 年、2023 年，连续两年取得了明晟指数 MSCI ESG 评级 AAA 级，为全球最高等级。在全球权威机构 Gartner 公布的全球供应链 25 强榜单上，联想集团连续三年排名前十，亚太区第一。

关键词：　ESG　科技创新　链主责任　净零排放　乡村振兴

一　以科技创新赋能，联想开拓 ESG+AI 模式

联想始终秉持产业报国初心，推动科技创新引领，不断砥砺奋进，为把握智能化变革带来的机遇，联想提出智能化变革 3S 战略，基于“端—边—云—网—智”新 IT 技术架构，围绕智能物联网（Smart IoT）、智能基础设施（Smart Infrastructure）、行业智能及服务（Smart Verticals & Services）三个方

* 王旋，联想集团 ESG 与可持续发展负责人、联想中国平台 ESG 委员会秘书长。

向，成为智能化变革的引领者和赋能者。2024 年 4 月 1 日，联想集团董事长兼 CEO 杨元庆在新财年誓师大会上宣布了公司下一个十年的新使命：继续自主创新，加速转型，增加就业，扩大出口，创造企业社会价值，引领人工智能变革。

2024 年，联想提出了“Smarter AI for All（人工智能普惠）”愿景，致力于打造一个混合式人工智能的未来，并加强自研自创能力，打造更多混合式人工智能解决方案，推动大模型在行业加快落地应用。同时，联想的 ESG 与可持续发展工作也步入了“ESG+AI”的新篇章，主要通过普惠的 AI、负责的 AI 和绿色的 AI 这三个方面不断推动 ESG 深入发展（见图 1）。

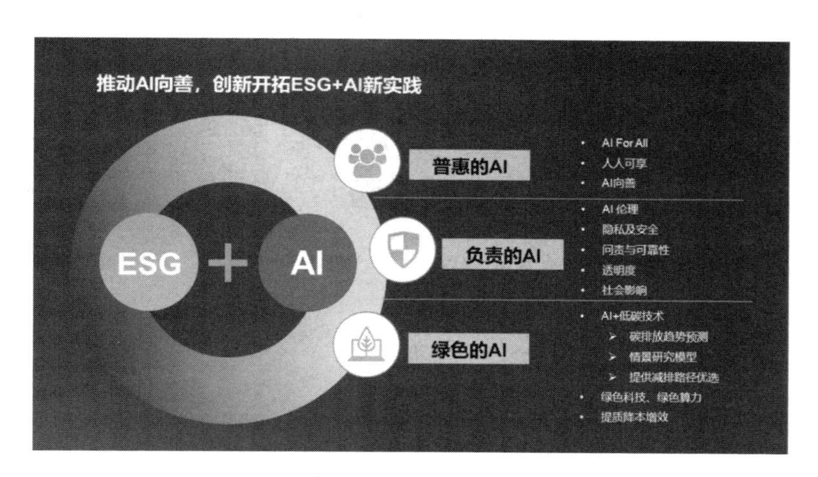

图 1　联想集团“ESG+AI”模式

二　联想“1+N 可持续发展信息披露体系”

联想始终坚持透明的 ESG 信息披露，秉承了以披露促治理的理念，建立了“1+N 可持续发展信息披露体系”。其中，“1”是指《联想集团 ESG 报告》，联想已经连续十八年发布公司年度可持续发展报告，并于 2024 年 6 月正式发布了第四本 ESG 报告；“N”是指多本可持续发展专项议题报告，其中包括已发布的《联想集团 2022 社会价值报告》《联想集团 2023 社会价值报告》《联想集团 2022 碳中和行动报告》《联想集团 2023 生物多样性保护创新实践白皮书》《联想集团 2023 乡村振兴报告》等报告。以多元化角度，不断加强与利益相关方的沟通，主动、及时、全面披露联想集团相关 ESG 与可持续发展信息及成效（见图 2）。

图 2　联想集团“1+N 可持续发展信息披露体系”

三　环境维度——坚持生态优先，科技推动绿色发展

（一）联想集团净零排放目标

联想集团承诺将于 2049/50 财年达成整体价值链温室气体净零排放。2023 年 2 月，联想集团正式发布净零排放目标（Net-Zero）路线图，并成为中国首家通过科学碳目标倡议组织（SBTi）净零目标验证的高科技制造企业。

（二）在范围1+2减排层面

联想集团作为 ICT 行业智能制造的龙头企业，在天津、合肥、武汉、深圳等地打造“东西南北中”智造布局，积极进行制造基地零碳转型。其中，天津工厂是联想集团首个从“零”开始打造的零碳工厂，2023 年全面落成、全线投产，在绿色能源、建筑设计等九大领域共落地 90 项减碳举措“组合拳”，打造零碳智造范本。依托天津工厂样板（见图 3），联想集团全程参与首个 ICT 行业零碳工厂标准——《零碳工厂评价通用规范》的起草、制定与发布。

图 3　联想天津工厂

此外，联想总部碳中和大楼项目依托联想自研技术连续两年实现了大楼运营层面碳排放的全面碳中和，并获得了北京绿色交易所颁发的碳中和证书。

（三）在范围3减排层面

联想引领产业链上下游共同实现低碳化、智能化转型，通过打造“五维一平台”，即“绿色生产”“供应商管理”“绿色物流”“绿色回收”“绿色包装”五个维度和一个“供应链 ESG 数字化管理平台”，引导和带动上下游产业链共同行动。

在碳普惠方面。联想的员工碳普惠平台是业内领先的员工个人碳账户服

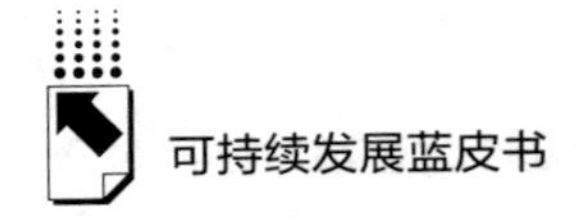

务解决方案。联想会员碳普惠活动“联萌乐碳圈”于 2023 年 11 月 8 日开启，为联想会员提供个人碳账户，助力调动全社会减碳的积极性。

在绿色消费方面。联想自主研发的海神温水水冷技术是降低数据中心能耗的最可靠与可行的方案之一。联想秉承温水液冷之道，凭借强大算力+高效散热+余热回收的“海神三叉戟”，把数据中心 PUE 降低到 1.1～1.2，总体能耗降低 40%以上。

2022 年 4 月，联想在业内首家推出“零碳”服务，认证产品 ThinkPad X1 和 X13 的全生命周期的碳排放，实现设备全生命周期碳中和；2023 年 4 月，联想四款产品——YOGA Book 9i、YOGA Pro 16s、ThinkBook X 和 Legion Y9000K IRX9 均获得了上海环交所颁发的碳中和证书。

2024 年 3 月 1 日，国务院常务会议审议通过《推动大规模设备更新和消费品以旧换新行动方案》。联想积极响应《方案》内容，采取再利用、翻新、再生制造、拆除、回收、分解、循环再利用、废弃物处理及处置等措施，最大化利用过剩、退回或陈旧产品及零部件的价值，并且赋能外部客户进行相关电子设备的回收再利用。

（四）生物多样性保护方面

联想高度关注生物多样性议题，提出“新 IT · 新自然”理念，并发起“新 IT · 新自然技术创新赋能生物多样性保护”倡议。联想生物多样性保护标杆项目已经覆盖从长江源、长江中游到长江入海口全流域，与社会各界共建生命长江。2024 年初，联想发布首本《联想集团生物多样性保护创新实践白皮书 2023》。

四　社会维度——情系“民之所望”，持续赋能美好生活

（一）助力乡村振兴

2024 年 5 月，联想首次发布《联想集团 2023 乡村振兴报告》，秉持

“长期主义”，报告全面梳理和细数了联想过去十多年在人才、产业、文化、生态和组织五大振兴的创新与实践，利用联想的技术与资源优势，打造多形态乡村帮扶样板，汇聚点点星光，构建“联想集团乡村振兴全图景”（见图 4）。

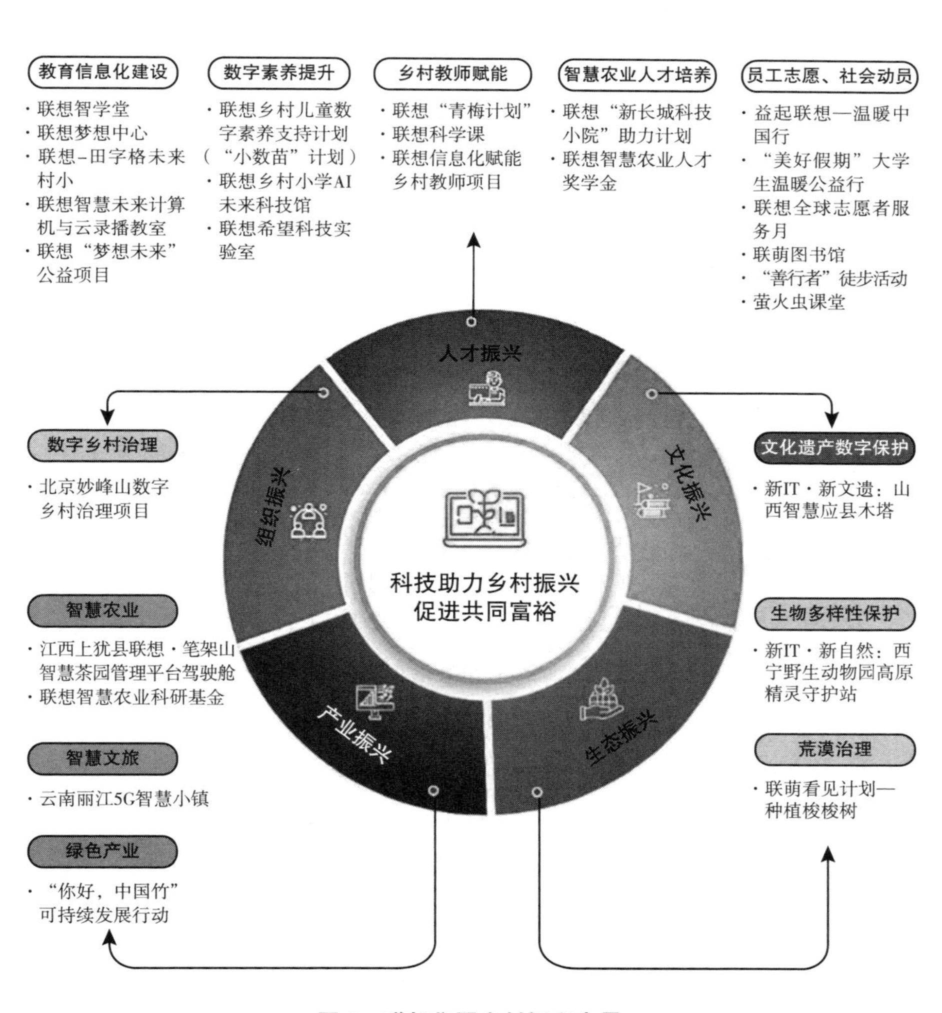

图 4　联想集团乡村振兴全景

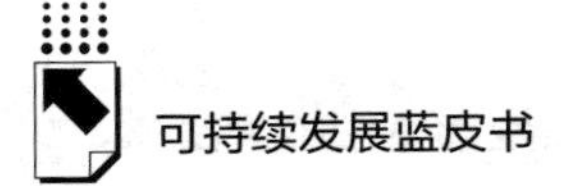

产业振兴方面，2023 年 9 月，联想为江西省赣州市上犹县定制化打造并捐赠了“联想 · 笔架山智慧茶园管理平台驾驶舱”，配套了智能化硬件设备，助力当地产业振兴。该捐赠项目包含远程种植管理、农业可视化管理、智能物联网管理、灾害预警、农产品溯源管理等功能，有效提升了茶园管理的智能化和精细化水平；2024 年，随着该基地规模扩大，联想着手研发 2.0 版本，整体打造了“四能力一平台”。“四能力”为智农物联、电商交易、民宿管理、认养服务，进一步丰富了园区引流及盈利方式。“一平台”为在 1.0 版本基础上，驾驶舱平台整体内容更丰富、交互功能更强。其中“智农物联”功能支持多类型物联设备统一集成管理，有效解决基地管理者以往需要多个平台管理园区的痛点。

人才振兴方面，联想打造联想乡村儿童数字素养“小数苗”计划、“青梅计划”、智学堂、联想梦想中心等一系列项目，同时广泛动员联想员工利用公益假期开展志愿活动；联想开展科技小院助力计划，设立“智慧农业人才奖学金”，为乡村带来生生不息的人才振兴源泉。

（二）助力高质量就业

在联想，白领、紫领、蓝领一应俱全。联想启动“全球大规模硬核科技人才招聘计划”，在全球范围内面向社会和高校大规模招聘科技人才。

联想关爱员工，致力于打造“没有天花板的舞台”，积极帮助每一位员工及其家人在身体健康、心理健康、社交健康、财富健康和自我实现五个维度构建全面健康“堡垒”。联想尤为关注女性员工发展，签署联合国妇女署《赋权予妇女原则》，四次入选彭博性别平等指数。同时，联想多次获得福布斯最佳雇主等多项最佳雇主荣誉。

联想“紫领工程”发起于 2021 年，旨在与合作伙伴一同构建高技能人才培养的“生态圈”，并对外赋能行业人才生态。联想切实落实职业教育产教融合，并落成“京蒙协作项目—联想集团兴安盟云计算人才培养及认证基地”等公益标杆项目。

（三）扶持中小企业方面

联想积极发挥链主作用，已经与上下游 2000 多家企业建立智能化协作平台，实现信息共享、协同决策，带动同链企业管理效率和抗风险能力的整体提升。联想目前已服务上百万家中小企业，支持超 3 万家专精特新企业的数字化和智能化，其中包括 3000 多家专精特新“小巨人”企业，为中小企业加快形成新质生产力注入强大动能。

联想百应是联想旗下针对成长型企业的一站式泛 IT 服务平台，以“信息化赋能千万成长型企业”为使命，致力于响应企业发展过程中多样化、个性化的 IT 需求，提供定制化、专业、安全可靠的一站式 IT 解决方案，加速中小企业迈进“专精特新”。

（四）投身社会公益方面

联想积极投身社会公益事业，充分发挥科技优势，通过资助设备和资金、开展技术支持与服务等方式，广泛发动员工、合作伙伴参与乡村教育、困境及特殊儿童教育、社区志愿、老年群体关爱、生态环保等领域的公益志愿活动。

全国第一所乡村小学“AI 未来科技馆”于 2023 年 9 月由联想集团在江西省修水县何市镇中心小学建成，助力提高乡镇教育水平。“AI 未来科技馆”占地 300 多平方米，包含未来美术课、未来科学课、未来历史课、未来体育课、未来天文课和未来教室 6 个展区，分别对应 AI 语音作画、普惠算力应用场景及原理、AR 元宇宙、AI 体育及智慧教育解决方案等诸多联想前沿科技成果。该场馆中所有的展陈都做到了智能可互动，充分发挥孩子们的主观能动性，将先进科技成果以孩子们可感知、可触摸、可互动的方式呈现出来。该馆免费对公众开放，除了何市镇中心小学的近 1000 名师生外，修水县 12 万中小学生也能直接受益（见图 5）。

图 5　联想乡村小学“AI 未来科技馆”

五　治理维度——秉持严格标准，树立先进企业治理标杆

（一）商业道德与合规

联想道德与合规办公室（ECO）负责管理公司的道德及合规事宜，并致力于打造诚信正直、严守公司准则和政策的文化，为员工提供信息、资源及培训，并帮助员工作出正确选择。同时，该部门还负责监督联想《行为准则》的执行情况，该准则清晰界定了员工业务行为在合法和合乎商业道德方面应遵守的条例。

（二）数据安全与隐私保护

联想始终高度重视数据安全与隐私保护，严格遵守相关法律法规和政策要求。联想中国平台设立安全管理委员会，统一管理各项安全工作，下设跨组织、跨职能的数据安全和隐私保护委员会，牵头负责数据安全治理和隐私保护工作任务。

（三）负责任人工智能（AI）治理

联想在每个项目初始，都会考虑如何负责任地使用人工智能。联想通过制定人工智能政策、建立负责任人工智能委员会，从多元化与包容性、隐私及安全、问责与可靠性、可解释性、透明度、环境与社会影响等方面，审查内部产品及外部伙伴关系。最终及时纳入可信赖的人工智能工具，以提升效率节约成本。

六　展望

2024 年是实施“十四五”规划的关键之年，同时也是联想成立四十周年的重要时刻。40 年的岁月见证了联想稳健的成长史。作为一家植根中国的全球化高科技企业，中国最早一批扬帆出海、打造国际知名品牌的企业，联想历经了多个经济周期以及技术变革，现已成长为全球最具影响力的科技龙头企业之一。在新型工业化不断发展、新质生产力正在形成的当下，联想正在用科技创新助力中国制造业向数智化、零碳化转型升级，推动千行百业共同迈向高质量发展新征程。新岁序开，同赴新程。展望未来，我们将继续以 ESG 与社会价值理念为引领，紧紧围绕国家战略，继续服务国家、行业、环境与民生，坚定不移地朝着强国建设、民族复兴的宏伟目标奋勇前进！

B.19

弥合 AI 差距，促进健康公平

——负责任和可持续的 AI 在医疗保健行业的实践

刘可心　田 聪*

摘　要： 随着人工智能（AI）技术的迅速发展，其已成为推动社会进步的关键力量之一。特别是在医疗保健行业，AI 的应用正以前所未有的速度改变着医疗服务的方式，表现出提升医疗服务质量、降低成本和改善患者体验方面的巨大潜力。然而，AI 的发展和应用也伴随着一系列风险和挑战，包括对环境的影响、社会公正性以及数据安全等问题。本文通过探讨如何在医疗保健行业中建立负责任和可持续的 AI 系统、AI 伦理框架，指导企业采用基础模型以降低能耗、优化计算位置、选择专用的低功耗硬件等措施减少对环境负面影响；在社会方面，采取措施避免 AI 偏见，同时保护患者隐私和数据安全。此外，加强科技伦理治理、推动 AI 标准化、促进科技创新和培养复合型人才对于建设负责任和可持续的 AI 也至关重要。通过这些措施，医疗保健行业可以充分利用 AI 的优势，同时确保其发展符合伦理规范和社会价值观。

关键词： 可持续与负责任　AI 伦理　医疗保健

---

* 刘可心，飞利浦大中华区 ESG 与可持续发展负责人，主要研究方向为跨国企业 ESG 与可持续发展战略、企业社会责任；田聪，飞利浦急性护理解决方案、电子病历与临床监护研究首席科学家，主要研究方向为数据分析、机器学习算法。其他课题组研究人员：马源，张珺馨在材料搜索和整理、文字统筹等工作亦有贡献。

一　背景：AI 的发展

（一）AI 的发展历史

人工智能（AI）的历史可以追溯到 20 世纪 50 年代。早期的人工智能研究主要集中在规则基础系统上，这些系统依赖于专家编写的规则来进行决策。随着计算机性能的提升和算法的进步，AI 逐渐演进到了基于系统的知识，能够处理更复杂的问题。

进入 20 世纪 80 年代和 90 年代，机器学习成为 AI 领域的重要分支，它允许计算机从数据中自动学习，而无须显式编程。这一时期，神经网络和遗传算法等技术得到了广泛应用，推动了 AI 在语音识别、图像处理等领域的发展。

21 世纪初，随着互联网的普及和大数据时代的到来，深度学习技术的兴起标志着 AI 进入了新的阶段。深度学习利用多层神经网络进行大规模数据处理，极大地提高了 AI 系统的性能。这一时期的标志性事件包括 IBM 的 Watson 在 2011 年的电视节目《危险边缘》中战胜人类冠军，以及 AlphaGo 在 2016 年击败围棋世界冠军李世石，展示了 AI 在复杂决策任务中的强大能力。

2022 年 11 月 30 日，ChatGPT 正式发布。自发布以来，ChatGPT 因其强大的自然语言处理能力和广泛的应用潜力而在全球范围内引起了极大关注，它的问世也引发了新一轮的 AI 热潮。

（二）AI 在中国的发展现状

中国政府高度重视 AI 的发展，通过一系列政策支持，为 AI 产业创造了良好的发展环境。2017 年发布的《新一代人工智能发展规划》，明确了我国到 2030 年建设世界领先的人工智能创新中心的目标[①]。

① 《国务院关于印发新一代人工智能发展规划的通知》，中华人民共和国中央人民政府网站，2017 年 7 月 20 日，https：//www. gov. cn/gongbao/content/2017/content_ 5216427. htm。

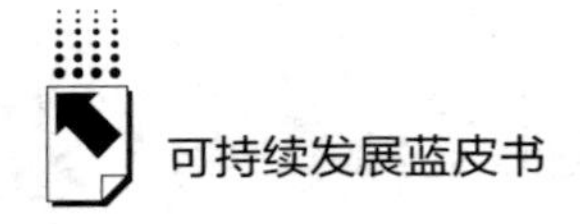

在技术创新方面，中国企业在计算机视觉、自然语言处理、机器人技术等领域取得了突破性进展，多家企业跻身全球 AI 技术领导者行列。

同时，中国还注重 AI 伦理与安全问题，强调负责任和可持续的 AI 发展。2021 年，国家新一代人工智能治理专业委员会发布了《新一代人工智能伦理规范》，提出了 AI 伦理原则和安全规范[①]。

总的来说，AI 技术的发展历程见证了从简单的规则基础系统到复杂的深度学习模型的巨大飞跃，而中国作为 AI 大国，在推动 AI 技术创新和应用方面发挥了重要作用，并且在负责任和可持续 AI 的发展道路上积极探索。

二　行业实践：AI 在医疗保健行业

（一）AI 在医疗保健行业的应用

如今，AI 已经成为医疗保健行业不可或缺的一部分，应用场景覆盖药械研发、疾病诊断与治疗、康复医疗、健康保险、医疗保健、疾病防控、健康检查等，并已实现多点落地。从利益相关方来看，对于医疗机构来说，AI 的应用有助于完善电子病历，提升管理效率，减少医患矛盾，并且有利于医保控费；对于医护群体，能帮助减轻琐碎工作压力，为医疗同质化辅助诊疗提供支持；对于药械企业，能帮助降低研发成本，提升效率；对于病患群体而言，AI 能降低小病治疗成本，缩小医疗资源不足导致的分配不均问题（见表 1）。

自 2012 年以来，美国食品药品监督管理局（Food and Drug Administration，FDA）批准的 AI 相关医疗器械数量增加了 45 倍以上。2022 年，FDA 批准

① 国家新一代人工智能治理专业委员会：《新一代人工智能伦理规范》，中华人民共和国科学技术部网站，2021 年 9 月 26 日，https://www.most.gov.cn/kjbgz/202109/t20210926_177063.html。

表 1　AI+医疗保健应用场景

应用场景	具体内容
药械研发	利用 AI 辅助开发和验证新靶点、新结构、新序列；利用 AI 辅助进行临床试验以对安全性和有效性进行预测
疾病诊断	在影像诊断、基因检测、病理诊断等层面利用 AI 对是否患病、患病类型等进行分辨和判断，对患病区域自动标注
疾病治疗	利用手术机器人、AI 辅助放疗设备等对病灶实现精准去除；利用医院、诊所等的 AI 系统实现疗法分析、智慧病案生成
康复医疗	检测治疗后健康状况，智能给出最佳康复方案；康复机器人、穿戴设备等辅助预后管理
健康保险	保险系统智能管理，保险业务智慧办理，保险自助理赔等
医疗保健	对患者年龄、病史、遗传史等进行智能分析，给出最佳医疗保健方案
疾病防控	智能分析流行病学数据，判断可能的传染病和其他疾病风险，辅助疾控工作进行
健康检查	体检项目智慧搭配，体检结果智能分析，体检报告自动生成及体检结果智能解读等

弗若斯特·沙利文：《AI 医学影像行业发展现状与未来趋势蓝皮书》，2024。

了 139 种 AI 相关医疗器械，比 2021 年增长了 12.1%[①]（见图 1）。可见，AI 越来越多地用于现实世界的医疗目的。

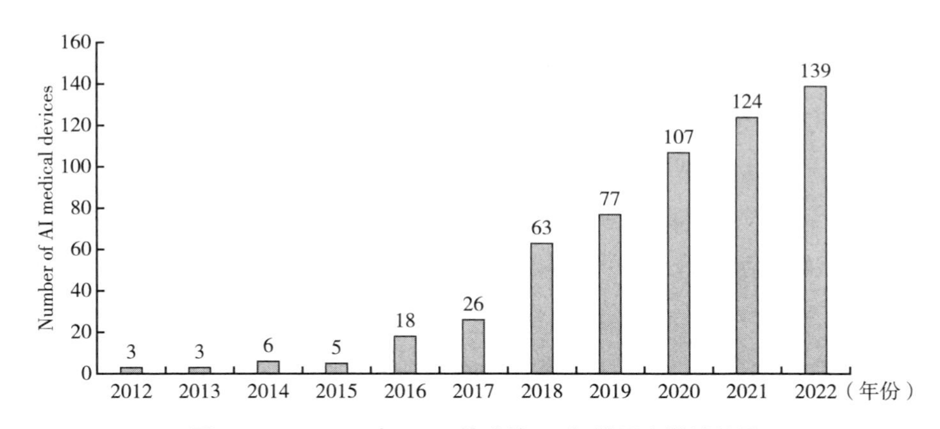

图 1　2012~2022 年 FDA 批准的 AI 相关医疗器械数量

Stanford University. (2024). The AI Index Report: Measuring Trends in AI. Stanford University: https://aiindex.stanford.edu/report/.

① Stanford University. (2024). The AI Index Report: Measuring Trends in AI. Stanford University: https://aiindex.stanford.edu/report/.

（二）医疗保健行业面临的 AI 挑战

尽管 AI 为医疗保健行业带来了诸多机遇，但新技术应用的过程中，同样会带来很多新的挑战。

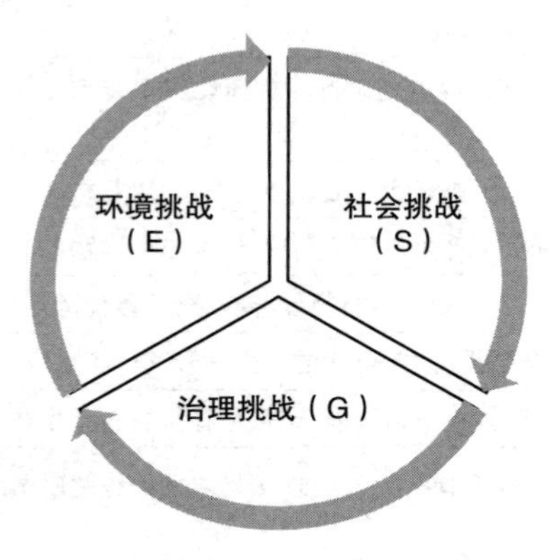

图 2　AI 挑战类别

1. 环境挑战

全球医疗保健系统目前约占全球二氧化碳排放量的 4%，医疗保健 AI 系统的能源消耗是一个不容忽视的问题。训练大型 AI 模型需要大量的计算资源，这将耗费大量电能，同时也伴随着电能产生的温室气体排放。高盛最近的一份报告显示，到 2030 年，受 AI 应用的推动，电力需求将增加 160%[①]。同时，马萨诸塞大学阿默斯特分校（UMass Amherst）的研究人员发现，训练一款大型 AI 模型会产生 60 多万磅的二氧化碳排放——是普通汽车寿命周期排放量的 5 倍[②]，并且训练大型 AI 模型所需的计算能力呈指数级增长，每

① Goldman Sachs. （2024）. AI is Poised to Drive 160% Increase in Data Center Power Demand. https：//www. goldmansachs. com/insights/articles/AI-poised-to-drive-160-increase-in-power-demand.

② Sasa Zelenovic. （2021）. Honey I Shrunk the Model：Why Big Machine Learning Models Must Go Small. https：//www. datasciencecentral. com/honey-i-shrunk-the-model-why-big-machine-learning-models-must-go/.

3~4 个月翻一番[①]。

另外，最令人意想不到的是对水资源的消耗。训练大型 AI 模型所需的数据中心通常采用蒸发冷却或水冷技术来保持服务器的运行温度处于理想状态。这些冷却技术会直接使用大量的水资源。据研究报告预测，到 2027 年，全球 AI 需求可能会消耗掉 66 亿立方米的水资源，这一数字几乎相当于美国华盛顿州全年的取水量[②]。

2. 社会挑战

医疗保健行业 AI 技术的关键决策通常基于算法洞察。这种趋势有望带来许多优势，但也带来了潜在风险[③]。

算法偏见是一个严峻的社会问题。由于训练数据的偏差，AI 系统可能会表现出种族、性别或其他形式的偏见。

在发表于《科学》杂志上的一项研究中，加州大学的一组研究人员得出结论：美国医院用来标记高危患者以加强医疗护理的算法表现出明显的种族偏见。与白人患者相比，黑人患者被标记为需要额外治疗的可能性更小，即使他们生同样病。白人男性是医疗保健领域的标准：大多数临床研究都会考虑和包含白人男性，而忽略健康状况较差的女性和少数族裔[④]。

此外，数据隐私和数据安全也是医疗保健行业中极为重要的社会议题。医疗数据包含了极其敏感的个人信息，这些数据不仅包括患者的姓名、年龄、联系方式等基本信息，更重要的是还包括了患者的病史、遗传信息、生活习惯、心理状态等高度敏感的信息。这些信息一旦泄露，不仅会对患者的隐私权造成侵犯，还可能对患者的生活、职业乃至社交关系造成不可逆转的影响。

---

① Sanjay Podder, Adam Burden. (2020). How Green is Your Software. Harvard Business Review: https://hbr.org/2020/09/how-green-is-your-software.

② Shaolei Ren. (2023). Making AI Less "Thirsty": Uncovering and Addressing the Secret Water Footprint of AI Models. https://arxiv.org/pdf/2304.03271v2.

③ Stanford University. (2024). The AI Index Report: Measuring trends in AI. Stanford University: https://aiindex.stanford.edu/report/.

④ Obermeyer Z., Powers B., Vogeli C., Mullainathan S. (2019): Dissecting Racial Bias in An Algorithm Used to Manage the Health of Populations, https://doi.org/10.1126/science.aax2342.

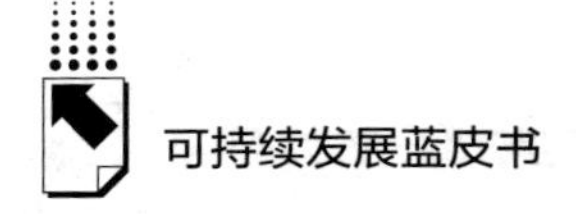

3. 治理挑战

近些年来，大型 AI 模型的数量爆发式增长，但全球缺乏统一的技术标准，这可能会阻碍不同系统间的集成与互操作性，也给与 AI 相关的监管带来挑战。同时，在医疗保健行业，公众对 AI 系统的决策过程缺乏信任，这也给 AI 的应用推广带来了阻碍。

另外，随着 AI 技术的跨境应用，数据流动和管理面临着复杂的法律和合规挑战。例如，欧盟的《通用数据保护条例》（GDPR）和美国的《健康保险流通与责任法案》（HIPAA）对数据保护的要求存在差异，这给跨国医疗 AI 产品的开发和部署带来了挑战。

综上所述，AI 在医疗保健行业的应用正在深刻改变医疗服务的方式，然而，要充分发挥 AI 的优势，一系列随之而来的挑战仍需解决。这需要社会及行业开展负责任和可持续的 AI 实践，以降低 AI 技术的发展对环境的负面影响，同时符合社会价值观，最终构建一个更加绿色、公平、高效的医疗保健未来。

飞利浦制定了雄心勃勃的 2025 年环境和社会目标，这些目标是飞利浦全面的环境、社会和公司治理（ESG）框架的一部分。飞利浦的计划侧重于气候行动、循环经济和健康关护，AI 可以在促进这些可持续性领域的改进方面发挥重要作用：一是预测性维护，以改善硬件和软件生命周期；二是优化工作流程效率以减少浪费或设备能源使用；三是使用 AI 促进可持续行为；四是改善弱势群体获得护理的机会。

三 挑战与应对：建设负责任和可持续的 AI

面对上述挑战，采取有效的策略来解决这些问题对于充分释放 AI 在医疗保健行业的巨大潜能至关重要。我们参照国家新一代人工智能治理专业委员会发布的《新一代人工智能伦理规范》[①] 以及欧洲人工智能高级别专家组

① 国家新一代人工智能治理专业委员会：《新一代人工智能伦理规范》，中华人民共和国科学技术部网站，2021 年 9 月 26 日，https://www.most.gov.cn/kjbgz/202109/t20210926_177063.html。

(HLEGAI) 所倡导[①]的伦理原则，形成了 AI 伦理框架（AI Ethical Framework）来帮助企业或组织在设计、开发和部署 AI 系统时更加负责任和可持续（见图 3、表 2）。

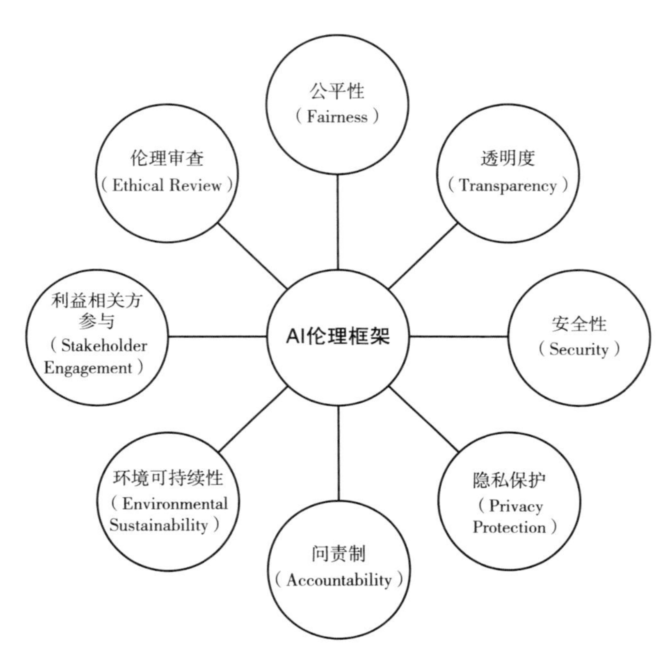

图 3　AI 伦理框架

表 2　AI 伦理框架及释义

伦理内涵	释义
公平性	确保 AI 系统不会因种族、性别、年龄或其他特征而产生偏见或歧视。这包括确保算法和模型的训练数据是多样化的，避免系统对特定群体产生不利影响
透明度	确保 AI 系统的决策过程对利益相关方（如患者、医生和监管机构）是可理解和可解释的。这有助于建立信任，并使得人们可以理解为什么 AI 作出了某个特定的决策
安全性	确保 AI 系统免受恶意攻击和无数据泄露的风险。这包括采用先进的安全措施和技术来防止未经授权的数据访问

① High-Level Expert Group on Artificial Intelligence. (2019). Ethics Guidelines for Trustworthy AI. European Parliament: https://www.europarl. europa. eu/cmsdata/196377/AI% 20HLEG_Ethics%20Guidelines%20for%20Trustworthy%20AI. pdf.

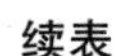

续表

伦理内涵	释义
隐私保护	确保个人数据的安全和隐私得到妥善处理。这包括遵守数据保护法规（如欧盟的通用数据保护条例 GDPR 和美国的健康保险流通与责任法案 HIPAA），并采取适当的技术措施来保护数据
问责制	确保 AI 系统的开发者和使用者对其行为和决策负责。这意味着要有明确的责任归属，以及在出现问题时有适当的补救措施
环境可持续性	确保 AI 系统的开发和使用对环境的影响最小化
利益相关方参与	确保所有相关方（如患者、医护人员、监管机构和社区成员）参与到 AI 系统的设计和决策过程中，以确保满足他们的需求和期望
伦理审查	建立一个过程来定期评估 AI 系统的伦理影响，并确保它们符合伦理标准

本文将根据医疗保健行业面临的核心 AI 挑战及 AI 伦理框架，提出相应的应对举措。在环境挑战方面，企业可采用基础模型以降低能耗、优化计算位置、选择专用的低功耗硬件等措施降低 AI 能耗。在社会挑战方面，企业应运用包容性与多样性（DEI）原则避免 AI 偏见，同时对用户/患者数据的全生命周期实行控制与监管，以确保隐私及数据安全。

（一）降低 AI 能耗——环境可持续性

我们构建和编码软件的方式，无论其功能如何，都会对能源和资源消耗产生重大影响。事实上，编码语言的选择可以影响 50 倍的能源消耗[①]。这意味着我们可能需要重新考虑一些软件开发方法以及硬件使用选择，并更加了解我们的开发选择对可持续性的影响，从而降低 AI 能耗，构建更加绿色的 AI。

降低 AI 能耗可以从 AI 模型发展的各个阶段入手。AI 模型分为三个阶段——训练、调整和推理，每个阶段都能变得更加可持续（见图 4）。

① 《云背后的绿色》，https：//www.accenture.com/_ acnmedia/PDF-135/Accenture-Strategy-Green-Behind-Cloud-POV.pdf。

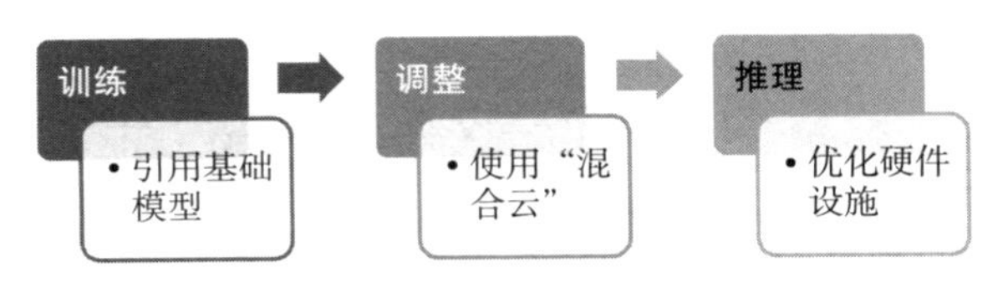

图 4　各阶段的 AI 减排方式

1. 更明智地选择 AI 模型

在 AI 模型创建之初，企业应考虑引用一个基础模型，而不是从头开始创建模型和训练代码。与创建新模型相比，基础模型可以在更短的时间内、使用更少的数据和更低的能耗进行定制调整。这可以有效地将前期的训练成本“摊销”到长期的使用当中。

选择规模合适的基础模型也很重要。大多数基础模型都有不同的规模选项，包括 30 亿、80 亿、200 亿或更多参数。模型并非越大越好。依据你的需求，一个用高质量的、精心策划的数据训练的小型模型可以更节能，并生成与大模型相同甚至更好的结果。一些研究发现，一些根据特定的相关数据训练的模型，其性能可以与大它们 3～5 倍的模型相媲美①，且执行速度更快、能耗更低。对企业来说，这意味着更低的成本和更好的结果。

2. 谨慎确定模型计算位置

通常，云端与物理混合的方法可以让企业灵活选择处理数据的位置，帮助企业降低能耗。采用这种“混合云”方法，AI 既可以在满足需求的数据中心进行计算和处理，也可以在公司拥有的物理服务器上计算，这取决于安全、法规或其他原因。

“混合云”可以从两个方面支持可持续发展。首先，它可以将数据放置在处理位置的旁边，这可以最大限度地减少数据传输的距离，并在长期内实现真正的能源节约。其次，混合云可以让企业将计算和处理数据的位置设置在

① 克里斯蒂娜·沈：《别忘了，AI 也会污染环境》，哈佛商业评论，2024 年 8 月 19 日，https：//www.hbr-caijing.com/#/article/detail？id=481188。

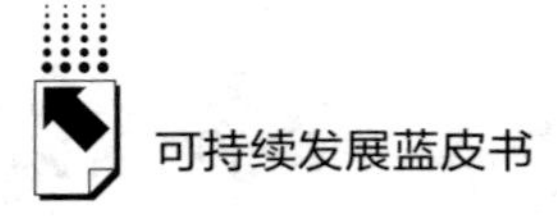

可再生能源附近。比如，有两个规模相似的数据中心，一个靠近水电站，另一个靠近煤电站，为了减少 AI 训练过程中的碳排放，我们就可以选择前者。

3. 正确使用硬件

调整好 AI 模型后，它 90%的生命都将在推理模式下度过。在这种模式下，数据在模型中传输，以便企业进行预测或解决任务。毫无疑问，AI 模型的大部分碳足迹也发生在这个阶段。因此，企业必须投入时间和资金，使数据处理尽可能地可持续。

众所周知，AI 在图形处理器（Graphics Processing Unit，GPU）上比在中央处理器（Central Processing Unit，CPU）上运行得更好，但两者最初都不是为 AI 设计的。近年来，越来越多的专为 AI 设计的低功耗新型处理器诞生，它们从零开始设计，旨在更快、更高效地运行和训练深度学习模型，如 TPU（Tensor Processing Unit）、FPGA（Field-Programmable Gate Array）和 ASIC（Application-Specific Integrated Circuit）。在某些情况下，这些芯片的能效已经提高了 14 倍[①]。

能效处理是最重要的步骤，因为它减少了对水冷系统的需求，甚至减少了对额外可再生能源的需求，而这些能源自身往往也会产生环境成本。

从以上几点可以看到，构建绿色 AI 需要更多的早期投入以及更严格的审查，但这些会转化为更高质量的产品：更精简、更清洁、更适合其用途，这些因品质所取得的收获也完全可以抵消额外的前期成本。

表 3　飞利浦降低 AI 系列产品能耗举措

举措	产品案例
• 允许远程互动而不是面对面互动。这几乎消除了旅行中的碳排放，并减少了医疗保健设施和一次性用品所需的材料	• 飞利浦 eCareCoordinator 飞利浦的 eCareCoordinator 是一款远程患者监护软件解决方案的一部分，它被设计用于帮助临床医生能够远程地监控患者的健康状况。它可以帮助提高病人的生活质量，同时减少不必要的住院次数，对于慢性疾病管理尤其有用。此外，它的 AI 系统还能提高医护人员的工作效率，使他们可以更好地管理患者的护理计划实施

① 克里斯蒂娜·沈：《别忘了，AI 也会污染环境》，哈佛商业评论，2024 年 8 月 19 日，https：//www. hbr-caijing. com/#/article/detail? id=481188。

续表

举措	产品案例
• 减少对设备的需求。如果需求充分减少，则需要更少的设备，因此材料也就更少。减少需求还可以减少运输排放和设备消耗的能源	飞利浦 eICU 飞利浦 eICU(电子重症监护单元)是一种远程重症监护解决方案，它利用先进的通信技术和视频监控设备来提供远程医疗服务。这种系统允许重症监护专家团队从一个集中位置监控多个医院的重症监护病房(ICU)，从而提高了资源利用率和重症患者的护理质量。eICU 还内含 AI 系统处理来自患者检测设备的数据，以识别早期警告信号，预测潜在问题，并优化护理决策
• 提高设备的利用率或容量。如果效率或产能增益足够高，则总体上需要的设备更少，从而节省材料和能源	飞利浦 PerformanceBridge 飞利浦 PerformanceBridge 是一个综合性的医疗保健解决方案，旨在帮助医疗机构提高其操作效率和服务质量。这个平台通过集成数据分析、临床路径管理和绩效改进工具，支持医院管理者和临床医生作出基于数据驱动的决策
• 用软件功能替换专用硬件。通过用软件功能或界面替换定制硬件，可以节省大量材料	飞利浦 Lumify 飞利浦 Lumify 是一款便携式超声成像解决方案，它结合了高性能的手持超声设备与智能设备上的应用程序，旨在为用户提供灵活、高效的诊断工具。Lumify 的设计目的是提高临床医生在各种环境下的工作效率，尤其是在床边超声检查(POCUS)中，可以快速获取高质量的超声图像，从而支持即时诊断和治疗决策。Lumify 内置的智能工具还可以帮助用户更快速地定位解剖结构，简化操作流程，并提高诊断准确性

(二)避免 AI 偏见——公平性、伦理审查

在医疗保健行业，AI 偏见可能源于数据收集、数据分析、算法开发和算法部署等各个环节。企业可以从增加包容性与多样性出发，加强后续监管与验证，使 AI 减少偏见并具有普惠性。

1. 包容性、平等性与多样性(DEI)

为了避免 AI 偏见，从事 AI 工作的人必须反映我们生活的世界的多样性，需要引入更全面的人群种族考虑，尤其是弱势与易受损群体。应当促进人工智能开发人员和临床专家之间的密切合作，以将 AI 功能与对医疗保健的深入情境理解相结合，当性别或者不同种族群体之间的疾病表现存在已知

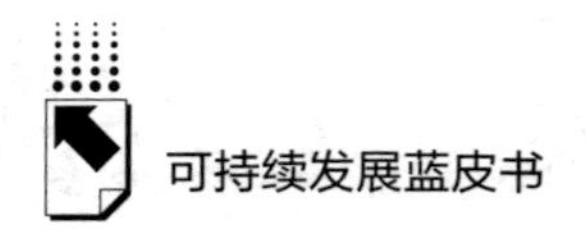

差异时，临床医生可以帮助验证算法建议是否无意中忽略或者伤害了特定群体。

为了进一步补充这种专业知识，通过真正的多学科合作，对偏见有深入了解和适当缓解策略的统计学家和方法学家是人工智能开发团队的另一个重要资产。这样，最终解决方案才能利用彼此的优势，弥补各自的盲点。

同时企业甚至国家之间应在有效的数据安全措施下，更广泛地共享患者数据，以确保临床决策支持算法是从多样化和有代表性的数据集中开发的，而不是从学术医疗中心有限的便利样本中开发的。

2. 验证与监管

一旦算法被开发出来，它就需要被彻底验证，以确保它在全部目标人群中准确执行，而不仅仅是在该人群的一个子集上。当算法应用于来自不同国家或种族的患者时，甚至当它们在同一国家的不同医院使用时，可能需要重新训练和重新校准。

由于需要精准防范 AI 偏见的风险，我们还需要针对 AI 建立强有力的护栏。在将算法推向市场之前，需要针对预期用途进行仔细验证，因此运用监管方式持续监控对于确保公平和无偏见的表现是必要的。比如，数据的代表性和公平合理监管可以同时确保数据集足够大且具有代表性，并确保公平合理，以提高用户接受度和参与度。

专题一　飞利浦通过多方面的策略确保其 AI 模型的可靠性

飞利浦建立“负责任”AI 工具箱，为 AI 模型建立的全生命周期提供评估工具。工具箱包括定义、数据收集、数据处理、模型建立、模型评估、模型部署与推理及上市后监控。

针对数据偏见，飞利浦提供了线上的偏见风险管理工具（Bias Risk Assessment，BIRIA），旨在帮助所有从事数据和 AI 解决方案工作的人，识别 AI 解决方案中的潜在偏见并提供缓解方法。BIRIA 通过陈述和问题引导工作人员识别数据集和 AI 模型中的潜在偏见及其缓解选项。

BIRIA 包含 4 个模块，分别针对 AI 开发的不同阶段（数据收集、数据处理、模型建立与评估、模型部署）。每个部分帮助用户识别在特定阶段可能导致偏见风险的因素。用户需自行考虑这些风险的严重性和影响，因为他们最清楚具体用例。

该工具补充了可以通过其他工具（如 Microsoft Fairlearn 或 IBM Fairness 360）识别的定量公平性指标。针对数据代表性的评估中，要求根据解决方案的目标病患特征对被纳入训练的入组人群特征进行确认，样本统计数据应与人口统计数据相当，如性别、BMI、年龄组、财务状况、教育水平、种族、居住地区、怀孕次数等。此外，即使在某种情况下代表了总体，样本仍可能对预期解决方案存在偏见。例如，包含少数民族或残障人士，BMI 或年龄组范围狭窄，相关性别或种族群体的参与者不足等。因此在整个开发流程和监管申报中都应明确披露数据的有限性。例如在血流动力学的早期预警 AI 模型中，飞利浦考虑训练样本的异质性，不仅纳入了北美人群作为验证，同时还纳入中国人群作为模型的外部验证，进一步评估模型的可靠性，且模型的 AUROC 均在临床验证中高于各地现有临床评估方法。

此外，飞利浦还通过其他多样化举措保障 AI 模型的可靠性：

- 在飞利浦 AI 开发的全流程中均有相应的 AI 创新领导者，确保符合 AI 治理与数据治理的最佳实践；
- 强调 Q&R 的早期参与，以识别和解决任何合规性需求；
- AI 模型的市场后监管能够检测任何“漂移”或 AI 行为随时间的偏差，确保持续的可靠性和安全性；
- 通过详细记录确保可追溯性和负责的数据监督。

（三）保护隐私及数据安全——透明度、安全性、隐私保护

当被问及是什么会阻止消费者使用数字健康技术时，41%的人将“对我的

隐私或数据安全的担忧”列为头号障碍[①]，这增加了高质量的数据收集难度，也是开发准确代表目标人群的 AI 的头号障碍。为了促进公平和无偏见的 AI 发展，医疗保健行业各企业应该致力于以安全可靠的方式在各个机构中聚合更大、更优质的数据集，以保护患者隐私，建立公众对 AI 技术的信任。为此，企业可以对用户/患者数据的全生命周期实行控制与监管，以确保隐私及数据安全。

1. 数据收集

在数据收集的过程中，企业应遵循数据最小化原则，仅收集完成特定任务所需的数据，避免过度收集不必要的个人信息。这意味着在收集数据时，应明确界定数据使用的范围和目的，并仅限于这些目的收集必需的信息。例如，在开发用于辅助诊断的 AI 系统时，仅收集与诊断直接相关的医学影像和相关临床信息，而不收集与诊断无关的个人信息，如患者的姓名、住址等。

其次，收集到的数据应脱敏和匿名化处理，去除可以直接或间接识别个人身份的信息。这包括替换或删除可以唯一标识个人的数据元素，如姓名、身份证号码等。例如，可以使用哈希函数或其他技术对个人信息进行加密处理，确保即使是内部人员也无法通过这些信息追踪到特定个体。对于那些无法直接识别个人但可能通过组合使用间接识别的信息，也需要进行处理。比如，通过模糊处理特定日期或地点，以减少识别风险。

2. 数据访问与传输

除了确保数据本身的隐私之外，还需要实施严格的访问控制机制，确保只有授权人员能够接触敏感数据。同时，通过权限分级管理，确保不同级别的工作人员仅能访问与其职责相匹配的数据。

在跨境数据传输方面，企业应确保所有的数据处理活动都符合国内外的相关法律法规要求，如欧盟的 GDPR 和美国的 HIPAA。同时，探索建立安全的数据交换平台，允许不同机构之间共享匿名化和去标识化的数据，以提高算法的准确性和泛化能力。

---

① Legato et al.（2016）. Consideration of Sex Differences in Medicine to Improve Health Care and Patient Outcomes.

3. 数据应用

对已有数据定期进行安全审计以及持续实施安全监控，将其作为企业常态化管理的一部分，是保护隐私与数据安全的重要一环。另外，企业也可以主动与监管机构合作，确保数据处理流程的透明度和合规性，这对于建立公众信任也有极大作用。

专题二　飞利浦中国更新隐私政策　确保患者隐私与数据安全

2024 年，为了更好地保护患者隐私与数据安全，也为了响应中国个人信息保护法律法规的持续更新，飞利浦中国制定了隐私合规机制 2.0（简称“机制 2.0”）。机制 2.0 旨在通过开展个人信息保护影响评估（简称“PIA”）识别并降低公司的隐私合规风险。

飞利浦中国意识到个人信息保护、隐私合规不仅仅是一个部门的事情，还需要各个部门通力合作。

- 业务/职能部门：作为项目发起人以及项目负责人，对个人信息处理活动的隐私评估全流程负责。
- IT：在 PIA 过程中，提供 IT 技术支持、提供与 IT 有关的信息、落实与 IT 有关的整改措施。
- 采购：在 PIA 过程中，负责与供应商沟通并收集供应商的相关信息，以及负责谈判、协商、落实签署与隐私合规/信息安全有关条款/协议。
- 安全部门：在 PIA 过程中，负责就数据的安全收集、安全传输、安全使用、安全存储等安全有关事项进行评估，以及提出相应安全解决方案和整改意见。
- 隐私官：根据法律法规更新及解释机制 2.0，负责从符合隐私合规角度进行评估，以及提出相应整改意见。

同时，各个业务/职能部门将推举一名同事作为 Privacy Champion，担任业务/职能部门里涉及个人信息处理活动的项目负责人，或者积极协助该项目负责人确保个人信息处理活动符合机制 2.0 的要求。

四　其他建议

AI 技术的快速发展所带来的机遇与挑战是全方位的，除了前文所提及的一些核心挑战及其应对措施外，我们还需要采取多样化的策略来践行 AI 伦理框架，支持 AI 技术在医疗保健行业的负责任和可持续应用。

（一）采用敏捷治理加强科技伦理治理

国家和地方政府应当建立清晰的法规框架，以指导 AI 技术的发展方向。这包括制定数据保护、隐私安全和伦理道德方面的法律，确保 AI 技术的发展符合社会价值观。

在医疗健康领域，全球范围内的监管机构也纷纷制定符合各个国家及地区伦理、法规及数据管理规范的 AI 应用指南。美国食品药品监督管理局（FDA）表示有兴趣对基于人工智能的医疗设备进行认证，这些设备在许多情况下属于医疗器械软件（SaMD）的类别，但其更新可能更为频繁[①]。欧洲人工智能高级专家组（HLEGAI）旨在提供一种以造福民众为目的的欧洲人工智能使用方式，这与某些人认为人工智能仅用于商业或压迫目的的看法形成对比，该方式基于伦理和法律原则[②]。中国国家药品监督管理局（NMPA）正在制定基于人工智能的医疗设备的培训和测试的非常详细的指南。

2022 年 3 月，中共中央办公厅、国务院办公厅印发《关于加强科技伦理治理的意见》，对科技伦理治理进行了顶层设计，明确提出了敏捷治理的要求[③]。敏捷治理是针对新兴技术而提出的一种治理理念和改良方式，是一

---

① Proposed Regulatory Framework for Modifications to Artifical Intelligence / Machine Learning（AI/ML）-Based Software as a Medical Device（SaMD）. U. S. Food & Drug Administration.

② Ethics Guidelines for Trustworthy AI.（2019）. HLEG High-Level Expert Group on Artificial Intelligence.

③ 中共中央办公厅 国务院办公厅印发《关于加强科技伦理治理的意见》，中华人民共和国中央人民政府网站，https：//www. gov. cn/gongbao/content/2022/content_ 5683838. htm。

种具有敏捷性、适应性、持续性、自组织性和包容性的治理过程。敏捷治理能够有效弥合技术创新与政策制定者治理能力之间的鸿沟，是加强科技伦理治理的重要组成部分。

（二）加强国际合作推动 AI 标准化

由于 AI 技术的跨境应用日益频繁，国家间需要加强合作，政府、企业以及其他利益相关方应共同制定 AI 治理的标准和准则。例如，通过联合国教科文组织（UNESCO）等国际组织，推动全球范围内的一致性监管框架；行业协会和组织制定行业标准和最佳实践指南，帮助企业更好地遵守法规，同时推动技术的负责任和可持续发展。

目前，中国和欧洲已经在 AI 伦理方面展开对话，寻求在数据治理、算法透明度等方面找到共同点[①]。

（三）以科技创新推动 AI 可持续

2024 年发布的《中国经济发展模式演进与前景展望》一书指出，中国未来的发展应遵循创新驱动发展战略[②]。未来，企业不仅应加大在 AI 技术研发上的投入，特别是在可持续性和负责任 AI 方面，这包括开发更加节能的算法和硬件设施以及加强对伦理和安全的监管；还可以开放 AI 领域的开源和共享，鼓励研究者和开发者共享代码、数据集和研究成果，以加快技术创新的速度。

（四）培养复合型人才赋能 AI 发展

人才是技术发展的根本和未来。对于医疗保健行业来说，高校可开设跨学科的 AI 相关课程，培养既懂医疗，又懂技术、法律、伦理等领域的复合

---

① Pascale Fung，Hubert Etienne：《中国和欧洲能否在人工智能伦理方面找到共同点?》，https：//cn. weforum. org/agenda/2021/12/zhong-guo-he-ou-zhou-neng-fou-zai-ren-gong-zhi-neng-lun-li-fang-mian-zhao-dao-gong-tong-dian/。

② 江小涓、杨伟民、蔡昉主编《中国经济发展模式演进与前景展望》，人民出版社，2024。

型人才。企业也可以开设在线课程和短期培训班，帮助医疗保健工作者掌握与 AI 相关的基础知识和技能，同时鼓励研究人员参与国际交流项目，了解不同国家和地区在负责任与可持续 AI 领域的最新进展。

结　语

当前，中国面对人口众多、老龄化问题日益严峻、医疗资源短缺且分布不均的挑战，医疗保健领域的人工智能发展显得尤为重要。它不仅能够推动人群健康和民生经济的发展，还能增进人民的福祉。然而，我们务必警惕，在追求速度、效率和规模的同时，不应忽视质量、安全和潜在风险。坚持以人为中心的原则以及对生态系统等的全面考量，致力于构建一个更加负责任、可持续的医疗保健 AI 体系，这应成为医疗保健行业未来发展的坚定目标和明确方向。

国际借鉴篇

B.20 发达国家城市可持续发展比较

哥伦比亚大学课题组*

摘 要： 发达国家城市案例选取日本东京、澳大利亚悉尼、美国旧金山和挪威奥斯陆这四个“经合组织”国家的主要城市，从经济发展、社会民生、资源环境、消耗排放及环境治理5个城市可持续发展的主要领域分析各城市的可持续发展政策与成果，并通过15个指标同前文中国110座大中型城市（以下简称中国百城）的可持续发展水平进行了比较。在城市可持续发展的政策举措上，各国际城市因地制宜、从主要问题入手，推行了多样化的政策。其中，比较具代表性以及创新性的包括旧金山以及东京对市政建筑天然气的淘汰，奥斯陆的Blue-Green Factor建筑规范将绿色基建与居民建筑、住宅区规划高度结合，以及旧金山高效的建筑废弃物回收管理和高达80%的

* 哥伦比亚大学课题组成员：王安逸，博士，美国哥伦比亚大学研究员，主要研究方向为可持续城市、可持续机构管理、可持续发展教育；Akshay Malhotra，美国哥伦比亚大学专业研究学院可持续管理学硕士研究助理；Drew Reetz，美国哥伦比亚大学政治和社会学本科研究助理；李毓玮，美国哥伦比亚大学可持续经营与管理硕士研究助理；毕卓然，美国哥伦比亚大学专业研究学院应用分析学硕士研究助理；赵腾，美国哥伦比亚大学公共卫生学院环境健康科学硕士研究助理。感谢哥伦比亚大学孟星园博士对数据的收集与整理。

固体废弃物转移率等。这些案例也能为中国城市和全球其他大都市的可持续发展管理提供参考与借鉴。

关键词： 发达国家　可持续发展指标　城市可持续发展案例

一　日本东京可持续发展情况

自1603年江户幕府建立以来，东京都（东京市）一直是日本的首都，并发展成为全世界最大的城市之一。2016年，东京都人口有1350万，占全国人口的10%。它不仅是日本的经济、文化中心，也是其政治、行政事务的核心。日本的核心国家机构，如内阁、各部委、国会、最高法院和中央银行等均设在此地。批发和零售业引领该市整体经济，而紧随其后的是房地产业。

东京都会区（也称首都地区、大东京地区）包括东京都及其周边七个县：埼玉县、千叶县、神奈川县、茨城县、枥木县、群马县和山梨县。都会区人口为3727万人，占日本全国总人口的30%左右。2021财务年度，都会区生产总值约为113.7兆日元（5.9兆元人民币），约占全国GDP的21%。东京附近的气候特征为夏季炎热潮湿、冬季干燥，但伊豆群岛和小笠原群岛等岛屿上的气候则不相同。

表1　2022年东京、珠海、中国城市平均水平可持续发展指标比较

可持续指标	东京	珠海	中国城市平均值*
常住人口(百万人)	37.27	2.48	7.00
GDP(十亿元人民币)	5892.81	404.50	720.06
GDP增长率(%)	0.95	2.30	3.15
第三产业增加值占GDP比重(%)	71.40	53.81	51.54
城镇登记失业率(%)	2.60	2.36	2.89

续表

可持续指标	东京	珠海	中国城市平均值*
人均城市道路面积(m^2/人)	6.14	20.07	15.23
房价—人均 GDP 比	0.15	0.13	0.13
中小学师生人数比	1∶15.7	1∶16.0	1∶14.3
0~14 岁常住人口占比(%)	11.60	16.10	16.69
人均城市绿地面积(m^2/人)	—	127.40	44.99
空气质量(年均 PM2.5 浓度,$\mu g/m^3$)	9.00	17.00	29.00**
单位 GDP 水耗(吨/万元)	23.00	13.84	44.78
单位 GDP 能耗(吨/万元)	0.28	0.36	0.54
污水处理厂集中处理率(%)	92.10	99.21	97.19
生活垃圾无害化处理率(%)	—	100.00	99.96

注：* 城市范围是本书中测算可持续发展的 110 个城市。** 全国 339 个城市平均。
资料来源：根据公开资料整理。

（一）经济发展

东京的产业构成跨越汽车、机械、医药和医疗保健等各个领域，并且以其尖端制造技术而闻名世界。2021 年，东京都的生产总值成长率为 1.03%，服务业对经济的贡献率为 71.4%。大东京地区堪称日本金融产业的灯塔。它吸引了拥有领先科技的顶尖金融机构，并汇聚了全球金融、投资、资讯领域的优秀人才。东京都的发展重点在于加强资产管理和助推金融科技发展，以促进城市的成长并培育创新生态系统。经济上，东京都会区生产总值位居全球第二，是经济规模上仅次于美国纽约的世界第二大都会区。日本家庭金融资产规模惊人，达到 1800 兆日元（114 兆元人民币，17 兆美元，2022 年汇率，下同），不仅推动了日本的经济扩张，也增强了整个亚洲的成长前景。政府在利用资本市场方面采取的积极政策刺激了从个人投资者到机构巨头等各个领域的投资增加，将经济活力推向前所未有的高度。

东京股票市场是全球主要的股市之一，拥有 3700 家上市公司（全球第二）。其总市值达 600 兆日元（38 兆元人民币，5.5 兆美元），位居全球第三、亚洲第一。此外，东京证券交易所以 3 兆日元（1900 亿元人民币，275 亿美元）的每日股票交易额领先亚洲，凸显了其在全球金融格局中的关键作用。

（二）社会民生

东京都仅占日本国土面积的 0.6%。尽管东京面积不大，但其人口密度却是日本各市中最高的，每平方公里有 6158 人。这座繁华的都会已成为活力都市的代名词。

根据总务省统计局进行的全国人口普查，截至 2010 年 10 月 1 日，东京市人口约 1300 万人。其中儿童人口（0~14 岁）148 万人；劳动年龄人口（15~64 岁）总计 885 万人；老年人口（65 岁及以上）人数为 264 万人。值得注意的是，老年人口比例已超过联合国“老龄社会”的门槛，徘徊在 20.4%左右，显示东京正在向“超级老龄社会”迈进[①]。

近年来，东京的房地产市场出现了显著的升值，尤其是在其市中心的 23 个市辖区内。2023 年，这些地区的平均房价飙升至 1.15 亿日元（727 万元人民币，777630 美元），较上年大幅增长 39.4%，首次突破 1 亿日元大关。这种史无前例的飙升反映了更广泛的趋势——过去五年价格飙升了 60.8%。与平均房价飙升相反的是，首都地区的房产销售数量较上一年下降了 9.1%，达到 1992 年以来的最低水平[②]。2022 年，东京都工薪家庭的平均月收入为 68.4 万日元（35051.76 元人民币，4379.06 美元）。尽管这一数字较前一年的十年高点有所下降，但它仍凸显了东京作为全球经济中心之一的地位。

在教育方面，日本中小学阶段的师生比常年保持在 1∶16 左右，并呈现

---

① 《东京的历史、地理与人口》，东京市政府网站，https：//www.metro.tokyo.lg.jp/ENGLISH/ABOUT/HISTORY/history03.htm，最后检索时间：2024 年 4 月 29 日。

② 《2023 年东京公寓价格创纪录，接近 80 万美元》，Nikkei Asia（2024 年 1 月 25 日），https：//asia.nikkei.com/Business/Markets/Property/Tokyo-apartment-prices-hit-record-at-nearly-800-000-in-2023，最后检索时间：2024 年 4 月 29 日。

逐年优化趋势。2017 年，日本中小学平均每名教师会负责 15. 66 名学生。这一师生比也高于全球平均水平 1∶21. 75[①]。

东京高效的交通网络以四通八达的火车和地铁系统为基础，形成了整个城市的无缝交通网络。这些交通网络主要由 JR 东日本和东京地铁运营，并由都营地铁提供辅助性的服务，为前往首都及其周边地区的各个城市提供便利的交通服务。山手线、银座线和东西线等交通干线体现了东京对其可到达性和连结性的承诺，为居民和游客的日常通勤提供了极大的便利[②]。

（三）资源环境

东京拥有湿润的亚热带气候，夏季炎热潮湿，冬季温和。虽然城市的建成区内的生物多样性较为有限，但全市仍有一些绿地和公园分布。东京湾是该市的一个重要生态区，支持着多种海洋物种和生态系统[③]。

大约每十年，东京会经历一次干旱期，这使其成为世界上最大的缺水城市之一。自 1970 年以来，东京低降雨年的频率有所增加，同时也出现了降水量极端变化的显著趋势，包括降水过多和过少的现象。此外，降雪减少和融雪时间提前进一步加剧了该市面临的挑战。东京易受自然灾害（如地震和洪水）的影响，这进一步加重了这些问题，往往导致供水和排污网络的中断。应对水资源短缺是东京水资源管理工作的核心。对此，政府已设立专门的紧急供水服务单位，以 24 小时应对突发的缺水问题。从长远来看，东京都政府一方面提升居民对水资源保护的意识，推动水资源高效利用和谨慎的用水实践；另一方面也大幅扩展水利基础设施，开发先进的污水处理技术，采用绿色基础设施，如雨水收集和透水路面等，以应对城市化对其水资

---

① 《日本小学师生比例数据与图表》，全球经济网站，https：//www. theglobaleconomy. com/Japan/Student_ teacher_ ratio_ primary_ school/，最后检索时间：2024 年 4 月 29 日。

② 《东京交通系统指南》，Housing Japan（2023 年 11 月 28 日），https：//housingjapan. com/blog/your-essential-guide-to-seamless-travel-in-tokyo/，最后检索时间：2024 年 4 月 29 日。

③ 《东京气候、月度天气与平均温度》，Weather Spark，https：//weatherspark. com/y/143809/Average-Weather-in-Tokyo-Japan-Year-Round，最后检索时间：2024 年 5 月 14 日。

源的不利影响。日本政府通过推动水、土地及相关资源的协调开发和管理，加上有效的治理以及技术和财力资源的支持，帮助东京更好地克服与水资源相关的挑战①。

像许多其他城市一样，东京也面临气候变化带来的深远挑战，包括从极端天气现象到气温上升和海平面上升的各种影响。近年来，该市经历了热浪、台风和暴雨频率与强度的增加。为此，东京已积极制定了全面的气候适应战略，旨在增强韧性并减少温室气体排放。自 1993 年以来，日本沿海的海平面平均每年上升 5 毫米，这一趋势预计在 21 世纪将持续下去。这对东京的大部分人口和工业产出构成了潜在威胁，增加了遭受洪水、地下水入侵和海岸侵蚀的风险。潜在后果巨大，有预测显示，海平面如上升 1 米，日本可能失去 90%的沙滩，经济损失估计每年高达 1150 亿美元（人民币 7740 亿元）。日本的气候变化还伴随着过去一百年中平均气温上升 1.0℃，特别是在北海道，冬季平均气温上升了 1.3℃。这一气候变化导致霜冻次数减少和寒冷天数减少，同时伴随降雪减少和强降雨频率和强度的显著增加。这些现象带来了深远的影响，从预防措施的财政支出增加到海平面上升导致资产受损风险增加，其潜在的直接或间接经济负担及损失或超过 1 万亿美元（人民币 70774 亿元）。此外，台风强度的增加使风灾损失增加了 67%～70%。温度和降水变化加剧导致的化学营养物增加会使淡水生态系统退化，进而对鱼类生产和捕捞造成损失。此外，随着 3℃ 变暖，预计用水需求将增加 1.2%～3.2%，这凸显了在不断变化的气候环境中采取积极措施保障东京水资源安全的必要性②。

东京的空气质量受多种因素影响，包括交通排放、工业活动以及其地理位置。尽管近年来，东京在减少空气污染方面取得了显著进展，但仍面临多

① M. K. Chattha & Z. Wei, Achieving Urban Water Security in Tokyo (paper presented at the International Conference on Sustainable Development 2020, online, September 2020).

② Case, M., & Tidwell, A., Nippon Changes: Climate Impacts Threatening Japan Today and Tomorrow (World Wild Fund), https://www.wwf.or.jp/activities/lib/pdf_climate/environment/WWF_NipponChanges_lores.pdf.

重挑战，尤其是颗粒物（PM2.5）和二氧化氮（NO_2）这两个污染物在交通和工业高峰期的浓度较大。为应对这些问题，东京采取了严格的措施，包括设定车辆排放标准、加强公共交通基础设施以及推广绿色建筑项目，以减轻污染并改善空气质量。在空气质量指标方面，2022 年东京的 PM2.5 平均读数为 9.0$\mu g/m^3$，处于“优良”范围内。尽管这一成就反映了显著进步，但值得注意的是，实现和保持这些标准需要警惕，因为即使是微小的波动也可能打破平衡。尽管城市化和工业化程度不断加深，东京的污染水平相比其工业高峰期已有所降低。然而，工业设施仍然对 PM2.5 和 PM10 水平产生影响，并排放二氧化氮（NO_2）和二氧化硫（SO_2）。尽管工厂的燃料标准法规已减少了排放，但车辆排放仍然是一大问题，加之东京道路上的车辆数量庞大——2014 年超过了 400 万辆——并正逐年增加中。尽管面临这些挑战，东京多年来污染防控水平显著改善。例如 PM2.5 水平从 2017 年的 13$\mu g/m^3$ 降至 2022 年的 9.0$\mu g/m^3$，显示了该市对更清洁空气的持续努力。随着有效措施和政策的持续实施，东京有望进一步改善空气质量，并力争达到世界卫生组织的清洁空气目标①。

（四）消耗排放

东京多年来努力减少其碳足迹。东京是世界上人口最多的城市之一，其实施了各种措施以遏制温室气体排放。例如，该市积极投资高能效的基础设施，推广公共交通，并鼓励使用可再生能源。东京都市政府承诺到 2050 年实现零排放。认识到遏制温度上升和应对气候变化的紧迫性，东京市从多方面着手开展了全面的脱碳努力，涵盖了从能源到城市基础设施和土地使用的一系列变革措施，旨在从源头上减少碳排放。东京战略的一个关键方面是仔细追踪市内外二氧化碳排放的来源。市内的重点领域包括发电和各种城市活动，如燃料消耗和垃圾焚烧。市外的因素包括货物的生产和运输，以及森林

① 《东京空气质量指数（AQI）与日本空气污染》，IQAir（2024 年 2 月 1 日）https://www.iqair.com/us/japan/tokyo，最后检索时间：2024 年 5 月 14 日。

砍伐，也对碳足迹产生影响。在气候危机的阴影下，东京的积极态度为全球城市可持续发展努力树立了榜样。通过采用尖端技术并培育创新生态系统，东京描绘了一条未来之路，在这条道路上，可持续发展与城市生活密不可分。朝着零排放的目标迈进，东京逐步接近其完全可持续的绿色大都市愿景，树立了全球城市效仿的典范①。

东京正在考虑逐步淘汰市政建筑和基础设施中的天然气使用，以进一步减少排放。这可能涉及对现有建筑进行翻新，采用节能技术并转向由可再生能源供电的电气替代品。对东京现有建筑进行翻新以替换天然气使用，可能需要精心地规划和实施。这可能包括升级供暖、制冷和照明系统，以提高能源效率并减少碳排放。东京政府通过激励措施鼓励建筑业主投资节能升级，并对采用可再生能源技术提供支持。东京已经对可再生能源进行了大量投资，如太阳能和风能。通过扩大可再生能源的使用，东京可以进一步减少其碳足迹，并迈向更加可持续的能源配比。此外，对可再生能源基础设施和技术的投资还为东京的绿色能源部门创造了经济增长和就业机会②。

（五）环境治理

与众多大都市一样，东京致力于实现严格的垃圾转移目标，以减少对垃圾填埋场的依赖。尽管具体目标可能有所变化，东京仍然致力于提高回收率并推动减少废弃物的努力。日本精密的废弃物管理基础设施为全球范围内的废弃物管理提供了借鉴：从分离聚苯乙烯到医药产品包装的再利用，日本设置了多样化的回收方法。2000 年颁布的《建立健全物质循环社会的基本法》（基本回收法）凸显了日本在促进“3R”（减少、再利用、回收）和推动适当废物管理方面的决心。每年 10 月被指定为“3R”推广

---

① 《东京城市可持续发展：2050 年净零排放战略与计划》，（2022 年 1 月 8 日）https：//ietresearch.onlinelibrary.wiley.com/doi/full/10.1049/smc2.12033，最后检索时间：2024 年 5 月 14 日。

② International Energy Agency，Japan 2021 Energy Policy Review（International Energy Agency，2021），https：//iea.blob.core.windows.net/assets/3470b395 - cfdd - 44a9 - 9184 - 0537cf069c3d/Japan2021_ EnergyPolicyReview.pdf.

月，推动并见证了全社会向可持续实践的共同努力。创新举措也层出不穷，例如超市设有 PET 瓶粉碎机，顾客可以用塑料换取购物券，从而减少与废物收集相关的排放。回收的 PET 树脂被制成各种产品，从纺织品和地板覆盖物到全新瓶子。此外，社区中还配备了详尽指南和提醒的垃圾分类应用程序说明，简化和易化了居民的参与过程，增强了废物管理实践的参与度。尽管日本在人均塑料包装废物产生量方面仅次于美国，然而由于日本积极的废物管理策略以及高度的社会意识，塑料泄漏到环境中的情况得到了大幅缓解。

在日本每年产生的 940 万吨塑料废品中，政府报告的回收率仅为 25%，其中 57%通过焚烧发电，18%送至垃圾填埋场或焚烧（不发电）。由于国土面积有限，日本必须谨慎管理废弃物，这也导致焚烧成为废弃物的主要处理方式。虽然这一做法产生了电力，但也引发了有害气体排放（如二噁英）的担忧。过去二十年中，日本通过技术进步在减少排放方面取得了显著进展，凸显了其对保护公众健康和环境的承诺实践[①]。

二　澳大利亚悉尼可持续发展情况

悉尼，新南威尔士州（NSW）首府，澳大利亚著名的大都市，以其令人惊叹的海港、标志性地标和多样化的文化景观而闻名。悉尼都会区也被称为大悉尼，覆盖 4775 平方英里（12367 平方公里）的区域，居住着 530 万居民，为澳大利亚面积最大和人口最多的城市区域之一[②]，同时它也是澳大利亚的重要经济中心和旅游门户。

① "The Japanese Have A Word to Help them Be Less Wasteful- 'Mottainai'," World Economic Forum (2019, August 16), https://www.weforum.org/agenda/2019/08/the-japanese-have-a-word-to-help-them-be-less-wasteful-mottainai/, retrieved on May 14, 2024.

② 《2021 年人口普查快速统计》，澳大利亚统计局网站（2021），https://www.abs.gov.au/census/find-census-data/quickstats/2021/1GSYD，最后检索时间：2024 年 5 月 25 日。

表 2 2022 年悉尼、珠海、中国城市平均水平可持续发展指标比较

可持续指标	悉尼	珠海	中国城市平均值*
常住人口(百万人)	5.03	2.48	7.00
GDP(十亿元人民币)	2289.33	404.50	720.06
GDP 增长率(%)	1.30	2.30	3.15
第三产业增加值占 GDP 比重(%)	63.30	53.81	51.54
城镇登记失业率(%)	4.15	2.36	2.89
人均城市道路面积(m^2/人)	32.45	20.07	15.23
房价—人均 GDP 比	0.22	0.13	0.13
中小学师生人数比	1∶13.4	1∶16.0	1∶14.3
0~14 岁常住人口占比(%)	18.20	16.10	16.69
人均城市绿地面积(m^2/人)	—	127.40	44.99
空气质量(年均 PM2.5 浓度,$\mu g/m^3$)	8.00	17.00	29.00**
单位生产总值水耗(吨/万元)	2.22	13.84	44.78
单位生产总值能耗(吨/万元)	0.16	0.36	0.54
污水处理厂集中处理率(%)	93.00	99.21	97.19
生活垃圾无害化处理率(%)	99.74	100.00	99.96

注：* 城市范围是本书中测算可持续发展的 110 个城市。** 全国 339 个城市平均。

资料来源：根据公开资料整理。

（一）经济发展

悉尼的经济充满活力且多样化，是亚太地区主要的金融、商业和文化中心，集中了医疗、教育、媒体、通信、旅游、餐饮和文化等产业。在 2021/22 财年，大悉尼的经济产出超过 4900 亿澳元（人民币 22893.3 亿元），占澳大利亚 GDP 的 23%①。

从就业来看，医疗保健和社会援助行业在大悉尼的总就业中占比最高（13%），其次是专业、科学和技术服务（12.7%）、零售贸易（9.2%）和

① 《一览悉尼》，悉尼市政府网站（2023），https：//www.cityofsydney.nsw.gov.au/guides/city-at-a-glance，最后检索时间：2024 年 5 月 25 日。

教育培训（8.4%）。大悉尼的总劳动力为256万人，占全澳大利亚总劳动力的1/5。

悉尼对澳大利亚的经济繁荣作出了重大贡献。作为澳大利亚的金融中心，悉尼拥有繁荣的金融部门，拥有主要银行、金融机构和澳大利亚证券交易所（ASX）。入驻包括Barangaroo和Martin Place在内的市中心商务区是一个重要的金融中心，吸引了国内外投资者。悉尼的科技和创新生态系统正在蓬勃发展，得到领先研究机构、初创企业孵化器和科技加速器的支持。该市拥有一个快速发展的科技领域，专注于金融科技、生物科技、人工智能和可再生能源的公司正在推动创新和创业。悉尼美丽的海滩、地标如悉尼歌剧院和海港大桥，以及充满活力的文化活动每年吸引数百万游客，为该市的旅游业作出重大贡献。酒店业，包括酒店、餐馆和娱乐场所，在悉尼经济中发挥着重要作用，提供就业机会并推动经济增长。悉尼正在进行广泛的基础设施开发项目，旨在增强道路连通性和城市宜居性。主要举措包括悉尼地铁扩展项目、WestConnex高速公路项目以及公共空间和滨水区的重建。众多的基建项目也大幅带动了就业。

（二）社会民生

悉尼在社会民生方面的政策着重强调包容与公平，为多元化人口解决各种社会和经济问题。在教育方面，悉尼有着高质量的教育体系，拥有广泛的公立和私立学校、职业培训机构和世界知名的大学。该市的教育部门致力于为不同背景的学生提供可获得和公平的学习机会，促进学术卓越和技能发展。

悉尼的医疗系统通过公立医院、私营诊所和医疗机构提供全面的医疗服务。可获得的医疗服务、预防护理和医学研究项目有助于悉尼居民提高整体健康和生活质量。

悉尼为弱势群体和社区提供多种社会保障项目，包括平价住房、（无家可归者）临时收容所和食品救济等。其中，“食品补助金计划”旨在确保弱势群体能够获得足够的健康食品。该计划截至2024年1月向12个组织提供

150 万美元的补助金，以帮助市内不同社区获得食品和生活必需品①。此类计划旨在缩小社会经济差距，促进社会包容和平等②。

在住房方面，新南威尔士州政府一直在努力增加住房密度，尤其是围绕公共交通的高密度化（例如在火车站周围建造公寓）。此项举措却遭到当地居民的反对，他们认为高层建筑的建设将破坏环境并损害城市遗产。然而，由于人口快速增长、移民增加和供应有限，悉尼缺乏足够的新建房地产项目以满足需求，导致房价飞涨，大幅提高生活成本③。

（三）资源环境

悉尼致力于环境保护和可持续发展，通过实施多项举措来减缓气候变化、保护自然资源并增强环境适应性。悉尼通过其“绿色悉尼战略”优先发展绿色基础设施，包括城市公园、公共绿地和生物多样性保护区等，以提高环境质量并促进生态适应性④。植树造林、水资源保护措施和绿色建筑标准为悉尼的可持续城市规划努力作出了贡献。澳大利亚拥有世界领先的国家级建筑环境评级系统（NABERS），该系统对新建筑和现有建筑重大改造的最低能源性能进行评级。该市还拥有“绿色之星”（Green Star）可持续发展评级和认证系统，并自 2003 年以来一直是“世界绿色建筑委员会”的成员。

此外，悉尼大力开展气候适应策略以应对气候变化的影响，如沿海适应

① 《食品支持拨款》，悉尼市政府网站（2023），https：//www. cityofsydney. nsw. gov. au/community-support-funding/food-support-grant，最后检索时间：2024 年 6 月 1 日。

② 《食品救济：生活成本上升》，悉尼市新闻（2024 年 1 月 10 日），https：//news. cityofsydney. nsw. gov. au/articles/food-relief-households-cost-living-bites，最后检索时间：2024 年 6 月 1 日。

③ 《悉尼面临住房危机》，彭博社（2024 年 3 月 13 日），https：//www. bloomberg. com/tosv2. html? vid = &uuid = bd4995c9 - 52f9 - 11ef - bc69 - 2ef3e9e3f9aa&url = L25ld3MvYXJ0aWNsZXMvMjAyNC0wMy0xMy9zeWRuZXktZmFjZXMtYS1ob3VzaW5nLWNyaXNpcy1hcGFydG1lbnRzLWNvdWxkLWhlbHAtYnV0LWl0LXMtZmFjaW5nLWEtYmFja2xhc2g =，最后检索时间：2024 年 6 月 1 日。

④ 悉尼市政府：《绿色悉尼战略》，2021 年，https：//www. cityofsydney. nsw. gov. au/-/media/corporate/files/publications/strategies-action-plans/greening-sydney-strategy/greening-sydney-strategy. pdf。

性改造、洪水防治项目和应急响应计划。这种种举措的目的都是保护社区、基础设施和自然生态系统免受气候变化相关风险的危害。

（四）消耗排放

2018~2019 年，悉尼的净温室气体排放量为 1.366 亿吨二氧化碳当量（tCO_2-e）[①]。悉尼市在 2019 年 6 月宣布进入气候紧急状态，指出气候变化对悉尼居民构成严重风险。自 2020 年以来，悉尼一直处于气候行动的前沿，制定了多项计划和举措，以减缓温室气体排放、增强环境适应性并向低碳经济转型[②]。

新南威尔士州气候变化基金于 2007 年根据《1987 年能源和公用事业管理法》成立，旨在提供资金用以支持减少温室气体排放和减少气候变化对水资源及能源影响的项目。2019~2020 年，该基金投资了 2.29 亿澳元（1.59 亿美元，10.7 亿元人民币），用于支持家庭、企业和社区减少能源消耗和碳排放并增强气候变化适应能力的项目[③]。

为了响应全球应对气候变化的努力，悉尼于 2021 年发布了其能源和气候变化计划——“悉尼 2050 净零计划”。这一计划对 2050 年在全市实现净零碳排放做了长期全面的战略部署，涵盖能源、交通、建筑、废物管理和城市规划等各个领域，并为减排设定了具体目标。其中包括：到 2030 年，在 2006 年的基础上减少 70%的温室气体排放；到 2035 年实现净零排放；以及到 2030 年 50%的电力需求由可再生能源满足。

---

① 《能源与气候变化》，悉尼市政府网站（2023），https：//www.cityofsydney.nsw.gov.au/environmental-action/energy-and-climate-change#：~：text=Our%20environmental%20strategy%202021%2D2025，by%20renewable%20sources%20by%202030，最后检索时间：2024 年 6 月 1 日。

② 《气候紧急响应》，悉尼市政府网站（2019 年 6 月 24 日），https：//www.cityofsydney.nsw.gov.au/strategies-action-plans/climate-emergency-response，最后检索时间：2024 年 6 月 1 日。

③ 《应对气候变化行动》，新南威尔士州能源部网站，https：//www.energy.nsw.gov.au/nsw-plans-and-progress/government-strategies-and-frameworks/taking-action-climate-change/nsw，最后检索时间：2024 年 6 月 1 日。

在可再生能源使用方面，悉尼也为其他城市树立了榜样。早在 2008 年该市就设定了市政建筑 100%由太阳能和风能供电的目标。这包括所有市政府拥有的物业，包括 115 栋建筑、社区活动场馆和办公楼、75 个公园、5 个游泳池和 23000 盏街灯，以及悉尼市政厅。通过与澳大利亚电力零售商 Flow Power 签订的十年电力购买协议，悉尼于 2020 年实现了这一目标①。这一成就远超州政府达到的目标（19%的可再生能源）。

运输行业仍然是新南威尔士州和澳大利亚首都地区（ACT）最大的能源使用者，占总能源使用量的 47%。悉尼正在推动公共和私人交通的电气化。该市正在投资电动汽车充电基础设施，鼓励购买电动汽车，并扩展公共交通服务，以减少对化石燃料车辆的依赖②。

悉尼在其气候行动中强调社区参与合作，促进政府机构、企业、社区组织和居民之间的合作伙伴关系。市政府在社区参与中坚持四项原则：诚信、包容、对话和影响。咨询过程、公众宣传活动和公民参与计划使个人和社区能够为气候解决方案和适应力建设作出贡献。

在水资源消耗上，新南威尔士州政府制定了《大悉尼水战略——2022～2025 年实施计划》，为未来 40 年可持续和有弹性地供水提供指导，并积极谋划应对干旱和极端天气等气候事件的措施③。

（五）环境治理

自 2004 年以来，悉尼的居住人口增长了 67%。当地的就业机会增加了 54.3%，在新冠疫情之前，每天有 130 万人在城市中活动。对于一个包括居

---

① “We've Made the Switch to 100% Renewable Electricity”, City of Sydney News（2023, October 17）, https://news.cityofsydney.nsw.gov.au/articles/weve-made-the-switch-to-100-percent-renewable-electricity, retrieved on August 3, 2024.

② 《电动汽车充电项目》，新南威尔士州交通运输部网站（2024 年 6 月 3 日），https://www.transport.nsw.gov.au/projects/current-projects/ev-charging-program#:~:text=Transport%20for%20NSW%20is%20delivering, and%20wherever%20they%20need%20to，最后检索时间：2024 年 8 月 5 日。

③ 新南威尔士州水务部，《大悉尼水战略实施计划》，2021，https://water.nsw.gov.au/_ _data/assets/pdf_ file/0020/527312/greater-sydney-water-strategy-implementation-plan.pdf。

民、企业和游客在内的大城市来说，废弃物的回收和管理是两个突出的问题。悉尼每年产生超过350万吨废弃物①。新南威尔士州废弃物和资源回收报告指出，该州超过50%的废弃物来自悉尼，但只有40%得到了回收。为了解决这一问题，悉尼正在努力教育居民进行合理回收。《2017-2030废弃物战略和行动计划》所制定的目标便是在未来十年内大幅减少城市废弃物。具体途径包括：努力减少废弃物的产生，尽可能回收更多的废弃物，以及对不可回收物品进行最环保的处理②。

三　美国旧金山可持续发展情况

表3　2022年旧金山、珠海、中国城市平均水平可持续发展指标比较

可持续指标	旧金山	珠海	中国城市平均值*
常住人口(百万人)	7.50	2.48	7.00
GDP(十亿元人民币)	4404.11	404.50	720.06
GDP增长率(%)	1.20	2.30	3.15
第三产业增加值占GDP比重(%)	—	53.81	51.54
城镇登记失业率(%)	3.40	2.36	2.89
人均城市道路面积(m^2/人)	—	20.07	15.23
房价—人均GDP比	0.12	0.13	0.13
中小学师生人数比	1∶21.1	1∶16.0	1∶14.3
0~14岁常住人口占比(%)	11.50	16.10	16.69
人均城市绿地面积(m^2/人)	1.83	127.40	44.99
空气质量(年均PM2.5浓度,$\mu g/m^3$)	8.50	17.00	29.00**
单位GDP水耗(吨/万元)	2.82	13.84	44.78
单位GDP能耗(吨/万元)	0.18	0.36	0.54
污水处理厂集中处理率(%)	100.00	99.21	97.19
生活垃圾无害化处理率(%)	100.00	100.00	99.96

注：*城市范围是本书中测算可持续发展的110个城市。**全国339个城市平均。
资料来源：根据公开资料整理。

① "An In-Depth Look at Sydney's Waste and Recycling Statistics," (2023, October 10), https://bestpriceskipbins.com.au/sydney-waste-and-recycling-statistics/, retrieved on June 1, 2024.

② "Leave Nothing to Waste: Waste Strategy and Action Plan 2017-2030," City of Sydney (2017, October 16), https://www.cityofsydney.nsw.gov.au/strategies-action-plans/leave-nothing-to-waste-waste-strategy-action-plan-2017-2030, retrieved on June 1, 2024.

旧金山湾区，通常被称为湾区，是围绕北加利福尼亚旧金山和圣巴勃罗（St. Pablo）河口的一个大都市区。该地区包括旧金山-奥克兰（美国第12大）、圣何塞（美国第31大）等都会区，以及较小的城市和农村地区。总体而言，湾区包括9个县、101个城市和7000平方英里（18130平方千米）的土地。美国人口普查局将湾区视为一个综合统计区（CSA）[①]，有740万人口，包括旧金山湾周边的9个县以及圣克鲁斯县和圣贝尼托县，使其成为美国第六大CSA[②]。

2002年，旧金山提出了一个在2010年前实现75%的废物转移率（避免进行填埋处理）的高目标，并为最终实现零废物奠定基础。通过严格的执行与合作伙伴的高效协作，该市最终比预期提前两年实现了这一目标，取得了超过80%的废弃物转移率，有效地将其填埋处置率减半。这一里程碑事件标志着旧金山在可持续管理方面的决心与承诺，并为该市的其他可持续政策树立了先例[③]。

（一）经济发展

2022年，旧金山湾区的经济实力达到了一个重要的里程碑，GDP总额达到了6547.3亿美元（44041亿元人民币）。这标志着在前两年，尤其是2020年新冠疫情期间，GDP增长了651.7亿美元。从2001年到2011年的十年间，湾区的GDP呈现持续平稳增长。然而，经济形势在2012年发生了变化，进入了前所未有的上升时期。这一迅猛的增长归因于蓬勃发展的IT科技产业和众多总部位于硅谷的高价值企业。硅谷是全球科技产业的中心，著名企业如谷歌、Facebook、eBay和苹果都在此落户。此外，加利福尼亚州

---

① 等同于经济合作与发展组织（OECD）的“功能性城区”（Functional Urban Area），或都会区。

② 《2022年美国旧金山湾区GDP》，Statista（2023年12月8日），https：//www.statista.com/statistics/183843/gdp-of-the-san-francisco-bay-area/，最后检索时间：2024年1月30日。

③ 《旧金山零废弃案例研究》，美国环保部网站（2023年11月22日），https：//www.epa.gov/transforming-waste-tool/zero-waste-case-study-san-francisco，最后检索时间：2024年2月21日。

在全美国 GDP 排名中位居第一，2022 年 GDP 高达 3. 59 万亿美元（24 万亿元人民币）①。

截至 2023 年，旧金山的失业率维持在 3%左右的水平，比全美国水平低 0. 8 个百分点，比全加州水平低 1. 7 个百分点。根据加利福尼亚州就业发展部（EDD）的数据，这一数字较 2019 年的平均失业率 2. 2%略有上升。并且，新冠疫情期间失业率在 2020 年 5 月曾达到过 13. 3%的峰值，比疫情前的平均水平高出 5 倍多。此后，该市实现了有力的复苏，失业率在 2022 年 4 月稳定在 2. 2%，与 2019 年的水平相当，并在之后保持在 1. 9%～2. 5%。这一强劲的复苏凸显了该市在经济逆境面前的韧性②。

（二）社会民生

截至 2018 年的最新数据，旧金山的人口密度为 7167 人/千米^2。自 2009 年首次记录以来，该市人口密度年均增长率为 1. 01%。据此趋势，到 2023 年，人口密度将达到 7500 人/千米^{2}③。

旧金山的人口结构反映了一个动态的年龄分布，13. 4%的人口年龄在 18 岁以下，9. 6%的人口年龄在 18～24 岁，37. 5%的人口在 25～44 岁，25. 9%的人口在 45～64 岁，65 岁及以上的人口占 13. 6%。该市的平均年龄为 38. 5 岁，显示出一个与其他美国主要都市区相比，儿童比例较低的独特人口特征④。

作为北加州的经济活动中心，旧金山一直保持着较高的房地产价格。即便近年房价略有下降，这个高密度城市的每平方英尺房价仍接近 1000 美元（72471 元人民币/米^2）。住房相关指标显示，旧金山房价收入比为 0. 12，房

① 《2022 年美国旧金山湾区 GDP》，Statista（2023 年 12 月 8 日），https：//www. statista. com/statistics/183843/gdp-of-the-san-francisco-bay-area/，最后检索时间：2024 年 1 月 30 日。

② 《旧金山每月失业率》，City of San Francisco，https：//www. sf. gov/data/san-francisco-monthly-unemployment，最后检索时间：2024 年 2 月 5 日。

③ 《旧金山人口密度数据》，Open Data Network，https：//www. opendatanetwork. com/entity/1600000US0667000/San_ Francisco_ CA/geographic. population. density? year = 2018，最后检索时间：2024 年 3 月 26 日。

④ World Population Review：《2024 年旧金山人口》，https：//worldpopulationreview. com/us-cities/san-francisco-ca-population，最后检索时间：2024 年 2 月 10 日。

价中位数为 152 万美元（1025 万元人民币），当地家庭收入中位数为 12.4 万美元（83.4 万元人民币），以及在过去五年中房价平均增长率为 28.2%。此外，37.2%的房贷持有人将收入的 30%以上用于住房成本[①]。

在教育领域，加利福尼亚州的师生比例为 1∶22，低于全美平均 1∶15.5，同另外 17 个州一样凸显教育资源的相对短缺。

在城市交通方面，旧金山湾区快速交通系统（BART）作为一个可靠的重轨公共交通系统，顺畅连接了旧金山半岛与东湾和南湾的社区。BART 目前的运营范围涵盖了 5 个县——旧金山县、圣马特奥县、阿拉米达县、康特拉科斯塔县和圣克拉拉县，轨道总长度达到 131 英里（211 千米），共有 50 个车站，是促进整个地区城市交通发展的关键[②]。

（三）资源环境

旧金山的地中海型气候以温和、湿润的冬季和温暖、干燥的夏季为特征，形成了一个有着高度生物多样性的栖息地。这种气候特征在塑造该市生态景观方面起着关键作用。旧金山湾作为一个重要的河口，维持着一个盐水和淡水交汇的独特生态系统。然而，入湾水流量的大幅变化，导致部分污染物的超标，严重威胁到河口生态系统。解决这些挑战对于保护湾区的生态完善至关重要[③]。

在绿地方面，金门公园被国际公认为全球最美丽的公园之一。旧金山拥有多样化的公共空间，总面积达到 5384 英亩（2180 公顷），占城市土地的 17.9%，为市民提供了众多方便到达又美观的自然环境。

旧金山将再生水作为补充进口水资源的战略资源。《再生水条例》对再生水

---

① 《2021 年美国城市房价收入比最高的城市》，Construction Coverage（2023 年 10 月 26 日），https：//constructioncoverage.com/research/cities-with-highest-home-price-to-income-ratios-2021，最后检索时间：2024 年 3 月 26 日。

② 《关于湾区捷运》，Bay Area Rapid Transit，https：//www.bart.gov/about，最后检索时间：2024 年 3 月 26 日。

③ 《旧金山湾区地区》，California Climate Adaptation Strategy，https：//climateresilience.ca.gov/regions/sf-bay-area.html，最后检索时间：2024 年 3 月 26 日。

的使用范围作了明细规定，包括用于景观灌溉、厕所冲洗、冷却和水景。该市致力于最大限度地利用再生水，反映了其前瞻性的可持续水管理方法①。

旧金山湾区的降水量年际变化较大，介于非常湿润和非常干燥的年份之间。大约60%的水供应源自内华达山脉，雪水融化提供了旧金山湾三角洲年供水量的40%。这些水源的供应预计随着气温上升和降水变化也将受到影响。湾区典型的湿冬季将带来更强烈和破坏性的冬季降雨，随着地表温度的持续上升，山地冰冻线的历史位置将上升，会导致更多的降水以降雨而非降雪的形式出现。

旧金山的空气质量在美国空气质量指数（US AQI）上一直获得“良好”评级，表示细颗粒物（PM2.5）浓度在0~12微克/米^3。2019年，该市实现了年均PM2.5浓度7.1微克/米^3，符合世界卫生组织（WHO）年均读数低于10微克/米^{3}的目标。这使旧金山与纽约（7微克/米^3）等大都市相当，超过洛杉矶（12.7微克/米^3）、伦敦（11.4微克/米^3）和巴黎（14.7微克/米^3）。旧金山的良好空气质量归因于其沿海位置、自然地形以及市区内工厂和其他工业生产设施稀少。旧金山的空气污染主要来自交通排放，尤其是汽车、摩托车和卡车，以及飞机和船只。森林火灾在湾区日益频繁，通常发生在夏季和秋季，会导致空气污染急剧上升。除去潜在森林火灾的影响，冬季的空气通常比夏季污染更严重，主要是由于供暖和木材燃烧增加。此外，寒冷的天气条件也会影响空气污染颗粒的分布。在寒冷条件下，偶尔一层温暖的空气会被困在较冷的地面空气之上。这种逆温现象会导致温暖的空气层像“盖子”一样，长时间裹挟下面的空气，通常直到天气变化如风到来分散它。这些逆温现象可以延长并加剧现有的空气污染和雾霾②。

在气温方面，预计该地区将经历变暖趋势，到2050年气温将上升3℉~

① San Francisco Public Utilities Commission:《再生水使用》，1991年11月7日，https://sfpuc.org/construction-contracts/design-guidelines-standards/recycled-water-use，最后检索时间：2024年2月19日。

② 《旧金山空气质量指数（AQI）和加州空气污染》，IQAir（2024年2月1日），https://www.iqair.com/us/usa/california/san-francisco，最后检索时间：2024年2月19日。

4.5℉，到2100年将上升5.5℉~8℉。这种变暖，加上城市边界向自然生态地区的延伸，增加了该地区干旱和火灾的风险，凸显对更积极的气候适应和缓解策略的需要。

目前，旧金山作为全球城市可持续发展的领导者，实施了“零废物策略”、“住宅区堆肥”和“绿色废物回收”等创新项目。该市在提升能源效率和可再生能源占比上的成果也进一步巩固了其作为全面城市可持续发展典范的地位。

（四）消耗排放

1990~2020年，旧金山的人口增加21%，国内生产总值（GDP）增长194%，其碳足迹却大幅削减了48%。这一显著成绩展示了该市在促进经济增长的同时有效减少温室气体排放的能力①。旧金山的温室气体排放量从1990年的790万吨二氧化碳当量（tCO_2e）降至2022年的412万吨。同一时期内，人均碳排放减半，从11吨降到了5.1吨②。

旧金山的主要温室气体排放来源包括建筑中的天然气和电力消耗，以及汽车和卡车的燃料消耗。其他来源包括有机废物填埋、城市运营、农业/城市土壤和废水处理。为了进一步减轻市政部门的排放，旧金山市议会采取了果断行动，投票决定通过新建和翻新市政建筑来逐步淘汰天然气的使用。鉴于天然气占市政建筑温室气体排放的99%，这一决定是实现旧金山减排目标过程中有实质影响力的一步。这意味着任何新建市政建筑或进行大规模翻新的市政建筑将不包含天然气基础设施。对于正在进行大规模翻新的现有建筑，这个过程可能包括拆除燃气设备，如热水器、炉灶和炉子，并用电力替代品取代它们。改造过程的时间表可以设定在特定期间内完成，例如在未来

① 《旧金山碳足迹》，旧金山环保局网站，https：//www.sfenvironment.org/carbonfootprint，最后检索时间：2024年2月21日。

② 《2019年旧金山基于部门的温室气体排放清单概览》，旧金山环保局网站（2023年5月），https：//www.sfenvironment.org/files/at-a-glance_ 2020.pdf，最后检索时间：2024年3月26日。

5~10年，作为天然气的替代能源，旧金山一直在投资太阳能、风能和水电等可再生能源。增加可再生电力的使用不仅能减少温室气体排放，还能与该市更广泛的可持续发展目标保持一致。

（五）环境治理

前文提到，旧金山在2008年提前两年达到了超过80%的废物转移率目标。这一转移率不仅远高于美国平均（35%），更是大幅领先诸如德国（62%）等欧盟国家。然而，需要注意的是，与国际管理不同，旧金山的废弃物转移率中包含了被回收再利用的建筑垃圾以及（废水处理产生的）生物固体。这些废弃物通常不被计算在转移率中。因此，旧金山的高转移率在一定程度上源于其统计口径的不同，但不可否认的是该市在废弃物管理上作出了巨大的努力，取得了显著的成果。

早在2006年，旧金山便实施了《建筑垃圾回收条例》，要求建筑行业在施工和拆除作业过程中妥善回收相关材料。紧接着在2009年，该市又推出了《强制回收和堆肥条例》，要求所有居民对可回收物、可堆肥物和垃圾进行分类。2018年，旧金山重申了其对零废物的承诺，并更新了目标——到2030年将固体废物产生量减少15%，将填埋或焚烧处置量减少50%。

促成旧金山成功的一个关键因素是其与废弃物管理公司Recology的独家合作关系。这种合作方式简化了行政过程，并促进了长期目标的协同追求。相比之下，诸如纽约这样的一个由众多竞争公司组成的、碎片化的商业废物收集系统，反而阻碍了全市范围内的协调一致[①]。

旧金山的废物管理体系是一个创新的三废物流收集系统，涵盖混合回收物、可堆肥物（包括食物残渣、污染纸和植物修剪物）和剩余垃圾。多语种的宣传工作，配以图片宣传资料，确保了不同社区以及居民群众都能正确地进行各类垃圾的分类。

---

① 《旧金山在垃圾管理方面领先世界》，CNBC（2018年7月14日），https://www.cnbc.com/2018/07/13/how-san-francisco-became-a-global-leader-in-waste-management.html，最后检索时间：2024年2月21日。

在堆肥方面，所有的城市绿化垃圾和食物残渣在旧金山东北约60英里的Vacaville的Jepson Prairie Organics找到一个可持续的归宿。在这里，可堆肥物经过精细处理，最终转变为营养丰富的肥料，出售给葡萄酒产区的葡萄园和中央山谷的坚果种植者，进而实现资源的有效循环利用。

四 挪威奥斯陆的可持续发展情况

奥斯陆是挪威的首都和最大城市，拥有丰富的自然景观和文化遗产。它位于奥斯陆峡湾的尽头，周围环绕着青翠的山丘和森林。作为一座现代化的北欧城市，奥斯陆结合了历史与创新，拥有众多博物馆、剧院和艺术画廊。这里也是世界级的教育和研究中心，为居民和游客提供高质量的生活和丰富的文化体验。奥斯陆市政厅是诺贝尔和平奖的颁奖地点，象征着城市在全球和平与合作中的重要地位。

奥斯陆是北欧地区的金融中心，拥有许多国际银行和金融机构，也是挪威最重要的工业和航运中心。奥斯陆港是全国最大、最繁忙的港口，并坐落于北欧地区公路、铁路及航空运输网络的核心地段。奥斯陆的制造业主要集中于消费品和电器产品的生产和研发。该市的整体经济同挪威全国一样都受石油、天然气出口量和价格的影响。自1990年代中期以来，挪威一直是全球第二大石油出口国（仅次于沙特阿拉伯）。到2010年左右，石油和天然气的出口收入已占政府收入的近1/5。作为资源丰富、人口相对稀少的高社会福利北欧国家城市，奥斯陆有着完善的教育、医疗、社会保障、养老、城市基础设施、环境和自然资源，在多项指标上都领先其他国际城市。

挪威市的整体可持续发展战略遵循联合国2030议程，将17个可持续发展目标（SDG）作为城市可持续治理的标杆。挪威统计局也将169个SDG的具体目标本土化，同挪威各级政府统计数据、指标进行融合，以对各市的可持续发展水平进行追踪和评估。

表 4　2022 年奥斯陆、珠海、中国城市平均水平可持续发展指标比较

可持续指标	奥斯陆	珠海	中国城市平均值*
常住人口(百万人)	1.45	2.48	7.00
GDP(十亿元人民币)	561.94	404.50	720.06
GDP 增长率(%)	9.97	2.30	3.15
第三产业增加值占 GDP 比重(%)	41.70	53.81	51.54
城镇登记失业率(%)	3.20	2.36	2.89
人均城市道路面积(m^2/人)	112.80	20.07	15.23
房价—人均 GDP 比	0.06	0.13	0.13
中小学师生人数比	1∶9.0	1∶16.0	1∶14.3
0~14 岁常住人口占比(%)	17.27	16.10	16.69
人均城市绿地面积(m^2/人)	177.00	127.40	44.99
空气质量(年均 PM2.5 浓度,$\mu g/m^3$)	7.21	17.00	29.00**
单位 GDP 水耗(吨/万元)	11.78	13.84	44.78
单位 GDP 能耗(吨/万元)	0.15	0.36	0.54
污水处理厂集中处理率(%)	—	99.21	97.19
生活垃圾无害化处理率(%)	—	100.00	99.96

注：* 城市范围是本书中测算可持续发展的 110 个城市。** 全国 339 个城市平均。

资料来源：根据公开资料整理。

（一）经济发展

奥斯陆都会区（Oslo Metro Area）以及奥斯陆市（City of Oslo）是挪威的首都与经济、政治中心。2022 年，奥斯陆都会区（以下简称奥斯陆）的 GDP 为 5619 亿元人民币。

2021~2022 年，奥斯陆与挪威其他地区一样，经历了重大的经济变化。2021 年，挪威整体经济因为石油与天然气价格飙涨而大幅攀升——当年度挪威整体 GDP 增长率为 8.1%，而首都奥斯陆 GDP 则增长 9.97%。虽然 2021 年 12 月受新冠疫情的影响，挪威暂时减缓了经济活动与发展，但该年

最终在石油和天然气行业的推动下依然呈现了良好的经济发展[①②]。而在2022年，挪威的经济依然维持上升的势头——达到了3.8%的增长率[③]。总体而言，2021~2022年GDP增长的特点是从疫情影响中复苏反弹，商品价格因此提高，虽然消费成本上升，但其国内消费需求依然强劲。

2022年，奥斯陆的经济延续2021年，在石油和天然气价格高涨的推动下大幅增长。除此之外，作为奥斯陆主要经济产业的服务业（GDP占比41.7%），其从疫情中的恢复也对该市GDP增长起到了巨大的推进作用。尽管面临通货膨胀和利率上升等不利因素，奥斯陆的居民消费依然强势。在政府强有力措施的支持下，该市就业持续增加，一直到2022年底就业率的上升趋势才逐渐放缓。根据挪威统计局的数据，伴随着经济从疫情中的恢复，奥斯陆的平均失业率从2021年7月中旬的4.2%，下降到2022年的3.2%[④⑤]。

（二）社会民生

报道显示，奥斯陆的房价收入比为0.065[⑥]，同往年报告中诸如巴塞罗

① Von Hirsch, E.:《2021年挪威经济强劲复苏》，SSB（2022年2月16日），https://www.ssb.no/en/nasjonalregnskap-og-konjunkturer/nasjonalregnskap/statistikk/nasjonalregnskap/artikler/strong-resurgence-in-the-norwegian-economy-in-2021，最后检索时间：2024年8月3日。

② 国际货币基金组织：《挪威国家报告：国际货币基金组织国家报告第22/304号》，（2022年9月9日），https://doi.org/10.5089/9798400221880.002。

③《2022年挪威经济：高成长与高物价》，挪威统计局网站（2023年2月15日），https://www.ssb.no/en/nasjonalregnskap-og-konjunkturer/nasjonalregnskap/statistikk/nasjonalregnskap/artikler/norwegian-economy-in-2022-high-growth-high-prices，最后检索时间：2024年8月3日。

④《失业率下降》，挪威统计局网站（2021年9月23日），https://www.ssb.no/en/arbeid-og-lonn/sysselsetting/statistikk/arbeidskraftundersokinga-sesongjusterte-tal/artikler/decrease-in-unemployment，最后检索时间：2024年8月3日。

⑤《高通货膨胀导致挪威经济低迷》，挪威统计局网站（2022年9月9日），https://www.ssb.no/en/nasjonalregnskap-og-konjunkturer/konjunkturer/statistikk/konjunkturtendensene/articles/high-inflation-leads-to-downturn-in-norwegian-economy，最后检索时间：2024年8月3日。

⑥ "Average Price per Square Meter of An Apartment in Europe 2023, By city," Statista (2024, April 15). https://www.statista.com/statistics/1052000/cost-of-apartments-in-europe-by-city/, retrieved on August 3, 2024.

那、埃因霍温和纽约等欧美城市相当，并明显低于中国百城以及人口众多的亚洲都市，如香港、东京及新加坡。这表明奥斯陆当地居民的住房经济压力相对较低——一方面是因为当地不太高的房价（51200 元人民币/米^2 的平均房价甚至低于部分中国一线城市），另一方面是当地的人均收入也相对较高，因此住房经济负担不重①。

教育方面，在可查询到的资料中，挪威全国的中小学师生人数比为1∶9（每个教职人员对应 9 名学生），高于中国百城的平均（1∶14.3）以及中国百城中该指标榜首齐齐哈尔（1∶10.4），这意味着挪威在教育资源的配置上更加充裕。

奥斯陆提供全民医疗保健服务，确保所有居民都能通过国家保险计划获得基本医疗保险。这包括为每位居民指派一名全科医生（GP），为初级护理和转诊专科治疗提供便利。整个城市也可以很容易在需要时获得紧急医疗服务②。

《奥斯陆老年友好行动计划》概括了奥斯陆针对老年人的社会福利政策，其中最强调创造一个包容互助的环境，让老年人能够独立、有尊严地生活。其重点是为老年人提供无障碍空间和负担得起的住房，包括辅助老人生活的硬件设施，提供全面的医疗保健和社会服务，预防性护理和心理健康保障等等。与交通相关的建设也处处彰显对老年人出行便利的贴心考虑，如更多有遮阴的车站、路边更多的长凳，以及各种台阶处的防摔防滑设计等。2022 年，奥斯陆通过引入低地板电车和公共汽车以及在车站安装坡道和触觉铺路来升级基础设施，以改善残障人士的通行。Ruter 应用程序的升级也改善了数字资料对老年人的可访问性，尤其是该程序可为视觉障碍用户提供音频指导等功能。作为向全电动公共交通系统过渡的一部分，新车的设计考

---

① 《奥斯陆的房地产价格》，NUMBEO，https：//www.numbeo.com/property-investment/in/Oslo，最后检索时间：2024 年 8 月 3 日。

② 《医疗保健服务——医疗保健和福利》，Oslo Kommune，https：//www.oslo.kommune.no/english/welcome-to-oslo/health-care-and-welfare/healthcare-services/#toc-2，最后检索时间：2024 年 8 月 3 日。

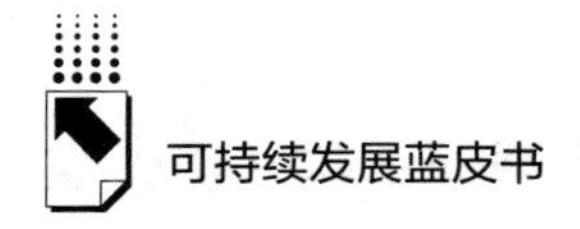

虑到了无障碍性，确保所有乘客的乘坐更加安静、平稳。此外，公共交通系统内的工作人员还接受了培训，以更好地帮助那些行动不便的人以及老年痴呆症患者①。

该市还通过社区活动、志愿者活动和终身学习计划促进社会共同参与这些计划，促进尊重和包容。最后，奥斯陆支持老年人积极参与关于数字技能及信息技术方面的学习。

（三）资源环境

2022 年，奥斯陆持续地规划城市绿地，并将此作为其可持续发展和改善居民生活品质承诺的一部分。该市将 72%的土地分配给绿地，使其成为欧洲最环保的首都之一。这样广泛的树木覆盖面积增强了城市生物多样性，增强了其应对气候变迁的适应性，同时也为当地居民提供宜人的休闲场所②。

奥斯陆在资源环境方面的一项关键举措是名为“奥斯陆树林”（Oslotrær）的项目。其目标是到 2030 年在全市范围内种植 10 万棵绿树。对此奥斯陆市政府充分动员了市内各种社区团体和公共机构参与其中，并且将这一计划融入中小学生的可持续教育中，发动学生对市域内潜在植树点进行调查、勘测③。除了像“奥斯陆树林”这种市政规划项目外，奥斯陆公共绿地的建设更是深入住宅区的规划和建设中。其中最具代表性的便是于 2014 年在奥斯陆和毗邻的贝鲁姆启动的 The Blue-Green Factor（BGF）规范。BGF 规范的核心是一套基于户外植被覆盖和地表水资源管理的可持续绩效指标。指标的评分着重考核各户外绿色基建在雨水管理、生物多样性、社区休闲以及美观等方面的效果。

① 《奥斯陆的公共和私人交通都接近完全电动化》，《商业观察家》（2023 年 7 月 10 日），https：//commercialobserver. com/2023/07/electriciation-oslo-norway-transport/，最后检索时间：2024 年 8 月 3 日。

② 《哪些欧洲首都拥有最多的绿地?》，《世界经济论坛》（2023 年 3 月 2 日），https：//www. weforum. org/agenda/2022/08/green-space-cities-climate-change/，最后检索时间：2024 年 8 月 3 日。

③ 《Oslotrær-奥斯陆树木综合计划》，Interlace Hub（2023 年 8 月 30 日），https：//interlace-hub. com/oslotr%C3%A6r-oslo-trees-integrated-project，最后检索时间：2024 年 8 月 3 日。

BGF 规定新建住宅区的综合评分必须不低于所在地区的平均水平。BGF 于2019 年正式成为奥斯陆城市规范，并后续成为挪威的国家对标基准①。

此外，奥斯陆正在着力于重新开放先前被改建为涵洞的城市水道。作为一个多河流和峡湾的国家，挪威的各大城市在 20 世纪 80 年代前都大范围地将境内的河道、水道改建为地下水管或者涵洞结构。其目的是增加土地可使用面积。如今，考虑到天然河道作为野生动物的栖息地对生物多样性有着关键的作用，并且能缓解因气候变化而导致降雨量增加，奥斯陆等挪威城市又开始重新将涵洞改回天然水道②。这些生态系统的恢复改造对城市整体的环境资源、居民的休闲以及气候变化的适应性都会有长远的帮助。

（四）消耗排放

2022 年，奥斯陆在改善空气品质和减少碳排放方面取得了重大进展。对空气质量的治理，该市将重点放在减少由交通运输和家庭供暖所产生的二氧化氮（NO_2）和颗粒物（PM2. 5 和 PM10）等污染物上。在减少汽车尾气排放上，奥斯陆通过道路限流收费、限速，以及对新能源汽车的补贴政策等，使当地的空气质量多年来得到了改善。但尽管作出了这些努力，在市内交通繁忙的地区要满足更严格的空气质量管控仍然面临挑战③。

在碳减排方面，奥斯陆减少碳足迹的绿色政策一直处于领先地位。该市的目标是到 2030 年将二氧化碳排放量降至比 1990 年减少 95%。2022 年，奥斯陆持续推广零排放车辆，并增加充电站数量。此外，为了减少居民驾车出行，奥斯陆积极推广自行车出行。为此，该市建成了一个遍布全市的、完善而便捷的共享单车系统。这些举措加上公共交通的电气化，显著降低了温

---

① “Blue Green Factor Norm,” Interlace Hub（2023，July 26），https：//interlace-hub. com/blue-green-factor-norm，Retrieved on August 3，2024.

② 《奥斯陆对城市环境的宏大目标》，《智慧城市互联》（2017 年 11 月 2 日），https：//smartcitiesconnect. org/oslos-ambitious-goals-for-the-urban-environment/，最后检索时间：2024 年 8 月 3 日。

③ 《空气质量统计-环境状况》，Oslo Kommune，https：//www. oslo. kommune. no/politics-and-administration/statistics/environment-status/air-quality-statistics/#toc-1，最后检索时间：2024 年 8 月 3 日。

室气体排放，使奥斯陆成为欧洲最环保的城市之一①。

2022 年，由于负责该市淡水供给的水库水位低于正常水平，奥斯陆实施了多项节水措施，包括鼓励居民缩短淋浴时间、刷牙时关掉水源、在冲厕所时使用“节水”按钮，及尽量满足使用洗碗机和洗衣机等生活上的用水细节，政府还建议市民避免不必要地浇灌草坪或洗车，这些居民生活用水的节水措施对预防干旱时期水资源短缺至关重要。此外，在市政用水方面，奥斯陆市也通过减少街道清洁和减少公共车辆清洗频率等活动来减少用水量。他们还关闭了喷泉等非必要的水景，以节约用水②。

（五）环境治理

奥斯陆一直处于废弃物管理创新与实践的前沿，他们实施了多项减少废弃物和促进可持续发展的措施。

首先是推行循环经济策略。奥斯陆是废弃物循环管理领域的全球领导者，所有废弃物都被视为资源并再利用。该市的垃圾处理系统会确保废物在源头进行分类和单独收集，有机废物被转化为沼气和生物肥料。这种沼气为城市的公交车和垃圾车提供动力，显著减少该市的碳排放。

其次是可持续食品管理。奥斯陆以可持续的方式管理食物，目标是到 2023 年将市政食堂和机构的肉类消费量减少一半，同时增加水果、蔬菜和豆类等植物性食品的比例。在 Klimasats 补助计划的资助下，该市还致力于在 2030 年之前减少人均食物浪费。其中一项举措包括创建一个低碳菜单共享平台，以促进该市内的可持续食物选择。此外，奥斯陆也参与了欧盟的“地平线 2020”（Horizon 2020）中关于食品系统的 FUSILLI（“通过创新生活实验室的实施促进城市粮食系统转型”）项目，与其他城市合作测试永

① 《奥斯陆采取大胆措施减少空气污染，提高宜居性》，联合国环境规划署网站（2018 年 10 月 22 日），https：//www. unep. org/news-and-stories/story/oslo-takes-bold-steps-reduce-air-pollution-improve-livability，最后检索时间：2024 年 8 月 3 日。

② 《我们需要节约用水》，Oslo Kommune（2022 年 6 月 1 日），https：//www. oslo. kommune. no/politics-and-administration/politics/press-releases/we-need-to-save-water，最后检索时间：2024 年 8 月3 日。

续粮食系统的创新解决方案。

再次是大力发展垃圾发电。奥斯陆运作着世界上最先进的垃圾发电工厂之一，该工厂焚烧不可回收的垃圾来产生热能和电力。此外，前文提到的奥斯陆利用有机废弃物和城市污水产生的沼气为其公车和垃圾车提供动力。

最后是推行塑胶回收贩卖机计划。该市拥有广泛的塑胶回收计划，其中包括遍布全市的反向自动贩卖机。这些机器允许居民返还塑胶瓶和容器，以换取小额金钱奖励，从而鼓励更高的回收率[①]。

① 《挪威97%的塑料瓶被回收》：Climate Action，https：//www.climateaction.org/news/97-of-plastic-bottles-are-recycled-in-norway，最后检索时间：2024年8月3日。

B.21
发展中国家城市可持续发展比较

哥伦比亚大学课题组*

摘　要： 发展中国家城市案例选取印度德里、俄罗斯莫斯科和南非开普敦这三座“金砖国家”的主要城市以及阿塞拜疆巴库和埃及开罗，从经济发展、社会民生、资源环境、消耗排放及环境治理5个城市可持续发展的主要领域分析各城市的可持续发展政策与成果，并通过15个指标同前文中国110座大中型城市的可持续发展水平进行了比较。在城市可持续发展的政策举措上，各发展中国家城市因地制宜、从主要问题入手，推行了多样化的政策。其中，比较有共识的政策为大力发展基础设施，在刺激经济、改善现代化水平的同时，在交通、能源、排放等领域提升城市的可持续发展水平。具代表性以及创新性的政策包括德里的Mohalla Clinics社区诊所以及太阳能政策，开普敦的廉租房建设以及应对水资源紧张情况的举措，以及埃及围绕首都开罗建设的一系列“新城市”。这些案例也能为中国城市和全球其他大都市的可持续发展管理提供参考与借鉴。

关键词： 发展中国家　可持续发展指标　城市可持续发展案例

---

* 哥伦比亚大学课题组成员：王安逸，博士，美国哥伦比亚大学研究员，主要研究方向为可持续城市、可持续机构管理、可持续发展教育；Akshay Malhotra，美国哥伦比亚大学专业研究学院可持续管理学硕士研究助理；Sylvia Gan，美国哥伦比亚大学公共事务学院环境科学与政策硕士研究助理；李毓玮，美国哥伦比亚大学可持续经营与管理硕士研究助理；毕卓然，美国哥伦比亚大学专业研究学院应用分析学硕士研究助理；赵腾，美国哥伦比亚大学公共卫生学院环境健康科学硕士研究助理。感谢哥伦比亚大学孟星园博士、李毓玮硕士对数据的收集与整理。

一　阿塞拜疆巴库可持续发展情况

巴库是阿塞拜疆的首都、第一大城市和经济中心，巴库大都会区是该国唯一的都会区，涵盖了巴库群岛上的镇区与石油钻井平台上的工业区。据统计，2022年巴库市区人口共计233万人，占该国总人口数的23%。巴库素有“石油城”美誉，同时巴库港是里海沿岸最大的港口。巴库为阿塞拜疆的科学、文化与工业中心，集合了众多国家机构的总部，也是众多国际赛事的主办地。巴库以强风闻名，号称“风城”。

表1　2022年巴库、珠海、中国城市平均水平可持续发展指标比较

可持续指标	巴库	珠海	中国城市平均值*
常住人口(百万)	2.33	2.48	7.00
GDP(十亿元人民币)	122.88	404.50	720.06
GDP增长率(%)	4.62	2.30	3.15
第三产业增加值占GDP比重(%)	32.1	53.81	51.54
城镇登记失业率(%)	5.65	2.36	2.89
人均城市道路面积(m^2/人)	6.65	20.07	15.23
房价—人均GDP比	—	0.13	0.13
中小学师生人数比	1:9.7	1:16.0	1:14.3
0~14岁常住人口占比(%)	23.48	16.10	16.69
人均城市绿地面积(m^2/人)	—	127.40	44.99
空气质量(年均PM2.5浓度,$\mu g/m^3$)	28.00	17.00	29.00**
单位GDP水耗(吨/万元)	198.60	13.84	44.78
单位GDP能耗(吨/万元)	0.43	0.36	0.54
污水处理厂集中处理率(%)	—	99.21	97.19
生活垃圾无害化处理率(%)	—	100.00	99.96

注：*城市范围是本书中测算可持续发展的110个城市。**全国339个城市平均。
资料来源：根据公开资料整理。

2018年7月，阿塞拜疆总统颁布法令，确认启动《巴库城市总规划2040》(Baku City General Plan 2040)，该规划将城市可持续发展放在首位，强调发展

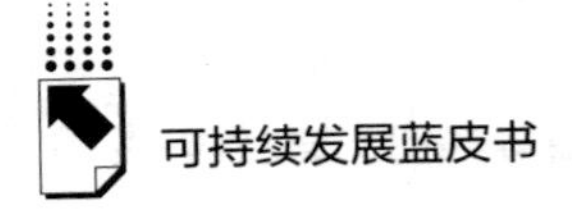

多功能的多中心城市，保证平等包容，并强调了公共交通与基础设施的重要性。要求践行清洁城市计划，注重环保。规划还强调保护历史遗迹，发展旅游业与新兴产业。总规划对巴库的可持续发展提供了指导意见①。

阿塞拜疆的整体发展政策也与巴库都会区密切相关。2021 年初，总统批准了《阿塞拜疆 2030：国家社会经济发展优先事项》，作为政府的整个经济发展的指导性战略文件，旨在使阿塞拜疆成为一个“清洁环境和绿色增长国家”，力求增加可再生能源的使用。2021 年 5 月，议会批准了《关于在电力生产中使用可再生能源的法律》，这项新法律将使阿塞拜疆能够利用其可再生能源潜力，为开发可再生能源项目奠定法律基础②。

（一）经济发展

巴库都会区的经济与政治活动对整个国家有举足轻重的影响。2022 年，巴库市的生产总值约为 1228.8 亿元人民币，失业率为 5.65%③。

石油与天然气行业是阿塞拜疆的核心产业，约占该国出口的 90%，占本国 GDP 的 30%～50%。石油与天然气的出口给阿塞拜疆带来了巨大的财富，并提高了该国的生活水平，而石油和天然气行业的波动也给国家的经济增长带来重大影响。而随着全球主要进口国承诺到 2050 年实现温室气体零排放，阿塞拜疆的经济需进行战略性转型。2020 年和 2021 年，油价大幅波动，再次印证了经济多样化、收入多元化发展的重要性。经济的战略性转型还有很长的路要走，阿塞拜疆对石油和天然气行业的依赖仍将持续数年④。

① 《巴库城市总规划 2040》，阿塞拜疆共和国城市规划和建筑国家委员会网站（2023），https：//arxkom. gov. az/en/bakinin-bas-plani。

② 《阿塞拜疆能源环境》，国际能源署网站（2022 年 6 月），https：//www. iea. org/reports/implementing-a-long-term-energy-policy-planning-process-for-azerbaijan-a-roadmap/azerbaijan-s-energy-context。

③ 《统计数据库》，阿塞拜疆共和国统计委员会网站，https：//www. stat. gov. az/menu/13/?%20lang=en，最后检索时间：2024 年 8 月 10 日。

④ 《统计数据库》，阿塞拜疆共和国统计委员会网站，https：//www. stat. gov. az/menu/13/?%20lang=en，最后检索时间：2024 年 8 月 10 日。

（二）社会民生

2022年，巴库大都会区人口共计243万人，占该国总人口数的25%左右。都会区人口主要由阿塞拜疆人、亚美尼亚人、俄罗斯人和犹太人组成。在宗教方面，虽没有指定国教，但绝大多数的巴库市民信奉伊斯兰教。巴库的中小学师生人数比为1∶9.7，教育资源相较中国城市平均水平更充裕。0~14岁人口比例为23.48%，高于中国百城平均值，表明该国人口仍在快速增长期。据统计，巴库人均城市道路面积为6.65米^2/人，远低于中国百城平均值15.23米^2/人，在城市交通建设方面暂未满足人口增长与工业发展的需求。

针对人口的不断增长与机动化率的提升，巴库依据《巴库城市总规划2040》对其公共交通系统进行了现代化改造，主要集中于以下几个方面：地铁、铁路网络建设，公路与公共交通的完善与扩建，自行车道路网络建设以及交通枢纽的建设。预计到2040年，巴库地铁线路的总长度将从2022年的36.6公里增加到73.4公里，车站数量将从2022年的46个增加到51个，提供了可靠而节能的出行替代方案。此外，巴库还将着力建设自行车专用道，以满足交通与绿色发展需求。预计在2040年，巴库的自行车道的总长度将达到285公里。上述措施与推行共享单车项目并行，是巴库推动非机动交通方式发展的重要举措，在缓解交通拥堵的同时节能减排，使城市拥有更加绿色的交通基础设施①。

巴库“白城”的建设是巴库城市可持续发展的另一典范。根据阿塞拜疆总统令，以石油工业著称的前工业区“黑城”将重建，并设计成全新的现代化城市——“白城”，建设兼具实用性与可持续性的住宅与商业区，并致力于实现绿色建筑标准。建设计划将提供最多12万个住宅和商业单位，共计24万个工作场所，并将现有的巴库大道延长10公里，

① 《巴库城市总规划2040-交通网络》，阿塞拜疆共和国城市规划和建筑国家委员会网站，https：//arxkom. gov. az/en/bakinin-bas-plani？ plan=neqliyyat-sebekesi。

使之成为世界上最大的林荫大道之一，成为巴库的另一个现代化的中心[①]。

（三）资源环境

巴库的城市发展规划越来越多地被纳入公共绿地和公园，如“高地公园”等，为公民提供了大量绿化面积与可供休闲的空间，日益增多的绿化面积对提升公民的幸福指数与保证环境质量与可持续发展至关重要。

巴库大道（Neftchilar Avenue）是一条沿着海滨延伸的步行林荫大道，也是巴库城市绿化计划的另一个证明。它为当地人和游客提供了郁郁葱葱的绿色空间，提升城市的美感的同时也有效改善了空气质量。市政当局继续致力于扩建和维护这些公园和绿地，这些绿化面积是巴库在进行快速城市化过程中必不可少的可持续发展资源，为净化城市空气作出了卓越贡献。

（四）消耗排放

阿塞拜疆在可再生能源发展方面具有巨大潜力，其因拥有优良的太阳能和风能资源，同时在生物质能、地热能和水力发电方面具有广阔的前景。在阿塞拜疆政府的战略愿景指导下，巴库开始投资风能、太阳能和沼气等可再生能源。目前巴库城市的屋顶已广泛地安装了太阳能电池板，并在诸如阿布歇隆半岛（Absheron Penisula）周围大量建造风力发电场，有效利用当地普遍存在的风力资源。政府计划在 2030 年达到 30%的可再生能源供能比，约为目前占比的 2 倍。同时政府在 2020 年初签订了风能与太阳能发电基建合同，目前正在进行中。

以希兹-阿布歇隆风力发电场（Khizi-Absheron Wind Power Plant）为例，据初步估计，建成后其总装机容量将达到 240. 5 兆瓦，每年发电量达 10 亿千瓦时，每年可节省 2. 2 亿立方米天然气，减少 40 万吨二氧化碳排

---

① 《巴库白城简介》，巴库白城官网（2024 年），https：//bakuwhitecity. com/en/about/on-soz。

放，并为30万户家庭供电，项目预计于2025年正式投入商业运营①。

对太阳能、风能等可再生能源技术的投资是巴库绿色转型的关键部分。通过与国际投资者和公司合作，巴库的目标是大力发展可再生能源基础设施。这不仅能为巴库以及阿塞拜疆提供更清洁的电力，而且能减少其对石油和天然气的历史依赖，使其能源组合多样化，以实现更可持续的未来。

在建筑节能方面，巴库同时努力提高建筑物和基础设施的能源效率。2018~2023年，巴库的街道照明路灯数量翻倍，其中新建的路灯全部改用LED路灯，原有部分达到使用寿命的照明线路也采用全新的现代化系统翻新，这一项目大大降低了能源消耗②。整座城市建筑物的设计和改造正在满足更高的能源标准，并同时采用智能技术来最大限度地减少浪费。

巴库政府还开展大量公共宣传活动，鼓励居民节约能源，推广使用节能电器，增强减少能源消耗的意识。这些措施在减少巴库的碳足迹的同时，也促进其迈向更加节能的现代化绿色城市。

在交通方面，巴库正在采用智慧城市技术来改善城市交通并减少其对环境的影响。该项目计划实现智能照明、智能停车、环境监测、人脸识别、车牌识别、公共Wi-Fi等技术与基础设施建设。其中，实时交通管理系统能够有效优化交通流量，以减少停车时间从而减少排放。智能交通服务系统则为居民提供最新的公共交通时刻表和路线信息，让公共交通更便捷利民③。

（五）环境治理

固体废物管理是巴库环境战略的重要组成部分。巴库已开始实施更先进的

---

① 《240兆瓦希兹-阿布歇隆风力发电场》，阿塞拜疆共和国能源部阿塞拜疆可再生能源署网站（2022），https://area.gov.az/en/page/layiheler/cari-layiheler/240-mvt-kulek-elektrikstansiyasi。

② 《过去的5年中，巴库街道照明设施翻倍》，巴库市行政权力新闻处网站（2023年6月12日），https://baku-ih.gov.az/en/news/over-the-past-5-years-the-number-of-illuminated-streets-in-baku-has-doubled.html。

③ Anar Valiyev：《在阿塞拜疆建设智慧城市与村落：挑战与机遇》，（2021年8月6日），https://bakuresearchinstitute.org/en/building-smart-cities-and-villages-in-azerbaijan-challenges-and-opportunities/。

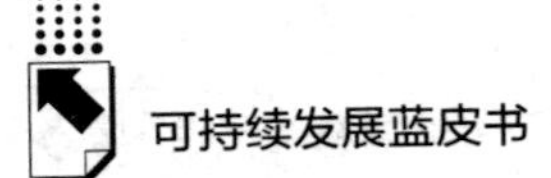

废物收集和分类系统，重点是提高回收率。该市正在努力扩大回收设施的容量，在源头引入分类，并鼓励公众参与回收计划。此外，巴库正在探索垃圾发电厂的潜力，以便在处理垃圾的同时发电。这些努力旨在解决固体废弃物处理和可持续能源生产的双重挑战，确保城市的发展不会以牺牲环境为代价。

巴库垃圾焚烧发电项目是巴库在环境治理战略中的成功典例。原位于城市郊区的巴拉哈尼垃圾填埋场（Balakhani landfill），多年来因其巨大的规模和毒害空气的焚烧烟雾严重影响了当地环境。为此，巴库启动垃圾焚烧发电项目以扭转现状。该项目规模巨大，同时也影响巨大。项目耗时超过 480 万小时，最终建成了一座现代化垃圾处理设施，每年可将 50 多万吨城市固体废物转化为 230 兆千瓦时的电力。这项治理项目不仅解决了紧迫的废物处理问题，还为整座城市提供了清洁能源，电力足以供给巴库 5 万多户家庭[①]。

巴库在治理保护方面，强调了公众的参与和强化环保意识的重要性。该市通过各种活动和计划，向市民宣传垃圾回收利用与环境治理相关内容。巴库的各类学校也将环境教育纳入课程，致力于培养年轻一代的可持续发展意识。此外，植树日与环保活动等公共活动的开展也十分普遍，促进了社区意识和共同的环境责任。巴库深知，长期的可持续发展需要市民的理解、配合和积极实践。

二　印度德里可持续发展情况

德里市，官方称为德里国家首都辖区（NCT），是印度的一个城市和联邦属地。新德里是德里市内的一个城区，也是印度的首都和印度政府所在地。德里市占地 1483 平方公里，是印度面积最大的城市，其中 369. 35 平方公里为农村地区，1113. 65 平方公里为城市地区[②]。该市是世界上人口密度最高的城市之一。根据 2011 年的最后一次官方人口普查，德里市的人口超

---

① 《净化空气：巴库从垃圾困境到能源胜利之路》，伊斯兰开发银行网站（2024 年 3 月 18 日），https：//www. isdb. org/news/clearing-the-air-bakus-journey-from-waste-woes-to-energy-wins。

② Government of NCT Delhi：“Demographic Profile，” *Economic Survey of Delhi 2022-23*，Chapter 19（2024）：pp. 395-413.

过1600万，而最近的估计则显示其人口已达到3300万①。

国家首都区（NCR）是一个以德里市为核心的都会区。NCR覆盖了整个德里NCT和邻近的郊区——加兹阿巴德、法里达巴德、古尔冈、诺伊达、大诺伊达、密拉特和YEIDA市，总面积55083平方公里。NCR是印度最大、世界第二大都会区（仅次于东京）。

表2　2022年德里、珠海、中国城市平均水平可持续发展指标比较

可持续指标	德里	珠海	中国城市平均值*
常住人口(百万人)	16.78	2.48	7.00
GDP(十亿元人民币)	893.67	404.50	720.06
GDP增长率(%)	9.18	2.30	3.15
第三产业增加值占GDP比重(%)	48.40	53.81	51.54
城镇登记失业率(%)	5.30	2.36	2.89
人均城市道路面积(m^2/人)	12.82	20.07	15.23
房价—人均GDP比	0.16	0.13	0.13
中小学师生人数比	1∶28.0	1∶16.0	1∶14.3
0~14岁常住人口占比(%)	27.00	16.10	16.69
人均城市绿地面积(m^2/人)	15.93	127.40	44.99
空气质量(年均PM2.5浓度,$\mu g/m^3$)	98.60	17.00	29.00**
单位GDP水耗(吨/万元)	23.40	13.84	44.78
单位GDP能耗(吨/万元)	0.16	0.36	0.54
污水处理厂集中处理率(%)	95.00	99.21	97.19
生活垃圾无害化处理率(%)	—	100.00	99.96

注：*城市范围是本书中测算可持续发展的110个城市。**全国339个城市平均。
资料来源：根据公开资料整理。

（一）经济发展

德里是一个强大的经济中心，2022年其GDP达到110774.6亿卢比

① United Nations Department of Economic and Social Affairs: "World Urbanization Prospects 2018," *Population Dynamics* (2018), World Urbanization Prospects-Population Division-United Nations.

（人民币 8936.7 亿元），对印度 GDP 的贡献率约为 4%，巩固了其作为印度最大经济中心之一的地位。该市的人均收入为 4027 美元，经济结构主要由第三产业为主——服务业占德里 GDP 的 85%。其中，龙头行业包括信息技术、电信、金融、旅游和零售业等，都对该市的经济繁荣作出了重要贡献。

德里的庞大人口不仅是一个巨大的消费基础，还提供了维持经济增长所需的充裕劳动力。该市多元化的人口和熟练劳动力持续吸引着国内外的企业，形成了一个富有活力的商业环境。

基础设施项目在促进德里的经济发展方面发挥着关键作用。德里地铁公司（DMRC）在德里市和 NCR 区域内建成了总长度达到 392.44 公里、拥有 288 个站点（包括诺伊达-大诺伊达走廊和古尔冈快速地铁）的庞大网络。这一轨道交通网络高效而高质量的建成也使 DMRC 成为政府机构按时、按预算完成复杂基础设施项目的典范。同时，这一地铁网络也帮助大众摆脱了对各种非正式、不可靠的公共交通的依赖——如超载的 DTC/私营巴士、不遵守计价规则的人力摩托车等。地铁线路的规划连接了德里的不同区和卫星城，并且方便与支线公交线路和私家车等其他交通方式整合。轨道交通网络的持续扩张在缓解道路拥堵、减少空气污染、节省燃料/停车费用和为日常通勤者提供经济实惠的出行方式方面发挥了重要作用。早在 2011 年，建设初期的德里地铁即成为世界上第一个获得联合国碳信用认证的地铁系统①。

地铁网络的建设不仅改善了交通，还能刺激商业活动，促进投资和城市发展。德里地铁不仅已成为学生的首选交通工具，更为游客提供了前往遍布德里的各类市场和历史遗迹的方便途径，并且改变了市民眼中公共交通的形象，成为很多人眼中取代驾车出行的首选。

在设计与施工过程中，DMRC 也采用了众多先进的技术手段比肩全球其他地铁系统。这其中包括地下隧道的建设、地下地铁站的建设、高架桥的建设、预铸 U 形梁的使用、特殊索承体系（如 extradosed）的桥梁、25kV 的

① "Delhi Metro gets UN certification," The Hindu（2011，September 26），https：//www.thehindu.com/news/cities/Delhi/delhi-metro-gets-un-certification/article2486634.ece.

交流牵引系统和自动票价收集系统等①。

此外，城际交通基础设施，如德里-孟买工业走廊（DMIC）等项目，也进一步促进了工业化和贸易，推动德里的经济迈向新的高度。总体而言，德里的经济实力，由其繁荣的服务业、不断增长的人口和战略性的基础设施投资推动，巩固了其在印度经济格局中的关键地位，并有望在未来几年继续增长和发展。

（二）社会民生

德里的社会福利计划面向多元化的人口，解决关键问题并关注弱势群体。

该市的教育系统服务于超过500万学生。2022~2023年，教育支出占德里GDP的1.49%。德里面临诸如教室拥挤、基础设施不足以及教育资源、质量不公平等问题，政府已采取多方面的举措②。例如，2020年出台的“新教育”政策强调在印度高等教育机构中进行系统和管理制度上的改进，推动多学科的教学和学术研究。德里市政府一直致力于打造包容和公平的优质教育，以促进“2030议程”和可持续发展目标（SDG-04）的实现。具体措施包括努力改善师生比例和教育资源，推出教师培训计划和基础设施开发项目等。

此外，在技能发展和职业教育方面，德里的“技能发展项目”和各类职业培训项目都在为个人提供与就业相关的技能。然而，技能缺口、行业相关性不足和基础设施不完善等问题阻碍了这些服务的有效性。德里正在通过与企业行业合作、更新课程以符合市场需求以及提供创业培训来加强此类就业辅助培训，提高教育服务的有效性。

---

① Ravi Panwar: “Delhi Metro: Unique Features of the Best Railway Network in the World,” The Constructor, Delhi Metro: Unique Features of the Best Railway Network in the World-theconstructor.org, retrieved on May 30, 2024.

② Soibam Rocky Singh: “North-east Delhi Has Just One School for Nearly 2, 800 Students,” The Hindu (2024, February 26), North-east Delhi has just one school for nearly 2, 800 students-The Hindu, retrieved on May 30, 2024.

德里的医疗行业包含了超过 1000 家医疗机构，其宗旨是提供优质的全民医疗服务。然而当前的实际情况却凸显许多医院面临超负荷运转、某些地区缺乏专科护理技术以及医疗资源分配不公平等问题。该市正在通过扩展基础设施、升级医疗设备和开展远程医疗服务来应对这些挑战。2015 年起，德里政府开创性地引入了“社区诊所”（Mohalla Clinics）的概念，旨在为居民提供便捷、廉价的医疗服务。截至 2024 年，德里已有 300 多家社区诊所[①]。这些诊所能够为社区居民提供良好的初级医疗服务，服务内容包括基于标准治疗方案的基本医疗保健、实验室样本化验、预防服务以及提供健康信息和宣传[②]。

（三）资源环境

德里市政府积极开展对自然资源的保护工作。该市的绿化覆盖，包括公园、花园和城市森林，占其总面积的 20%以上[③]。正在开展的“绿色德里”计划旨在通过植树活动、垂直花园和生物多样性公园来增加城市绿地。《德里总体规划 2041》也明确要求政府致力于扩展和保护绿地，以改善空气质量、缓解城市热岛效应并增强生物多样性。

德里被评为世界上污染最严重的首都城市。德里的空气质量是印度的重要社会和政治问题。全市的空气质量监测网点数据显示，德里空气污染的峰值水平往往出现在收割季节后以及“排灯节”（Diwali）期间。污染源分别为邻近州的秸秆焚烧和节庆时的烟花燃放后的粉尘等物[④]。2021～2022 年，

---

① “Aam Aadmi Mohalla Clinic,”（2024），Welcome | Mohalla Clinics-Delhi | Official Website | Healthcare delivered to your neighborhood，retrieved on May 30，2024.

② “Brief Write up on Aam Aadmi Mohalla Clinic,” Government of NCT of Delhi Directorate General of Health Services，Aam Aadmi Mohalla Clinics | Directorate General of Health Services（delhi. gov. in），retrieved on May 30，2024.

③ Delhi Development Authority：Home Page | Delhi Development Authority（DDA），retrieved on May 30，2024.

④ The Energy Resource Institute：“Does Air Quality from Crop Residue Burning in Close Proximity to Residential Areas Adversely Affect Respiratory Health?”（New Delhi，India：The Energy Resource Institute，2021）. TERI_ Brief_ Report. pdf（cpcb. nic. in）.

德里的年均PM2.5浓度为100微克/米^3，是世卫组织（WHO）指南5微克/米^{3}的20倍。但这与2010年英联邦运动会前后和20世纪10年代中期的污染情况相比已经有20%~28%的显著改善。这些改善是技术和经济干预与各部门司法参与的结果①。

德里市政府对空气污染的治理主要集中在交通运输行业。该市的公共交通系统，包括公交车、地铁和郊区铁路，在减少交通拥堵和空气污染方面发挥了关键作用②。尤其是电动公交车和电动列车的引入可以进一步扩展和改进公共交通服务，促进可持续交通并减少对私人车辆的依赖。此外，在交通污染上德里政府的另一措施是积极推动电动汽车的使用以减少机动车尾气排放。为此，政府出台了多项补贴以及税收减免政策来鼓励电动汽车的购买，效果显著。德里市内电动汽车的登记数量明显上升，现已有超过150万辆纯电动或混动车辆。

除了交通运输行业以外，政府近年还采取了多项措施来改善环境状况，这些措施包括大规模植树、在建筑工地安装防雾枪、推广IARI Pusa开发的秸秆处理生物降解剂、关闭火电厂、部署机械道路清扫车和喷水器、禁用一次性塑料、改进固体废物管理、废水处理、禁止露天焚烧垃圾/干叶、改进污水处理系统以及制定更严格的工业废水排放标准等（见图1）。

（四）消耗排放

可再生能源是德里减少碳足迹和促进可持续能源实践的关键。德里优先考虑太阳能和风能项目以增加可再生能源在总能源消费中的比重，并减少对化石燃料的依赖。德里的可再生能源举措，包括屋顶太阳能安装和公用事业规模的太阳能公园。目前该市的屋顶太阳能发电容量已超过250兆瓦，屋

---

① Guttikunda, S. K., Dammalapati, S. K., Pradhan, G., Krishna, B., Jethva, H. T., & Jawahar, P., "What Is Polluting Delhi's Air? A Review from 1990 to 2022," *Sustainability* 2023 15 (5), https://doi.org/10.3390/su15054209.

② 德里地铁公司网站主页，https://www.delhimetrorail.com/，最后检索时间：2024年6月2日。

图 1　德里市内的防雾枪

注：防雾枪是一种向大气中喷射细小雾化水滴的装置，以吸收最小的灰尘和污染颗粒。它们于 2017 年首次测试，并自此安装在城市关键位置。

顶、公共建筑和开放空间都有众多太阳能设施。

此外，《德里太阳能政策 2024》于 2024 年 1 月正式宣布，标志着印度绿色能源未来发展迈出重要一步。该政策是 2016 年太阳能政策的更新版本，其核心是为安装屋顶太阳能板的消费者提供实质性利益，进而达到减少空气污染和应对通货膨胀的目的。德里的太阳能发电容量目前为 1500 兆瓦，其中 250 兆瓦来自屋顶太阳能。政府计划到 2027 年 3 月将光伏发电容量增加到 4500 兆瓦，使太阳能占城市电力消费的约 20%①。

《德里太阳能政策 2024》对住宅消费者最为有利，首席部长阿尔文德·凯杰里瓦尔（Arvind Kejriwal）宣布，安装屋顶太阳能板的家庭将享受零电费。除了现有的每月使用 200 个单位以下电力的补贴外，新政策下的基于发电量的激励措施（GBI）可使住宅消费者每月获得 700~900 卢比②。此外，

---

① 《印度平民党在德里出台新的太阳能政策》，印度斯坦时报（2024 年 5 月 17 日），https：//www. hindustantimes. com/cities/delhi - news/aapgovt - notifies - new - solar - policy - in - delhi - 101710611700116. html。

② 住宅消费者将获得每月基于发电的激励措施，每单位 3 卢比（3 千瓦及以下的设备）、每单位 2. 5 卢比（3~10 千瓦的设备），商业用户每单位 1 卢比，为期 5 年。

商业和工业消费者在安装屋顶太阳能板后，其电费将减少 50%。根据消费者屋顶光伏发电的（峰值）装机容量，政府将为住宅消费者提供每千瓦（容量）2000 卢比的资本补贴，上限为每个消费者 10000 卢比。德里政府已拨款 570 亿卢比用于实施该政策，凸显了其对城市可持续发展和绿色未来的承诺。

除了推广可再生能源外，德里还实施了更严格的能效和排放标准，以减轻环境影响并促进可持续的消费模式。政府推出了提高建筑、工业和电器能效的措施，从而减少能源消耗和温室气体排放①。与此同时，通过公共宣传活动和政策干预，德里鼓励能源节约、减少浪费和回收利用，培养城市的可持续文化。此外，德里是率先推广使用掺有 20% 乙醇的汽油（E20 燃油）的城市之一。该计划于 2023 年 2 月 6 日在 11 个州和联邦属地的部分加油站启动，旨在增加生物燃料的使用，以减少排放以及对燃油进口的依赖。

最后，水资源保护是德里在能源消耗以外的另一大重点工作，尤其是鉴于其水资源短缺和污染问题。该市实施了各种确保可持续水管理的举措，包括雨水收集、地下水补给以及废水处理用于非饮用用途。德里的废水处理厂每天处理超过 6 亿加仑（227 万吨）的废水。上述可持续管理的举措能够减少对淡水资源的压力，以及对河流和水体的污染。

（五）环境治理

德里的环境管理策略侧重于废物管理、空气质量监测和绿色举措。该市实施了先进的废物分类和回收系统，将超过 80% 的废物从垃圾填埋场转移至回收和堆肥设施进行处理，但在管理每日产生的大量废物方面仍面临挑战。德里政府正在投资更先进的废物分类系统、公众意识宣传活动和基础设施改进，以进一步提升废物管理实践，减少环境污染，促进循环经济。

---

① 印度能源效率局网站主页（2024 年 5 月 30 日），https：//www.beeindia.gov.in/，最后检索时间：2024 年 5 月30 日。

三　南非开普敦可持续发展情况

开普敦是南非的立法首都（该国的行政首都是比勒陀利亚，司法首都是布隆方丹）。它是南非第二大城市，仅次于约翰内斯堡。2019 年，该市贡献了南非约 10%的 GDP，占全国就业的 11.1%。该市经济严重依赖服务业，2022 年服务业占总增加值的 77.8%，其中金融、零售和房地产是主要贡献者①。

表 3　2022 年开普敦、珠海、中国城市平均水平可持续发展指标比较

可持续指标	开普敦	珠海	中国城市平均值*
常住人口(百万人)	4.75	2.48	7.00
GDP(十亿元人民币)	216.41	404.50	720.06
GDP 增长率(%)	1.20	2.30	3.15
第三产业增加值占 GDP 比重(%)	77.80	53.81	51.54
城镇登记失业率(%)	26.80	2.36	2.89
人均城市道路面积(m^2/人)	—	20.07	15.23
房价—人均 GDP 比	—	0.13	0.13
中小学师生人数比	1∶30.9	1∶16.0	1∶14.3
0~14 岁常住人口占比(%)	23.33	16.10	16.69
人均城市绿地面积(m^2/人)	179.02	127.40	44.99
空气质量(年均 PM2.5 浓度,$\mu g/m^3$)	14.17	17.00	29.00**
单位 GDP 水耗(吨/万元)	12.67	13.84	44.78
单位 GDP 能耗(吨/万元)	0.10	0.36	0.54
污水处理厂集中处理率(%)	—	99.21	97.19
生活垃圾无害化处理率(%)	—	100.00	99.96

注：* 城市范围是本书中测算可持续发展的 110 个城市。** 全国 339 个城市平均。

资料来源：根据公开资料整理。

① 西开普省政府：《开普敦市 2022 年社会经济状况》，2022 年，https://www.westerncape.gov.za/provincial-treasury/sites/provincial-treasury.westerncape.gov.za/files/atoms/files/City%20of%20Cape%20Town%20SEP-LG%202022%20.pdf。

2017年，开普敦举办了首届联合国世界数据论坛，启动了《开普敦全球可持续发展数据全球行动计划》。该行动计划为规划和建设实现2030议程所需的统计能力提供了框架，并为全球国家统计系统的现代化筹集资金①。该市的可持续发展议程由其“2050碳中和承诺”引导，该承诺识别了城市的主要碳排放源并制定了解决方案②。

（一）经济发展

在新冠疫情前，开普敦的GDP增长在过去十年中大多高于南非的全国增长率，除了在2017/2018年由于严重干旱而导致了短暂下滑。然而，尽管显示出高于全国的增长率，但开普敦的经济趋势一直紧跟全国的下行轨迹——从2011年的4%实际增长率下降到2019年的低于1%。疫情和随后的封控对南非经济造成了沉重打击，将增长率拉低至2020年的-6.4%。封控和出行限制给零售和贸易行业的企业及员工带来了众多困难，特别是近年不断增长的灰色产业（即非正规行业，2019年占就业人口的12.4%）。灰色产业从业人员大多为半熟练和非熟练工人，收入通常较低，也因而受疫情封控影响更强烈。

此外，开普敦的经济增长并未很好地与就业增长相挂钩。具体来说，金融和房地产作为服务业中的主要GDP贡献者，并不在就业前十的行业之列。这一差距的主要原因是行业需求的技能与劳动力目前具备的技能之间的差距日益扩大。信息通信技术（ICT）和商业服务等行业是开普敦经济中增长最快的行业。相关职业所需的技能几乎完全集中在中高端技能。根据2020年开普敦状况报告，开普敦增长行业所需的主要技能（如Perl/Python/Ruby、Java开发、Mac、Linux和Unix系统、微软应用开发）大多与ICT相关。这

---

① 《开普敦全球可持续发展数据行动计划》，联合国网站 Sustainable Development Goals, https://unstats.un.org/sdgs/hlg/Cape-Town-Global-Action-Plan/，最后检索时间：2023年11月。

② 开普敦市政府：《开普敦市2050碳中和承诺》，2020年6月，https://resource.capetown.gov.za/documentcentre/Documents/City%20strategies,%20plans%20and%20frameworks/Carbon_Neutral_2050_Commitment.pdf。

种技能需求与供应之间的不匹配体现在约22%的失业率（2019年），在所有比较城市中最高。然而，与其他南非大都市相比，开普敦的失业率一直是最低的。该市最新的包容性经济增长战略计划，通过与行业合作提供一系列学习和培训计划、实习和技能发展机会以及求职辅助来弥补这一技能缺口。

（二）社会民生

自1990年以来，非洲的人口增长和农村城镇化改造使该地区迈入了快速城市化的轨道。预计到2050年，非洲人口将翻倍，超过南亚成为世界上人口最多的发展中地区[①]。其中2/3的人口增加将被城市地区吸收[②]。在开普敦，过去5年中，该市人口以每年约2%的速度稳步增长。

2020年开始的新冠疫情提醒了世界城市化带来的公共卫生挑战。疫情期间，开普敦卫生局与其他机构合作，为卫生应对措施提供额外支持，开展筛查和检测，增加清洁和卫生服务，同时继续在所有初级护理诊所提供常规初级医疗服务。除了新冠疫情，艾滋病也是南非城市的另一大公共卫生问题。开普敦应对艾滋病的主要措施包括预防母婴传播和改善抗逆转录病毒治疗（ART）的可及性，这对于维持艾滋病感染者的健康生活质量至关重要。2015~2019年，开普敦ART可及性提高了32.6%。

城市安全，特别是有组织犯罪和帮派暴力，是开普敦居民生活质量和经济发展的另一关键问题和障碍。该市的接触犯罪、抢劫和谋杀率是南非最高的，整体犯罪率几乎是全国的2倍。为了更有效地应对公共安全问题，市政府（开普敦）和省政府（西开普省）正合作启动执法提升计划，以提供更

① Thurlow, J., Dorosh, P., & Davis, B., "Demographic Change, Agriculture, and Rural Poverty." In Campanhola, C., & Pandey, S. (Eds.) *Sustainable Food and Agriculture* (Rome, Italy: The Food and Agriculture Organization of the United Nations (FAO), 2019), pp. 31-53, DOI: https://doi.org/10.1016/B978-0-12-812134-4.00003-0.

② Kanos, D., & Heitzig, C. "Figures of the Week: Africa's Urbanization Dynamics." *Brookings* (2020, July 16), https://www.brookings.edu/articles/figures-of-the-week-africas-urbanization-dynamics/#:~:text=Notably%2C%20the%20OECD%20report%20argues%20that%20since%201990%2C, population%20increase%20will%20be%20absorbed%20by%20urban%20areas.

好的培训、装备和人员部署。

在城市交通方面，开普敦的综合交通基础设施网络包括 1014 公里的铁路、32 公里的 BRT 系统专用公交车道、450 公里的自行车道和 109 座人行天桥。尽管这些基础设施的可达性超过 90%，但市民仍然普遍使用私人车辆，导致严重的交通拥堵。该市应对这一问题的对策是修订市政空间发展框架（MSDF），优先优化城市中心的交通基础设施，寻求通过将人们与工作更紧密地联系在一起来促进向内增长。此外，新冠疫情促进了市民在家工作的普遍性，并延续到疫情之后。远程工作的延续有助于减少城市交通拥堵。

社会民生的另一个重要方面是住房负担。城市的内向增长在整合居民与工作的同时尤其应当注重对城市贫困人口的包容和保障。该市认识到，现有的国家补贴的廉租房单元主要位于城市边缘，有将贫困人口边缘化、隔离开的趋势。一个更紧凑和包容的城市需要在城市中心附近提供经济适用房，以降低贫困人口获得就业机会的成本。Milnerton 地区的 Joe Slovo Park 已经处于这一包容性改造的过程中。改造主要是通过房东为低收入居民开发廉价的后院住房，使其能够利用该地区的就业机会和交通便利。更多由市政府牵头的区域密集化改造项目也正在逐步开展，以创造更多元化的居住区，容纳各种收入群体和家庭类型，同时为其提供便捷的公共交通和良好的就业机会[①]。

（三）资源环境

在开普敦，空气质量差是各种社会、经济和环境因素导致的，包括未铺砌的道路和人行道（导致高浓度的颗粒物）、燃烧木材或煤油、草原火灾和机动车尾气。更严重的空气污染往往出现在弱势群体聚集的社区，这些社区的呼吸系统疾病患病率更高。开普敦没有像埃因霍温那样的主动空气净化系统，所以该市的空气质量改善将主要通过减少排放和增强城市生物多样性来

① 开普敦市政府《人类社区：2020/2021 年服务交付和预算实施计划的部门执行摘要》，https://resource.capetown.gov.za/documentcentre/Documents/City% 20strategies,% 20 plans% 20and% 20frameworks/6_ Directorate_ Executive_ Summary_ 20202021_ HumanSettlements.pdf。

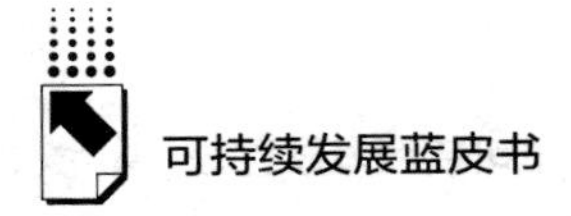

实现。

生物多样性网络（BioNet）是开普敦的一个精细的系统性生物多样性计划。它将约 85000 公顷土地（占市辖区的 34.18%）划定为需要保护的关键生物多样性区域。截至 2020 年，已保护的这些区域超过 55000 公顷。除了 BioNet，该市的公共绿地还包括海岸线、公园和绿化带，总共有约 1350 公顷的自然公共绿地。

（四）消耗排放

2017 年，开普敦的人均碳排放量为 5 吨。超过一半的城市碳排放来自电力使用，主要是南非的煤基电网电力。从能源消耗的角度看，交通在城市总能源消耗中占最大份额（62%），私人车辆占交通能源消耗的 61%。该市最新的“2050 碳中和承诺”确定了减少能源消耗及相关碳排放的关键策略，主要集中在建筑、能源和交通三个领域。建筑部门的主要策略包括优化能源效率、转向清洁能源、使用和再利用低碳建筑材料，并努力实现所有建筑的碳中和。2018 年，开普敦与德班、约翰内斯堡和茨瓦尼一起启动了“净零碳建筑加速器”行动，目标是到 2030 年实现新建筑的净零碳排放，到 2050 年实现所有建筑的净零碳排放①。在能源行业，重点是支持可再生能源的使用，并确保能源的可负担性和充足供给。同时，该市已开始广泛在市政设施安装智能电表——在 557 个建筑中安装了 847 个智能电表。在城市交通方面，“2050 碳中和承诺”呼吁改进道路规划，通过更高效和一体化的公共交通系统来减少出行的频率和距离。此外，该市计划鼓励更多的运动出行和非机动交通，同时到 2050 年实现所有车辆使用清洁燃料。

在水资源消耗方面，开普敦易受周期性干旱的影响。最近的一次干旱持续从 2015 年到 2018 年，严重程度被认为是 400 年一遇——几乎使该市陷入水资源彻底枯竭的绝境。该市通过市民和行政人员的共同努力度过了这场严

---

① 《C40 城市南非建筑项目》，C40 城市网站（2023 年），https：//www.c40.org/what-we-do/scaling-up-climate-action/energy-and-buildings/c40-cities-south-africa-buildings-programme/。

重干旱[①]。其间，政府通过公共沟通渠道向市民播报每日人均水消费目标。这些目标是基于精确测量的水坝水位计算而得。市民被鼓励减少淋浴时间、减少冲厕次数，并避免使用饮用水浇灌花园，而这所有努力的结果也由政府通过对“断水日”的动态预测向公众发布，使居民切实感受到节水努力的成果。同时，政府的应对工作主要集中在供水基础设施上，尤其是对供水网络中的压力管理以提高水分配效率和减少水损失。面向未来，该市将继续通过升级基础设施以最大限度地减少供水中的损失和利用智能水表以提高用水效率来解决水安全问题。同时，该市正在开发替代水源，如再利用处理过的污水、开采地下水和淡化海水，以减少对地表水（水坝）的依赖。

（五）环境治理

在环境治理方面，开普敦的一个重点领域是固体废物管理。像其他大都市一样，开普敦正在努力减少对即将饱和的垃圾填埋场的依赖。这些努力的一部分集中在垃圾填埋场的废物能源化设施的发展。例如，Vissershok 和 Coastal Park 填埋场的提取和燃烧设施的发电能力分别为 7 兆瓦和 2 兆瓦。两个填埋场均是通过产生的沼气发电，而非垃圾焚烧发电。另一部分倡议集中在将有机废物从废物流中分离出来。该市已向居民分发了 22000 个免费堆肥容器，方便居民在家中堆肥有机食物垃圾。此外，该市在 Langa 和 Wolwerivier 两个低收入社区进行了一项为期 6 个月的有机食物垃圾分类收集试点。在 2019 年 10 月至 2020 年 3 月期间，该试点为垃圾填埋场减少了 20.5 吨有机食物垃圾。从长期来看，开普敦的目标是实现循环经济，并通过对物资材料的循环利用来创造价值和增加本地就业机会。

① 《开普敦：管理水资源短缺的经验教训》，Brookings（2023 年 3 月 22 日），https://www.brookings.edu/articles/cape-town-lessons-from-managing-water-scarcity/，最后检索时间：2023 年 8 月 1 日。

四　埃及开罗可持续发展情况

埃及位于非洲东北角，其以丰富的历史和文化遗产而闻名，拥有世界著名的古代遗迹，如吉萨金字塔、狮身人面像和卢克索神庙。埃及悠久的千年历史使其被称为“文明的摇篮”①，首都开罗是古代伊斯兰世界的中心之一②。然而，当代埃及面临气候变化带来的若干威胁——预计到 2050 年，该国将面临严重的水资源短缺，这种情况因跨界水争端而加剧，例如埃塞俄比亚在尼罗河上修建的大埃塞俄比亚复兴大坝（GERD），将对埃及下游的水供应产生连锁影响③。此外，埃及的自然资源，如可耕地、生物多样性和化石燃料，正受到埃及迅速增长的人口和城市扩张的威胁——例如，据报道开罗是世界上人口增长最快的城市④。

2016 年，埃及政府启动了《可持续发展战略：埃及愿景 2030》（以下简称《埃及愿景 2030》），该战略制定了埃及在经济、社会和环境发展方面的包容性目标，与联合国可持续发展目标（UN SDGs）保持一致⑤。《埃及愿景 2030》制定了埃及在可再生能源、能源使用效率和环境资源管理等方面的目标和指标，包括到 2030 年将能源部门的温室气体排放量降低到比 2016 年的水平减少 10%的目标⑥。与其可持续发展计划同步，埃及政府还投资建设了“第四代城市”，这些城市被设计为由可再生能源提供动力，包含

① 非洲开发银行：《埃及经济展望》，2023 年，https：//www. afdb. org/en/countries/north－africa/egypt/egypt－economic－outlook。

② 联合国教科文组织世界遗产中心：《历史悠久的开罗》，2023 年，https：//whc. unesco. org/en/list/89/。

③ Kwasi，S.：《可持续发展的竞赛？埃及到 2050 年的挑战和机遇》，2022 年。

④ Barthel，P. A.，& Monqid，S.：《引言：开罗和可持续性：一个挑战性的问题?》，（I. Debacq，译）. Égypte/Monde Arabe，8，Article 8. 2011，https：//doi. org/10. 4000/ema. 2970。

⑤《埃及愿景 2030》，http：//www. cairo. gov. eg/en/GovernorsCVs/sds _ egypt _ vision _ 2030. pdf，最后检索时间：2023 年 10 月 17 日。

⑥《可持续发展战略：埃及愿景 2030－政策》，国际能源署（IEA）网站（2022 年 2 月 15 日），https：//www. iea. org/policies/14823－sustainable－development－strategy－egypt－vision－2030，最后检索时间：2023 年 10 月 17 日。

绿色空间，并将环境管理与技术相结合，以创建更可持续的生活环境[①]。最后，作为2022年11月COP27的东道国，埃及为其气候计划筹集了近100亿美元的资金，凸显了该国在投资于更可持续未来方面的承诺。

表4　2022年开罗、珠海、中国城市平均水平可持续发展指标比较

可持续指标	开罗	珠海	中国城市平均值*
常住人口（百万人）	21.75	2.48	7.00
GDP（十亿元人民币）	628.74	404.50	720.06
GDP增长率（%）	6.70	2.30	3.15
第三产业增加值占GDP比重（%）	51.40	53.81	51.54
城镇登记失业率（%）	6.96	2.36	2.89
人均城市道路面积（m^2/人）	4.29	20.07	15.23
房价—人均GDP比	—	0.13	0.13
中小学师生人数比	1∶15.9	1∶16.0	1∶14.3
0~14岁常住人口占比（%）	32.86	16.10	16.69
人均城市绿地面积（m^2/人）	3.00	127.40	44.99
空气质量（年均PM2.5浓度，$\mu g/m^3$）	46.50	17.00	29.00**
单位GDP水耗（吨/万元）	27.31	13.84	44.78
单位GDP能耗（吨/万元）	0.43	0.36	0.54
污水处理厂集中处理率（%）	—	99.21	97.19
生活垃圾无害化处理率（%）	—	100.00	99.96

注：*城市范围是本书中测算可持续发展的110个城市。**全国339个城市平均。
资料来源：根据公开资料整理。

在这个案例研究中，我们特别关注埃及首都开罗和埃及的新第四代城市实施的可持续发展政策，以了解埃及在可持续发展方面的现状。

① 《埃及的新城市：中东地区的可持续发展蓝图》，*Bloomberg*（2023），https：//sponsored.bloomberg.com/article/ministry-of-international-cooperation/egypts-new-cities，最后检索时间：2023年10月17日。

（一）经济发展

2023 年，埃及的国内生产总值（GDP）为 3984 亿美元，是非洲第三大经济体①。根据世界银行的定义，埃及是一个中低收入国家，2010 年的“阿拉伯之春”事件导致埃及多年社会和经济动荡，尽管受到新冠疫情和俄乌战争的冲击，埃及近年来仍保持相对稳定的经济增长。2021 年，埃及的实际 GDP 增长率为 6.6%，主要由建筑和天然气衍生品产业推动，其中建筑业直接占埃及经济的 15%以上。这一建筑热潮与埃及“未来城市”计划同步。埃及正努力建立 14 个新的可持续城市，这些城市将整合现代基础设施、可再生能源和公共交通系统，以创造更宜居的环境。根据埃及国际合作部的数据，埃及目前正在对联合国可持续发展目标 9 所涉及的产业、创新和基础设施方面的 35 个项目，开展高达 59 亿美元的投资。

此外，鉴于埃及的经济前景因通货膨胀和埃及镑的贬值而变得不明朗，埃及的 GDP 增长预计在 2022～2023 年放缓至 4.4%，社会资金对埃及新绿色城市的投资可能是改善埃及经济健康状况的关键。例如，耗资 400 亿美元的新行政首都（New Administration Capital）项目位于开罗以东 45 公里处，将成为政府部门和外国大使馆的所在地，预计将创造 200 万个新工作岗位。迄今为止，埃及的失业率保持在 7.2%的稳定水平。

（二）社会民生

2019 年，埃及人口超过 1 亿，大多数人口居住在开罗和亚历山大港的城市中心及尼罗河沿岸。开罗的人口密度是埃及最高的，达每平方公里 52751 人，超过 1000 万人口居住在不到 200 平方公里的面积上②。考虑到大

① 国际货币基金组织（IMF）：《阿拉伯埃及共和国与 IMF》，https：//www.imf.org/en/Countries/EGY。

② 《埃及：按省的人口密度》，Statista（2023 年 6 月 23 日），https：//www.statista.com/statistics/1230835/population-density-by-governorate-in-egypt/，最后检索时间：2023 年 10 月 17 日。

开罗地区的人口，开罗的人口数量增加到超过 2000 万。相比之下，中国人口最密集的城市深圳的人口密度约为每平方公里 7000 人①。此外，由于高人口密度和城市的持续向外扩张，开罗的人均城市绿地面积较低，为 3.00 平方米，并且每年都在减少，远低于世界卫生组织推荐的每人 8.26 平方米的标准②。因此，那些正在建设中的新的可持续城市也能起到降低人口密度的效果。如新行政首都设计能容纳超过 600 万人口，并通过将使馆、政府机构和部委、议会和总统府迁出开罗来缓解开罗的过度拥挤③。

在新城市中，改进的总体规划促进了空间的综合利用，例如将住宅、商店和服务设施放在一起，以减少对私人交通工具的需求，促进公共交通的使用。阿拉曼新城（Al Alamein New City）正在埃及北部海岸开发。其中，建设“世界领先的公共交通系统”已被列为阿拉曼新城基础设施规划的重中之重。在开罗，开罗交通管理局与“EBRD 绿色城市”合作制定了一项绿色城市行动计划，计划投入 2500 万欧元用于改造和升级开罗现有的地铁线路④。开罗还在开发两条新的单轨线路，连接到包括新行政首都在内的周边城市社区。此外，世界银行也与开罗市政府达成 2 亿美元的协议，用于建设电动公交车队⑤。

（三）资源环境

发展公共交通系统将能显著改善埃及空气质量。2019 年，埃及的年平

① 《中国人口密度最高的 10 个城市》，China Daily（2022 年 10 月 9 日），https：//www. chinadaily. com. cn/a/202210/09/WS6341fc40a310fd2b29e7b5e3. html，最后检索时间：2023 年 10 月 17 日。

② “Cairo’s Green Sprawl：The Move of Urban Green Space towards Exclusivity，” Alternative Policy Solutions（2022，December 6），https：//aps. aucegypt. edu/en/articles/947/cairos - green - sprawl-the-move-of-urban-green-space-towards-exclusivity，retrieved on October 17，2023.

③ 《为什么埃及在建造一个新首都?》，《半岛电视台》（2021 年 7 月 5 日），https：//www. aljazeera. com/opinions/2021/7/5/why-is - egypt - building - a - new - capital，最后检索时间：2023 年 10 月 18 日。

④ 《开罗》，EBRD 绿色城市，https：//www. ebrdgreencities. com/our-cities/cities/cairo/，最后检索时间：2023 年 10 月 18 日。

⑤ 《发展项目：大开罗空气污染管理和气候变化项目-P172548》，世界银行网站（2024 年 2 月 28 日），https：//projects. worldbank. org/en/projects-operations/project-detail/P172548，最后检索时间：2024 年 3 月 3 日。

均 PM2.5 浓度几乎是世界卫生组织推荐平均值的 14 倍。在开罗，主要污染物大多来自道路运输（33%），其次是农业、工业排放和废物管理。因此，由世界银行支持的“大开罗空气污染管理和气候变化项目”承诺提供 2 亿美元，通过减少关键产业的排放和增强空气污染监测能力，来提升开罗未来对空气污染物的抵御能力。新城市如 ANC 也在设计中考虑了空气循环和污染减少，采用绿色走廊吸收污染物和减少排放，并通过关键道路位置来改善空气流通。

此外，绿地的增加也可以在改善空气质量方面发挥重要作用。作为一个快速城市化的城市，开罗面临公共绿地短缺的问题。因此，提高城市人均绿地面积也成为《埃及愿景 2030》的关键目标之一。同时，埃及环境部和环境事务局也试图在开罗的众多临时住宅、社区和学校中融入更多的绿色空间。然而，这一计划目前缺乏在国家和城市层面的有效统筹实施。在新城市中，更多的公共绿地，如社区中的公园和游乐区，也旨在增加植被覆盖。在阿拉曼新城的规划中，绿地占整个城市面积的 13%，实现人均 15 平方米的绿色空间，高于人均 9 平方米的最低标准①。

（四）消耗排放

2021 年，埃及的人均二氧化碳排放量为 2.3 吨，相比之下，中国为 6 吨。2020 年，埃及的单位 GDP 二氧化碳排放量为 0.2 千克/PPP 美元，与当年世界平均水平（0.2 千克/PPP 美元）相当。根据埃及的可持续发展战略，埃及当前燃料组合中不到 5%来自可再生能源——石油和天然气分别占埃及燃料组合的 41%和 53%，煤炭、水电和其他可再生能源分别占 2%、3%和 1%。因此，《埃及愿景 2030》计划重组能源产业、开发现有基础设施和扩大可再生能源产能和占比。通过这些努力，埃及旨在到 2035 年实现

---

① Attia, S. (2019). “Al Alamein New City, a Sustainability Battle to Win.” In S. Attia, Z. Shafik, & A. Ibrahim (Eds.), *New Cities and Community Extensions in Egypt and the Middle East: Visions and Challenges*, (Springer International Publishing, 2019), pp. 1-18, https://doi.org/10.1007/978-3-319-77875-4_1.

42%的电力由可再生能源提供。政府还出台了多个针对光伏发电的补贴政策，以加速吸引对太阳能发电的投资。新能源将成为埃及“第四代城市”的重要组成部分，埃及已对这些新城市中 30 个廉价清洁能源项目投入超过 46 亿美元。

（五）环境治理

目前，埃及的固体废物回收率仅为 20%左右，危险废弃物处理率 7%。因此，政府在《埃及愿景 2030》中设定了到 2030 年收集和管理全国 80%废物的目标，并建立一套能妥善处理、回收和处置危险废弃物的系统。2020 年下半年，埃及发行了首个主权绿色债券。这也是中东和北非地区的首个此类债券。其首轮 7.5 亿美元债券融资中的 50%以上将被用于废水管理[①]。“大开罗空气污染和气候变化管理项目”还将出资在开罗建立一个综合固体废物管理设施，同时关闭邻近的一个旧垃圾场。另外，诸如阿拉曼新城的“第四代城市”也将引入新的卫生和废物管理设施，以帮助减少因不当废物处理而导致的地下水和土壤污染。

五　俄罗斯莫斯科可持续发展情况

莫斯科是俄罗斯的首都和政治中心，也是俄罗斯人口最多的城市。2010~2019 年，莫斯科在可持续发展方面取得了巨大进展，并因其在减少贫困，增进收入平等、改善公共交通、健康和教育等方面的显著进步而受到经济合作与发展组织（OECD）的表彰[②]。截至 2019 年，莫斯科已制定了三项主要的可持续发展战略——“2010~2035 年总体规划”，在公共绿地、高效

① 《埃及：为更健康、更繁荣的未来应对气候变化》，世界银行网站（2022 年 4 月 19 日），https：//www.worldbank.org/en/news/opinion/2022/04/19/-egypt-acting-against-climate-change-for-a-healthier-more-prosperous-future，最后检索时间：2023 年 10 月 31 日。

② 经合组织（OECD）《可持续发展目标第二次经合组织城市和区域圆桌会议：问题笔记》，2019 年，https：//www.oecd.org/cfe/cities/Moscow-Issue-Note.pdf。

的交通基础设施和优质住房之间寻求平衡发展；“2035 投资战略”，旨在为城市发展创造积极的投资环境；以及“2030 智慧城市计划”，通过使用数字技术推动城市发展。然而，自 2022 年 2 月俄乌冲突爆发以来，这些战略的实施进展及其前景充满变数。

表 5　2022 年莫斯科、珠海、中国城市平均水平可持续发展指标比较

可持续指标	莫斯科	珠海	中国城市平均值*
常住人口(百万人)	12.64	2.48	7.00
GDP(十亿元人民币)	2143.68	404.50	720.06
GDP 增长率(%)	-3.40	2.30	3.15
第三产业增加值占 GDP 比重(%)	54.00	53.81	51.54
城镇登记失业率(%)	3.10	2.36	2.89
人均城市道路面积(m^2/人)	2.61	20.07	15.23
房价—人均 GDP 比	0.17	0.13	0.13
中小学师生人数比	1∶11.8	1∶16.0	1∶14.3
0~14 岁常住人口占比(%)	17.70	16.10	16.69
人均城市绿地面积(m^2/人)	—	127.40	44.99
空气质量(年均 PM2.5 浓度,$\mu g/m^3$)	41.00	17.00	29.00**
单位 GDP 水耗(吨/万元)	36.38	13.84	44.78
单位 GDP 能耗(吨/万元)	0.90	0.36	0.54
污水处理厂集中处理率(%)	81.00	99.21	97.19
生活垃圾无害化处理率(%)	—	100.00	99.96

注：* 城市范围是本书中测算可持续发展的 110 个城市。** 全国 339 个城市平均。
资料来源：根据公开资料整理。

（一）经济发展

俄乌冲突之后的西方制裁措施削弱了俄罗斯经济，但程度不如预测得那么严重。俄罗斯的 GDP 在 2022 年萎缩了 2.1%，世界银行和经合组织预测 2023 年俄罗斯经济将进一步萎缩①。2023 年，俄罗斯的 GDP 估值为 18600

① 《俄罗斯上调 2023 年 GDP 增长预测，长期前景恶化》，路透社（2023 年 4 月 14 日），https://www.reuters.com/markets/europe/russian-economy-ministry-improves-2023-gdp-growth-forecast-2023-04-14/，最后检索时间：2023 年 9 月 2 日。

亿美元，人均 GDP 为 13000 美元。俄罗斯经济部预测 2024 年经济将因消费者需求和消费的推动而略有复苏，2023～2026 年失业率将保持在 3.5%的低水平。

（二）社会民生

根据经合组织的数据，2010～2018 年，莫斯科在可持续发展目标（SDGs）相关领域取得了显著进展。在此期间，莫斯科将城市中收入低于维持生计水平的个人比例从 10%降低至 7.2%，失业率从 1.8%降至 1.3%，5 岁以下新生儿和儿童的死亡率减半至每 1000 名活产婴儿 5 例。莫斯科还在改善公共交通系统方面取得了进展，例如在 2016 年启动了市中心改进的公交网络，使等待公交的时间从 16 分钟减半至 8 分钟，并将通勤流量增加了 40%。莫斯科还与全球其他 35 个城市共同签署了“C40 绿色健康街道宣言”，承诺通过对交通网络进行去碳化来减少与交通相关的碳排放。为了实现这一目标，莫斯科计划到 2024～2025 年将 850 公里以上的自行车道延伸，形成连接莫斯科各个公园的“绿环”骑行网络。鉴于私人交通的排放占莫斯科空气污染的 80%左右，这些改进旨在帮助减少莫斯科的空气污染和温室气体排放，后者在 2013～2018 年减少了 18%。然而，值得注意的是，截至 2023 年，莫斯科不再是 C40 签署城市，这可能会影响其各相关减排举措的实施。

（三）资源环境

除了改善莫斯科的公共交通网络之外，作为“C40 绿色健康街道宣言”的一部分，莫斯科还通过建立 8.4 公里的河滨步道和 106 个公园区来创建新的绿色区域，这些公园区将覆盖 1444 公顷的土地。自 2013 年以来，莫斯科还实施了一项名为“百万树木”的大规模景观美化项目，旨在增加莫斯科的公共绿地，创造宜人的城市环境。该项目在 2013～2018 年种植了超过 90400 棵树木和 180 万株灌木，耗资约 4800 万美元。此外，该项目通过允许莫斯科市民决定在哪里以及种植哪种树种，鼓励公众参与，到 2018 年共

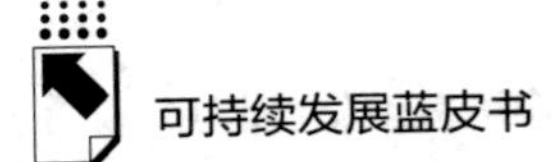

吸引了150万人次参与。通过"百万树木"项目，莫斯科增加了绿地比例，并通过植树活动减少了近200万吨二氧化碳当量的温室气体排放①。自2018年以来，莫斯科的自然资源管理和环境保护部旨在通过绿化莫斯科周围的社区空间继续推进"百万树木"项目，但由于莫斯科不再是C40签署城市，进展和前景不明。

（四）消耗排放

2021年，俄罗斯被Carbon Brief评为第三大历史温室气体排放国，自1850年以来累计二氧化碳排放量占全球的6.9%②。目前，俄罗斯是全球第四大温室气体排放国，2019年排放量为19.2亿吨二氧化碳当量（GtCO2e），2021年人均二氧化碳当量排放量为11.7吨。2020年俄罗斯的每单位GDP排放量为0.4千克/USD-PPP，是当年世界平均水平的两倍。作为"C40绿色健康街道宣言"的一部分，莫斯科还承诺在旧都的边界内实现净零温室气体排放。为了实现这一目标，莫斯科政府计划更换莫斯科的公交车队，改为电动公交车——截至2022年，国有运输运营商在52条公交线路上运营着1000辆电动公交车，并计划在年底前再投入使用600辆电动公交车。莫斯科还计划为城市货运车辆引入排放标准，并开始向零排放货运车辆过渡。莫斯科计划在2023年底前在城市内安装600个电动汽车充电站，以推动电动汽车在市内的普及。莫斯科还在开发节能基础设施，以进一步减少用于城市电力和供暖的化石燃料消耗。

尽管莫斯科2030年旧都净零排放目标值得称道，但其实施仍然存在不少争议。首先，人们对该市实施这一目标的能力表示担忧，尤其是考虑到这些计划的预算将在2023年后耗尽，并且在俄乌战争陷入僵局的背

① 《百万树木项目》，C40城市网站（2018年5月），https://www.c40.org/case-studies/the-million-trees-project/。

② 《俄罗斯被评为历史上第三大碳排放国》，《莫斯科时报》（2021年10月5日），https://www.themoscowtimes.com/2021/10/05/russia-named-worlds-3rd-highest-carbon-emitter-in-history-a75213，最后检索时间：2023年9月2日。

景下这些计划是否会继续实施尚不确定。其次，缺乏可用的公共数据来监测和评估莫斯科碳中和计划的成功。最后，由于旧都的地理边界不包括莫斯科市内的工业设施，人们还担心该计划对城市整体碳排放的影响有限[①]。

（五）环境治理

2017年，莫斯科产生了780万吨垃圾，预计未来几年这个数字还会增加。根据2020年的数据，莫斯科88%的垃圾被送往垃圾填埋场，而在回收率方面，莫斯科落后于其他城市。市内没有公共回收服务，只有小部分个人和私营企业在莫斯科进行垃圾回收[②]。因此，2020年莫斯科启动了第一个全市范围的垃圾回收项目，旨在使该市最终实现50%的回收率。这一回收举措也在一定程度上回应了民众对莫斯科当前的垃圾管理方法——诸如将城市垃圾运送到更偏远的卡卢加（Kaluga）和弗拉基米尔（Vladimir）地区的垃圾填埋场——在环境卫生和安全方面的顾虑[③]。值得注意的是，在俄罗斯，垃圾焚烧也被视为一种回收形式，只要焚烧过程中产生了可用的热能或电力。2020年，俄罗斯政府花费76亿美元建设了25座垃圾焚烧发电厂。这些焚烧厂对空气的潜在污染也引发了不小的争议[④]。最后，莫斯科的垃圾改革计划也没有提到如何减少城市垃圾总量的相关策略。

---

① 《俄罗斯焦点城市：莫斯科》，气候记分卡（Climate Scorecard）（2021年6月16日），https：//www.climatescorecard.org/2021/06/russia-spotlight-city-moscow/，最后检索时间：2023年9月2日。

② 《没有时间浪费？莫斯科开始回收垃圾》，欧洲新闻社（2020年1月2日），https：//www.euronews.com/2020/01/02/no-time-to-waste-moscow-begins-recycling-its-rubbish，最后检索时间：2023年9月2日。

③ 《成千上万人抗议莫斯科计划将垃圾倾倒在俄罗斯地区》，《莫斯科时报》（2019年2月3日），https：//www.themoscowtimes.com/2019/02/03/thousands-come-out-in-protest-against-moscows-plan-to-dump-its-trash-on-russian-regions-a64376，最后检索时间：2023年9月3日。

④ 《俄罗斯的垃圾焚烧厂可能引发动荡》，《莫斯科时报》（2020年5月18日），https：//www.themoscowtimes.com/2020/05/14/russias-trash-burning-plants-could-fuel-unrest-greenpeace-warns-a70278，最后检索时间：2023年9月3日。

B.22
国际城市可持续发展综合比较

哥伦比亚大学课题组*

摘　要：　本报告从经济发展、社会民生、资源环境、消耗排放以及环境治理5个城市可持续发展的主要领域，介绍并分析了阿塞拜疆巴库、印度德里、日本东京、澳大利亚悉尼、美国旧金山、挪威奥斯陆、南非开普敦、埃及开罗，以及俄罗斯莫斯科9座国际大都市的可持续发展政策与成果，并通过15个指标同前文中国110座大中型城市（以下简称中国百城）的可持续发展水平进行了比较。中国百城虽然受疫情后的影响在“传统强项”经济发展领域不再领先，但是在以往的薄弱环节，如“消耗排放”“资源环境”的指标上能看到持续、稳定的进步。从各城市案例中也可以看出各个城市的可持续发展战略及侧重点都是结合自身实际问题、因地制宜地制定的，并且有着长期的规划。这也再次反映了可持续发展并非一朝一夕，并不注重短时间内的举目成绩，而是用脚踏实地的态度，坚决而稳定地进步。

关键词：　国际比较　可持续发展指标　城市可持续发展案例

---

* 哥伦比亚大学课题组成员：王安逸，博士，美国哥伦比亚大学研究员，主要研究方向为可持续城市、可持续机构管理、可持续发展教育；Akshay Malhotra，美国哥伦比亚大学专业研究学院可持续管理学硕士研究助理；Sylvia Gan，美国哥伦比亚大学公共事务学院环境科学与政策硕士研究助理；Drew Reetz，美国哥伦比亚大学政治和社会学本科研究助理；李毓玮，美国哥伦比亚大学可持续经营与管理硕士研究助理；毕卓然，美国哥伦比亚大学专业研究学院应用分析学硕士研究助理；赵腾，美国哥伦比亚大学公共卫生学院环境健康科学硕士研究助理。感谢哥伦比亚大学孟星园博士对数据的收集与整理。

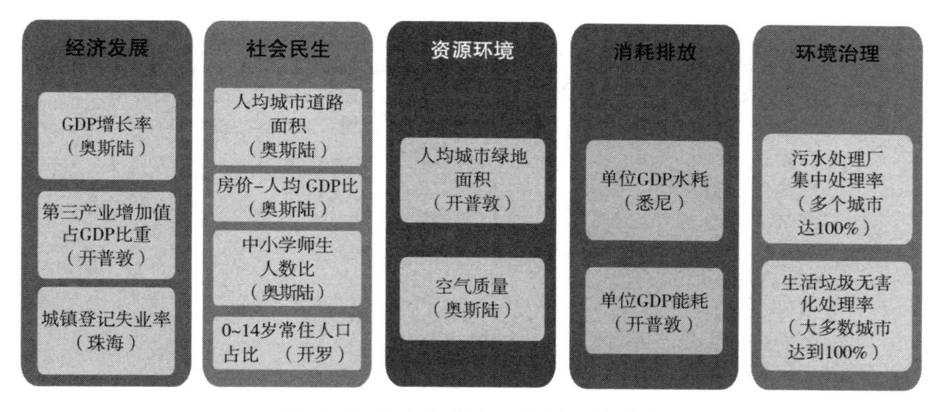

图 1　2022 年各指标排名第一的城市

一　经济发展

与往年不同，2022 年经济发展各个指标上中国城市不再呈现远优于国际城市的表现。一方面，中国城市的平均经济增长率从 2021 年的 7.9%下滑到了 2022 年的 3.15%（见图 2）。另一方面，部分国际城市，如奥斯陆、德里等，都体现出疫情后经济的强势反弹，达到了接近 10%的增长率，超过了中国百城的增长率榜首——曲靖。然而，尽管经济上升的势头有所减缓，但中国城市的失业率依然控制在低于大部分国际城市的水平。在对比城市中，仅东京的失业率在 3%以下并低于中国百城平均。此外，在图 4 中需要指出的是开普敦的城镇失业率统计口径与其他城市不同，其公布的数据为广义失业率——在失业人口中包括了在校生、家庭主妇、闲置在家人员，以及灰色产业从业者等劳动力市场以外的人口。这些不参与劳动力市场的人口通常在失业率统计时不被归入失业人口。因此，南非开普敦这一广义失业率会显得比其他城市高出许多。开普敦对这一统计口径的选择也从侧面反映出其政府更关注的是劳动力市场的参与度，尤其是如前文所述，因劳动力市场供需双方技能不匹配而导致的结构性失业。

最后，在经济发展领域，许多城市都以投资基础设施来扩大就业、带动经济，尤其是如开罗新城市这类和绿色发展相契合的基础设施建设。

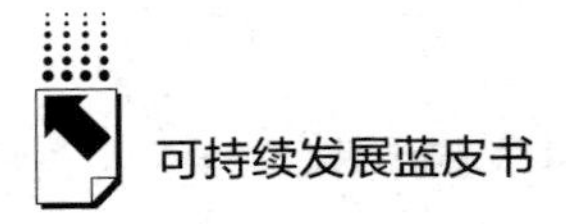

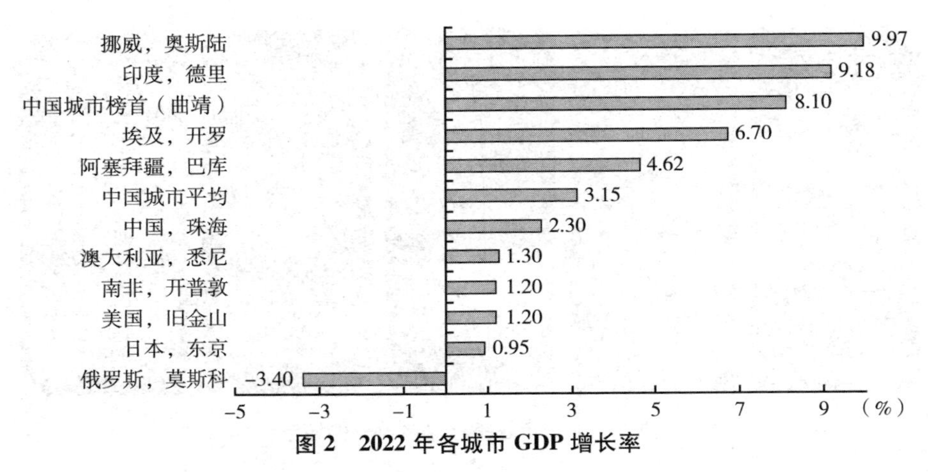

图 2　2022 年各城市 GDP 增长率

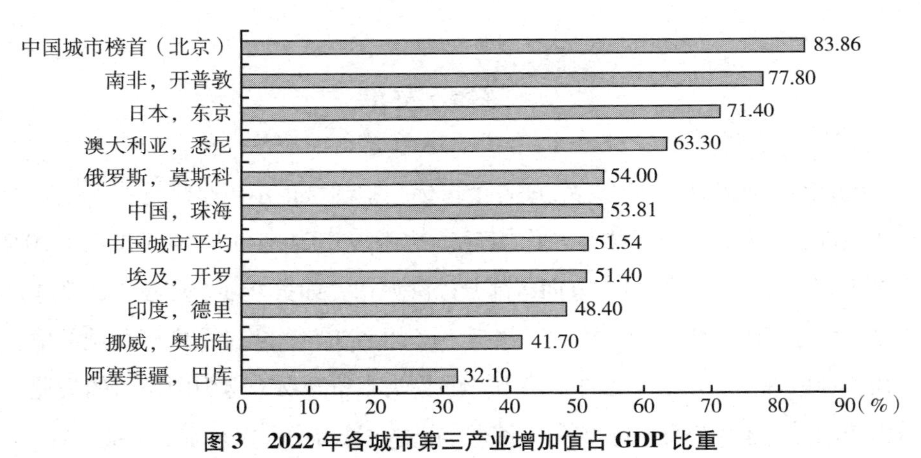

图 3　2022 年各城市第三产业增加值占 GDP 比重

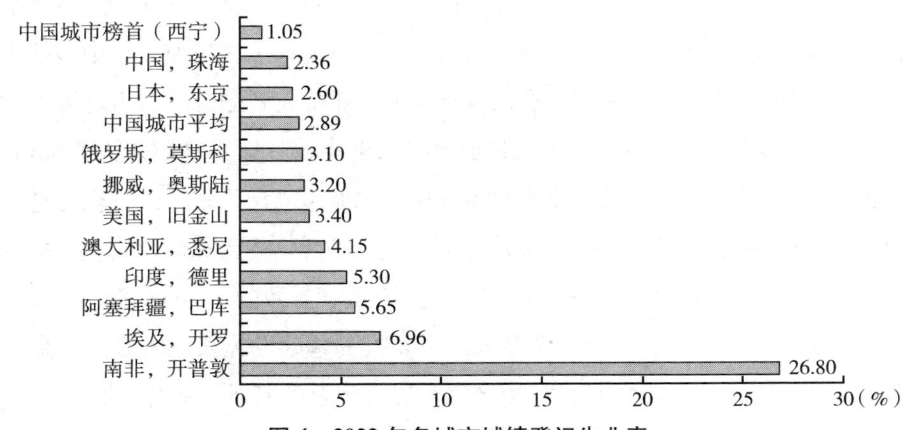

图 4　2022 年各城市城镇登记失业率

二　社会民生

在社会民生的各指标上，同本报告选取的国际城市相比，中国城市基本处在中间水平。在人均城市道路面积上，地广人稀的挪威奥斯陆遥遥领先。中国城市的平均水平超过人口密度较高的东京、德里等城市（见图5）。在住房经济负担上，中国城市同旧金山、东京、德里和莫斯科基本处于同一水平——房价压力高于奥斯陆但明显低于悉尼（见图6）。在中小学师生人数比上，巴库表现出色，尤其是考虑到该市同时有着较高的0~14岁人口占比。在学生人口相对较多的情况下依然维持较高的师生比，体现出巴库充裕的教育资源、师资力量。最后，除了巴库以外，开罗、德里以及开普敦这几个发展中国家的城市都有着相对较高的青少年人口占比，预示着在教育、卫生、医疗等方面需要全社会更多的投入以确保这一群体的健康成长，也预示着这些城市在未来的可持续发展潜力较大（见图7、图8）。

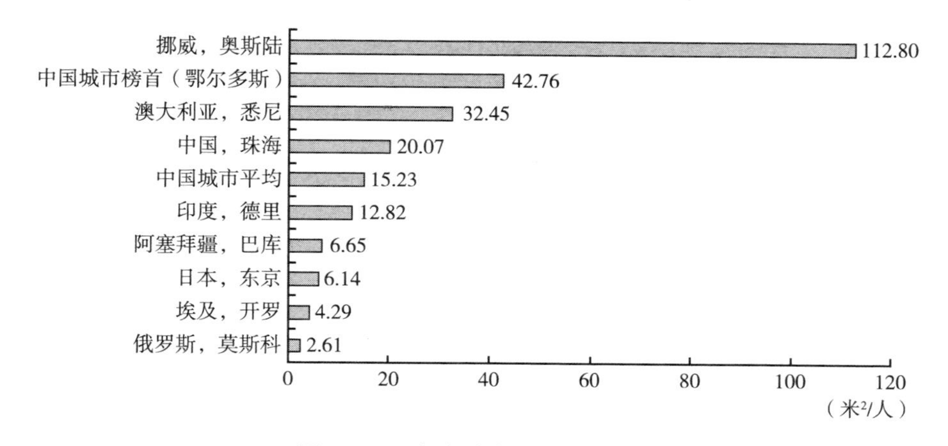

图5　2022年各城市人均道路面积

在社会民生方面的政策举措上，各国际城市因地制宜、从主要问题入手，推行了多样化的政策。其中，比较普遍也比较普适的是建设便捷的公共交通以及绿色出行方式。东京、巴库、开罗、开普敦、旧金山及莫斯科等城

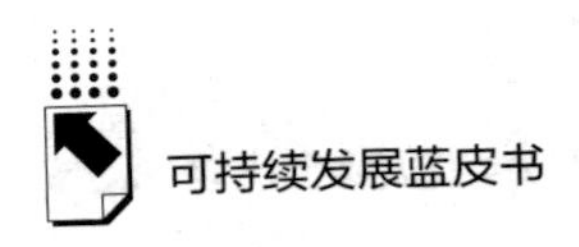

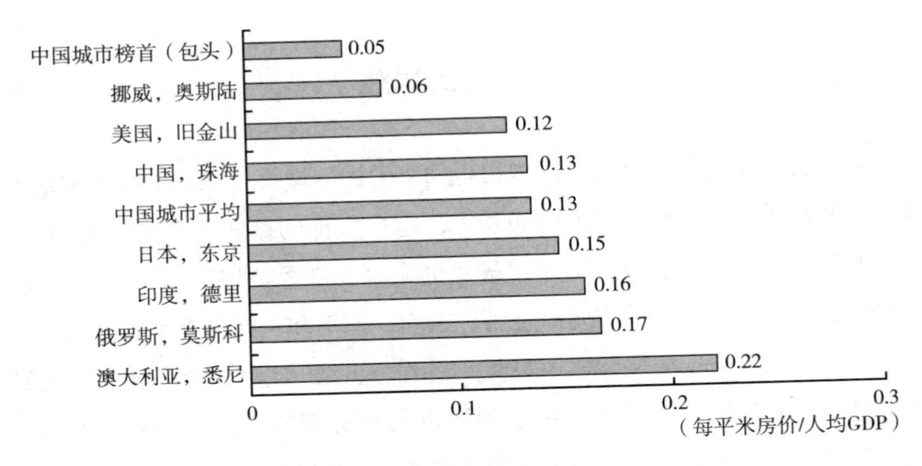

图 6　2022 年各城市房价-人均 GDP 比

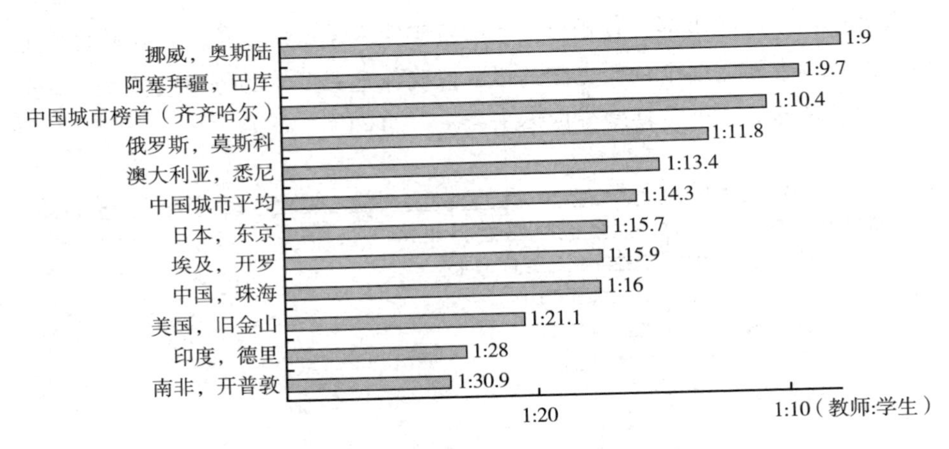

图 7　2022 年各城市中小学师生人数比

市都有明确规划对公共交通的改进，或者对自行车出行相关基础设施的建设。这些措施在方便居民出行、提升民生福利的同时亦能降低能源消耗和碳排放、提升空气质量。此外，在医疗卫生领域，开普敦对艾滋病预防及治疗药物的派发，德里的“社区诊所”（Mohalla Clinic），以及针对特殊群体、困难群体的食品救济项目（悉尼），老年人友好行动（奥斯陆），市中心区域的密集化改造、经济适用房改建（开普敦）等政策在前文都有详细介绍。

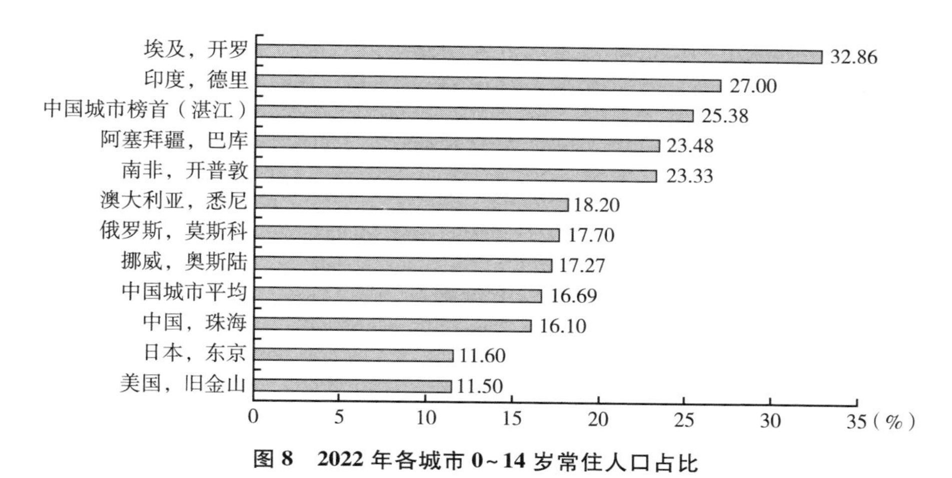

图 8　2022 年各城市 0~14 岁常住人口占比

三　资源环境

在城市绿化方面，中国百城中单项指标榜首的鄂尔多斯，以及综合排名第一的珠海同领先的国际城市差距不大。在空气质量上，虽然全国城市的平均 PM2. 5 水平（29μg/m³）依然落后于众多发达国家地区的城市（污染物浓度为后者的 3~4 倍），但是同 2021 年（31μg/m³）以及 2020 年（33μg/m³）相比，全国城市的空气质量始终在稳健的改善中（见图 9）。

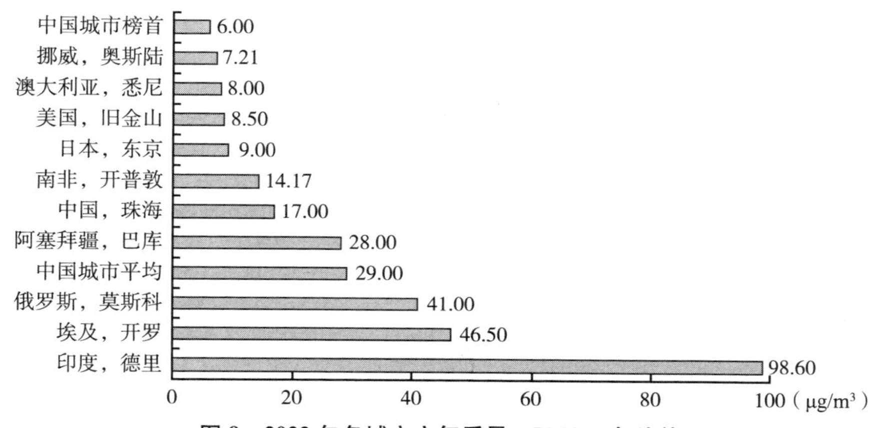

图 9　2022 年各城市空气质量：PM2. 5 年均值

许多国际城市，如巴库、悉尼、奥斯陆、开普敦、开罗、莫斯科都将资源环境方面的重点工作放在建设公园、公共绿地，以及各种形式的生物多样性保护区，以扩大市内公共空间以及绿色空间，提升植被覆盖以及生物多样性。在这一基础上，悉尼和奥斯陆还积极发展绿色建筑和绿色基建，在增加城市绿化的同时，更好地利用生态系统服务来管理雨水、提升住宅能效、缓解热岛效应等。其中，前文介绍过的奥斯陆 BGF 规范便是绿色基建与居民建筑、住宅区规划高度结合的案例。其详细的评级系统也自然地推动了住宅区域绿色基建的进步（见图 10）。

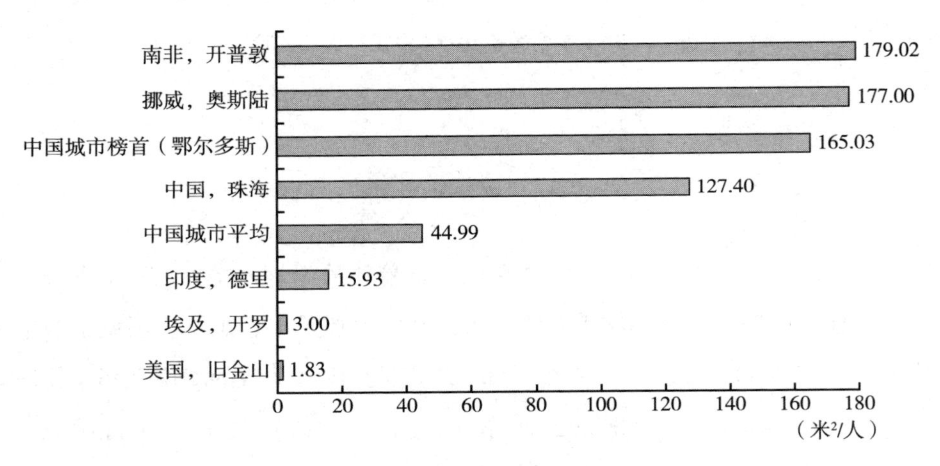

图 10　2022 年各城市人均城市绿地面积

在控制大气污染方面，大部分城市都将交通运输或机动车尾气作为主要的治理对象。措施也不尽相同，有对机动车限行的，有设立更严格排放或燃耗标准的，也有大力推广电动汽车（包括私家车以及公共交通）的等。此外，德里还针对其特有的空气污染源——农业秸秆焚烧——作出具体的限制措施。

四　消耗排放

在消耗排放领域的两个指标上，对比本报告选取的国际城市，虽然中国百城中“单位 GDP 水耗”与“单位 GDP 能耗”的领先城市深圳也能跻身前列，但中国城市的整体水平依然靠后。尤其是在水耗方面，虽然在指标上领先排名最后的巴库，但该市的统计数据反映的是阿塞拜疆全国的情况，因而包含了大量的农业用水（占整体用水量的 72%），大幅高估了巴库市的实际水耗强度。

在节水方面，旧金山的《再生水条例》详细规划了让该市最大限度地利用再生水的方案。奥斯陆和开普敦则迫于淡水资源的紧缺实施了一揽子节水措施，包括对居民生活用水方式的详细建议，对水资源现状的持续公告，对供水系统的维护以较少损耗，以及对替代水资源的开发等，前文均有详细介绍（见图 11）。

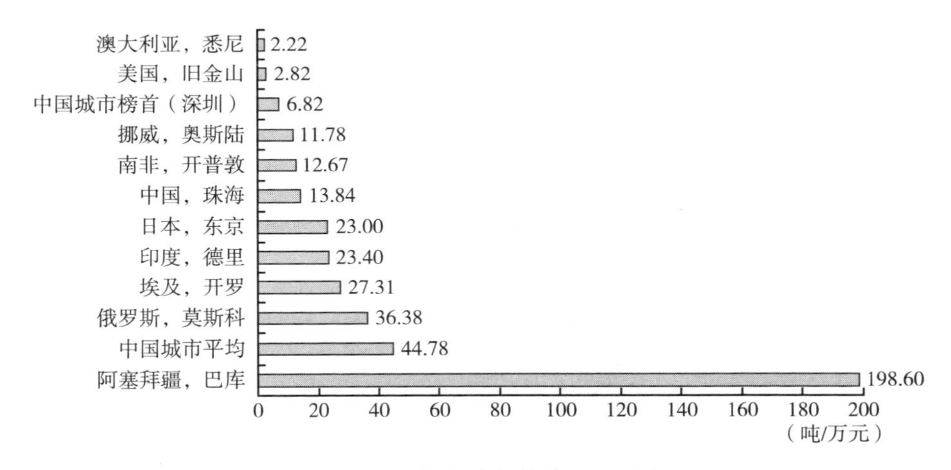

图 11　2022 年各城市单位 GDP 水耗

在能源的可持续管理上，众多国际城市基本聚焦在发展可再生能源，提升可再生能源占比，以及制定更严格的建筑物能耗标准，尤其是以市政建筑为落实的表率方面。比较典型的有前文提到的《德里太阳能计划 2024》，为居民楼、商业楼房屋顶光伏发电提供的各种优惠、补贴措施，包括直接的电费折扣以及装机容量的大额补贴。悉尼于 2020 年达成的全市所有市政建筑由太阳能或风能供电。类似的还有旧金山计划的从所有市政建筑淘汰天然气，并以新能源电力替代（见图 12）。

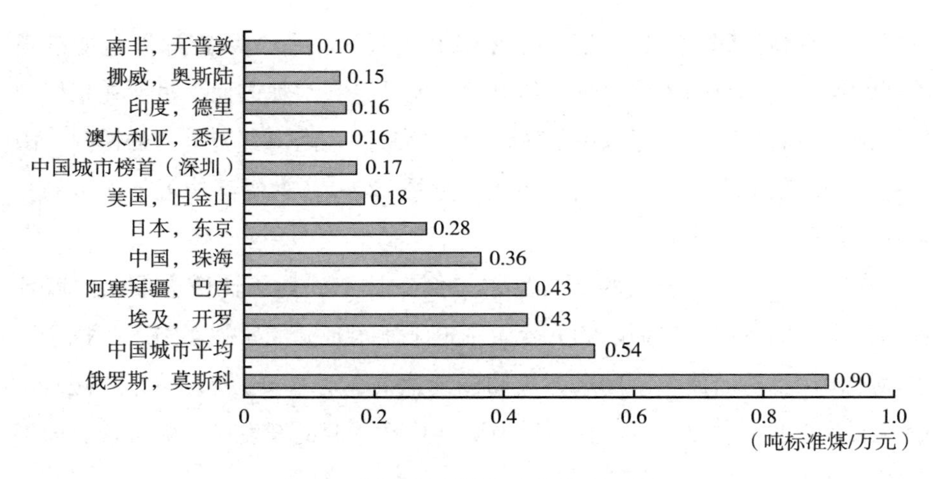

图 12　2022 年各城市单位 GDP 能耗

五　环境治理

在环境治理的指标上，中国及国际对比城市都基本达到或接近了100%。各地政府的主要举措集中在提高废弃物的回收率、降低垃圾填埋的比例，以及对废弃物作为能源燃料与生物固体的各种再利用等方面。其中，巴库、东京、奥斯陆和莫斯科都在利用垃圾焚烧发电来减少对填埋厂的依赖。相比之下，开普敦利用垃圾和废水产生的沼气发电能进一步减少焚烧对空气产生的潜在污染。此外，东京、悉尼和旧金山也积极通过立法来减少废弃物产生，提升废弃物再利用率以及废品的回收率。旧金山对建筑垃圾的回收再利用以及对有机垃圾的回收和堆肥都出台了详细的法规（见图 13）。

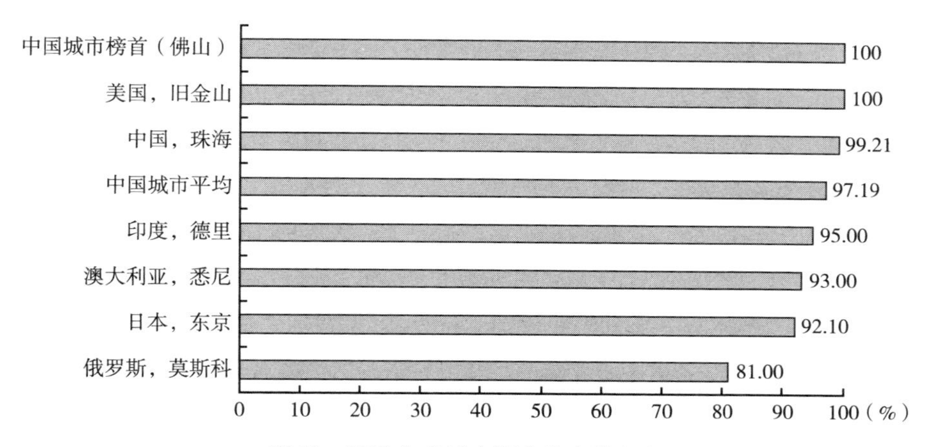

图 13　2022 年各城市污水集中处理率

Abstract

The 20th National Congress of the CPC established the central task of comprehensively promoting the great rejuvenation of the Chinese nation with Chinese modernization. Chinese modernization has distinctive Chinese characteristics and characteristics of the times, which determines that promoting sustainable development is the goal and path to achieve Chinese modernization, and Chinese modernization is the modernization of sustainable development. Sustainable development is the development that integrates and balances the three systems of economy, society, and environment. Among them, economic sustainable development is the core essence of sustainable development, social sustainable development is the fundamental purpose of sustainable development, and environmental sustainable development is the rightful meaning of sustainable development. The coordinated promotion of sustainable economic, social and environmental development will continuously enrich the connotation of Chinese modernization and make an important contribution to promoting global sustainable development and implementing global development initiatives.

This year's sustainable development evaluation still follows the "China Sustainable Development Indicator System (CSDIS)" constructed in the "China Sustainable Development Evaluation Report (2021)" and the weight allocation of each indicator. Comprehensive and classified evaluations of sustainable development are carried out at the national, provincial, and urban levels respectively. From the comprehensive evaluation results, the index of sustainable development in China has climbed from 57.1 in 2015 to 84.4 in 2022, with a cumulative increase of 46.8%, showing steady growth for seven consecutive years. Looking at each year, the growth rate of the composite index has slowed down in some years, but in most years, the growth rate is above 5%. In 2022, the top 10 provinces in China with comprehensive sustainable development capabilities are Beijing, Shanghai, Guangdong, Chongqing, Zhejiang, Tianjin, Fujian, Jiangsu, Hainan, and Hunan provinces. The top ten cities in terms of comprehensive urban sustainable development capabilities are Zhuhai, Qingdao, Hangzhou, Guangzhou, Beijing, Shanghai, Nanjing, Wuxi, Changsha, and Hefei. In the future, we should take high-quality development as the guide to promote sustainable economic development, improve public services as the lever to promote social sustainable development, and promote environmental sustainable development with green transformation of the economy and society as the core. We should strengthen the synergy between economic, social, and environmental development, coordinate and take into account all aspects, and focus on promoting the sustainable development modernization.

This study also analyzed the sustainable development policies and achievements of 9 international metropolises, including Baku in Azerbaijan, Delhi in India, Tokyo in Japan, Sydney in Australia, San Francisco in the United States, Oslo in Norway, Cape Town in South Africa, Cairo in Egypt, and Moscow in Russia, and compared them horizontally with the sustainable development level of Chinese cities. At the same time, special research was conducted on topics such as global sustainable development practices, China's carbon market construction, energy crisis, green finance, and coal industry transformation. The sustainable development practices of Shanghai, Henan, Sichuan, and of Lenovo, Philips were summarized and analyzed.

Keywords: Chinese Modernization; Sustainable Development; High-quality Development

Contents

Ⅰ General Report

Abstract: The current and future period is a crucial period for the Chinese modernization to comprehensively promote the construction of a powerful country and the great cause of national rejuvenation. The distinctive characteristics of Chinese modernization and the characteristics of The Times determine that it is a modernization of sustainable development. Sustainable development is the coordinated development of the three systems of economy, society and environment, and the modernization of high-quality economic development, social harmony and prosperity, and harmonious coexistence between man and nature. This report systematically evaluates the level of sustainable development at the national, provincial, regional and city levels, shows the effectiveness and weaknesses of sustainable development at the economic, social and environmental levels, and puts forward the strategy and path for China's sustainable development in the future.

Keywords: Chinese Modernization; Sustainable Development; High-quality-Development

Ⅱ Expert Perspective

Abstract: The urgency of global response to climate change is increasing, and China is working to achieve "carbon peaking and carbon neutrality" goals which has made a great contribution to tackling global climate change. As a very large economy that is advancing the modernization process, green transformation has become an important substance of Chinese modernization. It needs to find the optimal path under the dual constraints of economic growth goals and carbon neutrality goals. The most important thing is to promote green transformation in the fields of energy, industry, transportation and construction, and the role of green finance is indispensable. China's green transformation has an important impact on global carbon neutrality, and strengthening international cooperation will promote the construction of a global climate governance system.

Keywords: Climate Change; Carbon Peaking and Carbon Neutrality Goals; Carbon Neutrality; Green Transformation

Abstract: Promoting sustainable development is crucial for the future of the Earth and humanity, and it has become a global consensus. According to the United Nations' The Sustainable Development Goals Report 2024, significant achievements have been made in global sustainable development, but severe challenges remain. As the 2030 deadline approaches, summarizing past experiences and exploring new paths for sustainable development is an urgent task. Though analyzing the risks and challenges that global sustainable development still faces, this paper provides new insights for exploring the new paths of sustainable development based on China's successful practices.

Keywords: Sustainable Development; The Sustainable Development Goals Report 2024; High-quality Development

B.4 Enlightenment of the Texas Energy Crisis on Improving China's Energy Supply Resilience *Qiu Baoxing* / 049

Abstract: The lessons of the blackout in Texas in the United States and the various crises it caused provide a negative example and analysis sample for China to enhance the resilience of its energy supply and security. Based on the lessons learned from the Texas Energy Crisis, this article proposes the following five suggestions to enhance China's resilience on energy supply: Firstly, while actively expanding the capacity of solar and wind power, need to explore and study the conversion of some existing coal-fired power plants to coal/ammonia co-firing, to provide capacity support and act as "spare tires" for supply system; Secondly, increase effective investment in power grids and oil/gas pipelines, expand the scale of networking, and enhance energy supply resilience; Thirdly, strengthen the dominant position of state-owned enterprises in the energy supply and transmission field to ensure the bottom-line capability, while at the same time introduce market mechanisms and moderately liberalize the low-voltage distribution business at the end; Fourthly, through deepening the reform of the power supply system, establish and cultivate a flexible power market mechanism as soon as possible to ensure that power construction is moderately advanced and has the necessary safety margin; Finally, the power market needs to have guaranteed supply as well as establishing effective market regulation measures.

Keywords: Texas Energy Crisis; Energy Supply Resilience; Power System Reform

Abstract: Over the course of a decade from 2011 to 2021, China has made significant strides in establishing a zero-carbon market, developing a relatively comprehensive carbon trading system and regulatory framework, while also creating new opportunities for green and low-carbon investment and financing that contribute to job creation. The China's National Carbon Market has emerged as a crucial policy instrument for reducing greenhouse gas emissions cost-effectively and facilitating the transition towards a green and low-carbon economy. However, the effective functioning of this system requires ongoing adjustments, refinements, corrections, and enhancements. Currently, challenges within China's National Carbon Market include insufficient institutional support for development, fluctuating policies and market expectations, complex data quality control processes, lackluster trading activity in the China's National Carbon Market, irregularities in CCER procedures, and limited transparency. Moving forward, it is essential to steadily advance the expansion of China's National Carbon Market by further standardizing operational processes to enhance transparency; fostering long-term stable expectations; and promoting mutual recognition of carbon markets along with related mechanisms with other countries or regions.

Keywords: The China's National Carbon Market; The National Carbon Emission; Carbon Trading Mechanisms; CCER; Paris Agreement

Ⅲ Sub-Reports

Abstract: Since 2015, China's sustainable development index has steadily improved, the economic development index has made stable progress, the social livelihood index has continued to improve, the consumption and emission index has further increased, and the resource and environmental index and governance and protection index have shown a trend of upward trend. However, the last two indexes have fallen back recently due to some complex factors such as the impact of the epidemic and climate change. In the critical period of China's economic transformation and development, the problem of unbalanced and inadequate development among economy, society and environment has become increasingly prominent. It is increasingly difficult to coordinate environmental protection, low-carbon transformation, and sustainable growth. There are still many shortcomings and weaknesses in the field of people's livelihood and it is difficult to achieve the carbon peaking and carbon neutrality goal as scheduled. There is still a long way to go for promoting China's sustainable development. It is necessary to further comprehensively deepen reforms around the promotion of Chinese-style modernization, make greater efforts to promote carbon and pollution reduction, green expansion and development, reasonable economic growth, people's livelihood improvement, as well as resources conservation, ecological governance, environment protection, and gradually reduce pollutant emissions and greenhouse gas emissions.

Keywords: Sustainable Development; Economic Growth; People's Livelihood; Green-oriented Transition; Carbon Peaking and Carbon Neutrality

B.7 Data Validation Analysis of China's Provincial Sustainable Development Indicator System *Zhai Yujia*, *Wang Jia* / 083

Abstract: According to the data of China's Provincial Sustainable Development Indicator System in 2022, the top ten provinces are Beijing, Shanghai, Guangdong, Chongqing, Zhejiang, Tianjin, Fujian, Jiangsu, Hainan and Hunan. In general, the eastern region has a higher sustainable development ranking in sustainable development, while the western and central regions have provinces and municipalities in the top ten, and the northeastern region is relatively weak in terms of development. From the five major classification indicators of economic development, social livelihood, resources environment, consumption and emission, and governance and protection, the number of provinces with more balanced development is relatively few, and the problem of imbalanced regional development is more prominent than ever before, especially as the lack of harmonization between the resources and environment and economic development is more obvious.

Keywords: Sustainable Development; Coordinated Development; Provincial Situation

Abstract: This report empirically evaluates the sustainability performance of 110 Chinese cities using the China Sustainable Development Index System (CSDIS), and features more in-depth discussion of several top performing cities. The 2024 top 10 cities in urban sustainability performance are: Zhuhai, Qingdao, Hangzhou, Guangzhou, Beijing, Shanghai, Nanjing, Wuxi, Changsha and Hefei. Zhuhai returns to the top of overall sustainable development after 2020. The economically developed cities located on the eastern coast and the capital metropolitan area still exhibit a high level of sustainable development. The analysis of the five categories of urban sustainability-economic development, social welfare and livelihood, environmental resource, consumptions and emissions, and environmental management-reveals the prevailing unbalanced development of China's large and medium-sized cities. While pursuing economic development, cities should pay attention to the development of social welfare and environmental management, improve the balance of urban sustainable development, and better

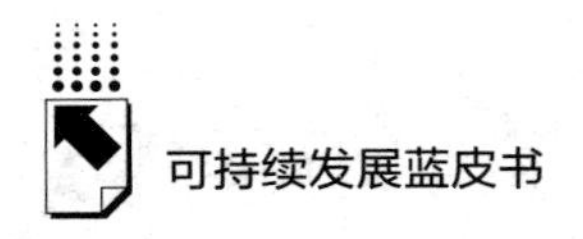

realize the sustainable development of cities.

Keywords: China Sustainable Development Indicator System; Sustainability Metrics; Sustainable City; Balance of Development

Ⅳ Special Topic

Abstract: After the rapid development of ESG investment in the past few years, there has been a wave of "anti-ESG" in the world in the past two years, which means that the market is exploring the concept of ESG investment again. There are two reasons for this: One is that the underperformance of ESG investment strategies in the last two years has doused investors' enthusiasm for ESG investments; Second, factors such as the slowdown in global economic growth and frequent geopolitical conflicts in the past two years have crowded out the market's focus on ESG to a certain extent. This paper analyzes the focus of the international debate around ESG in 2023, the major ESG events at home and abroad, and the current status of ESG product development in China, and revisits the new direction of ESG development in the future: One is to consider environmental issues more in terms of improving resource utilization efficiency and risk management; The second is to consider the social problems of enterprises from the perspective of their negative externalities; Third, it is possible to anchor corporate governance not only within the firm, but also to broaden the perspective to governance issues in open environments.

Keywords: ESG Investment; ESG Investment Debate; New Directions for ESG Investing

Abstract: Balancing the need for secure and stable energy supply with green and low-carbon development requires accelerating the construction of new energy system. In this process, fully leveraging the role of green finance can ensure and expedite the development of new energy system. This paper first analyzes the policy progress in the construction of the new energy system and the resulting direction of green finance support, as well as the current state of green finance. Then, it examines the challenges of green finance in supporting the development of the new energy system from the perspectives of energy, finance, industry-finance integration, and talent cultivation. Finally, to address these challenges, the paper proposes targeted policy and operational recommendations to enhance the role of green finance in the development of the new energy system.

Keywords: Green Finance; Transition Finance; New Energy System

Abstract: So far, nearly a quarter of the countries in the "Belt and Road" economic belt still rely on exporting energy to maintain national economic growth, and their ability to withstand fluctuations in the international economy is weak. Since the establishment of the "Belt and Road", cooperation in emerging industry trade and capacity investment has been continuously consolidated. The "PV+" ecological innovation model, as the general direction, rhythm and trend of the photovoltaic industry route, will be conducive to the comprehensive construction of a global community with a shared future for mankind. To accelerate countries' achievement of carbon neutrality and carbon peak goals, and help achieve the vision of rural revitalization. In the context of carbon neutrality, it is necessary not only to actively deepen the reform of the "PV+" ecological investment facilitation, improve the ecological benefit evaluation mechanism, and strengthen the financial innovation mechanism, but also encourage relevant departments to introduce a new policy mechanism to make the "PV+" ecological model better Contribute to the transformation of the energy structure of countries in the economic belt.

Keywords: "One Belt One Road"; "Photovoltaic+"; Carbon Neutrality

B.12 Progress, Prospects, and Paths of China's Coal Industry Transformation

Wang Jing / 169

Abstract: The green, low-carbon, energy-saving, efficient, safe, and intelligent transformation of China's coal industry is not only an important aspect of achieving China's "dual carbon" goals, but also has a profound impact on the realization of global climate and environmental goals. In the 1990s, China began to accelerate the transformation of its coal industry and made significant breakthroughs and progress. This article first systematically summarizes and reviews the important policy plans for the transformation of the coal industry, and then evaluates the transformation of China's coal industry through specific indicators. It analyzes the current problems and difficulties in the transformation of China's coal industry and provides prospects for the future consumption and technological innovation of the coal industry. Finally, a path was proposed to achieve the successful transformation of China's coal industry.

Keywords: Coal Transformation; "Dual Carbon" Goal; Clean and Low-carbon Technology; Intelligent and Safe Production

Abstract: Green finance, as an important branch of modern finance industry, is committed to promoting the realization of environmental protection and sustainable development goals through financial means. Green finance covers a wide range, among which green credit, green bonds, green funds and green insurance are the main products. These financial products provide financial support and risk prevention for green industries and environmental protection projects in diversified ways, and jointly promote the prosperity of the green financial market. As a core component of the modern economic system, the financial industry plays a vital role in promoting green and sustainable development. At present, the field of environmental finance shows a positive trend, and governments and financial institutions are accelerating the implementation of ecological civilization construction related strategies to promote the high-quality development of green finance.

Keywords: Sustainable Development; Green Finance; High-quality Development

V Cases

Abstract: Urbanization is an objective trend of human social development, a necessary path and important symbol of modernization, an important component of sustainable development, and a fundamental path to promote integrated urban-rural development and achieve common prosperity. In recent years, Henan Province has continued to promote people-centered new-type urbanization. Urbanization process has continued to accelerate and quality of urbanization has significantly improved. The urban-rural areas has continued to improve, and important progress has been made in the integrated urban-rural development. By 2023, the urbanization rate of the Henan Province's permanent population has reached 58.08%, ranking among the top in the country in terms of growth rate. However, the slowdown in urbanization rate, insufficient employment driven by industry, weak carrying capacity of county towns, and shortcomings in ensuring urban safety and resilience have to some extent constrained the construction of new urbanization in Henan Province. In particular, major changes in population, real estate supply and demand have brought new challenges. It is necessary to coordinate new industrialization, new urbanization, and comprehensive rural revitalization, further improve and promote the system and mechanism of new urbanization, and provide inexhaustible impetus for the sustainable development of new urbanization.

Keywords: People-centered; New-type Urbanization; Sustainable Development; Henan Province

Abstract: Shanghai is exploring urban sustainable development with technological innovation as the key engine. Under the guidance of technological innovation, Shanghai's industrial structure continues to optimize. At the same time, Shanghai continues to enhance its role as a source of scientific and technological innovation, taking the lead in reforming the scientific and technological innovation system, and continuously providing Shanghai's experience in exploring scientific and technological innovation.

Keywords: Technological Innovation; Place of Origin; Innovative Elements; Upgrade Industries; Sustainable

Abstract: Throughout the construction of beautiful and harmonious villages in Chengdu, agricultural and sideline products, architectural planning, traditional culture, activity design, and even lifestyle can all be integrated with artistic aesthetics. These villages either introduce external talents or capital to re-examine and transform the rural style, combine the inherent agricultural, landscape, and historical characteristics of the villages, excavate new cultural connotations, launch new consumer products, drive the increase of villagers' income, and enrich the spiritual and cultural activities of local people. The aesthetic atmosphere and sustainable development path that emerge in Chengdu's rural areas through the construction of art villages to drive economic development and immerse spiritual culture are rare among major cities in China. This is precisely where the value of Chengdu and its beautiful rural samples lies.

Keywords: Chengdu; Beautiful and Harmonious Villages; Rural Art; Sustainable Development; Rural Construction

Abstract: Developing a circular economy is the basic way to strengthen the construction of ecological civilization, and it is an inevitable choice to promote high-quality economic development. In recent years, as the vanguard of circular economy development in Henan Province, Jiyuan has always practiced the new development concept, deeply cultivated the circular economy industry, took non-ferrous metals and deep processing as the main business, continuously extended the industrial chain, and took "industrial coordination, coupling development, low-carbon cycle" as the path. Build a circular economy development model of "ore-industrial waste slag-green smelting-lead, zinc and copper electrolysis-intensive processing-urban minerals-recycled non-ferrous metals", promote the coupling and symbiosis of industrial clusters, and strive to build an important non-ferrous metal circular economy industrial base in the country and even the world.

Keywords: Circular Economy; Green and Low-carbon Development; Dicocarbon Strategy

B.18 Empowered by Scientific and Technological Innovation, Lenovo's ESG and Social Value Practice Road

Wang Xuan / 244

Abstract: In the wave of a new technological revolution and industrial transformation, ESG (Environmental, Social, and Governance), which represents the direction of green and sustainable development, is precisely the underpinning of the development of new quality productive forces. 2024 is Lenovo's 40th anniversary. For a long time, Lenovo driven by ESG, takes social value and ESG as one of the key pillars of its corporate strategy. Lenovo aims to create greater social value for the country, the industry, the environment and people's livelihoods, promoting intelligent and low-carbon transformation across various sectors and contributing to China's high-quality development. Lenovo has proven its exceptional ESG performance over the years, winning multiple major accolades domestically and abroad for its tireless efforts. In 2022 and 2023, Lenovo Group maintained the highest global rating in an MSCI ESG rating of AAA for two consecutive years. At the same time, Lenovo has been ranked 10th in Gartner's Top 25 Global Supply Chain for three consecutive years and 1st in the Asia-Pacific region.

Keywords: ESG; Technological Innovation; Supply-Chain Responsibility; Net-Zero Emissions; Rural Revitalization

Abstract: With the rapid development of artificial intelligence (AI) technology, it has become one of the key forces driving social progress. In particular, within the healthcare industry, the application of AI is changing the way medical services are delivered, demonstrating significant potential in improving healthcare quality, reducing costs, and enhancing patient experiences. However, the development of AI also comes with a series of challenges, including environmental impact, social equity, and data security issues. This article explores how to build responsible and sustainable AI systems in the healthcare sector. The paper establishes an AI ethics framework that guides companies to minimize negative impacts on the environment and avoid AI biases while protecting patient privacy and ensuring data security. Moreover, strengthening the governance of technological ethics, promoting AI standardization, fostering technological innovation, and cultivating interdisciplinary talent are also crucial for building responsible and sustainable AI. Through these measures, the healthcare industry can fully leverage the advantages of AI while ensuring its development aligns with ethical and societal values.

Keywords: Sustainability; Reseponsibility; Digital ethics; Bias; Data security

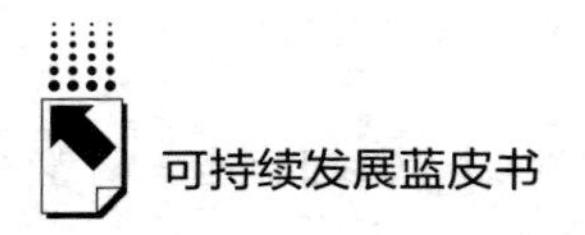

Ⅵ International Reference

B.20 Comparison of Urban Sustainable Development in Developed Countries

Research Group of Columbia University / 273

Abstract: The case studies from developed countries select four metropolitans of the OECD countries: Tokyo, Sydney, San Francisco and Oslo, and analyz the sustainable development policies and achievements of each city from the five main categories of urban sustainability: economic development, social welfare and livelihood, environmental resources, consumptions and emissions, and environmental management. This chapter compares the sustainability of 110 Chinese cities (the sample evaluated in Chapter B. 8) through 15 indicators. The case studies highlight some of the most noticeable and innovative sustainability policy initiatives adopted by these cities, such as the ambitious plan of Tokyo and San Francisco to phase-out natural gas in municipal buildings and infrastructure, the Blue-Green Factor building code in Oslo that integrates green infrastructure with residential buildings and community planning, and San Francisco's efficient construction waste recycling management and the city's up to 80% solid waste diversion rate. These cases can also provide reference for the sustainable development management of Chinese cities and other urban centers around the world.

Keywords: Developed Countries; Sustainability Indicators; Urban Sustainability Case Studies

B. 21 Comparison of Urban Sustainable Development in Developing Countries

Research Group of Columbia University / 302

Abstract: The case studies from developing countries select three metropolitans of the BRICS countries: Delhi of India, Moscow of Russia and Cape Town of South Africa, as well as the cties of Baku in Azerbaijan and Cairo in Egypt. The case studies analyz the sustainable development policies and achievements of each city from the five main categories of urban sustainability: economic development, social welfare and livelihood, environmental resources, consumptions and emissions, and environmental management. This chapter compares the sustainability of 110 Chinese cities (the sample evaluated in Chapter B. 8) through 15 indicators. The case studies identify the convergence of these developing country cities in leveraging infrastructure development to stimulate economic growth, and improvements in living standards, transportation, energy and emissions. The cities are also committed to implementing innovative policy initiatives that address specific local sustainability challenges, such as Delhi's neighborhood clinics (Mohalla Clinics) and the city's solar energy incentive plan, Cape Town's initiatives on affordable housing for the urban poors and the city's successful measures in face of water crises, and the pioneering "new cities" surrounding Cairo. These cases can also provide reference for the sustainable development management of Chinese cities and other urban centers around the world.

Keywords: Developing Countries; Sustainability Indicators; Urban Sustainability Case Studies

B.22 Comparison of Sustainable Development in International Cities

Research Group of Columbia University / 332

Abstract: This report chapter analyzes the sustainability strategies and policy initiatives of nine metropolitans in the world-Baku, Delhi, Tokyo, Sydney, San Francisco, Oslo, Cape Town, Cairo, and Moscow-from five domains of urban sustainability, including Economic Development, Social Welfare & Livelihood, Environmental Resources, Emissions & Consumptions, and Environmental Management. The report also makes comparison of sustainability performances of the selected international cities, and the Chinese cities reported in previous chapters, using 15 of the overlapping indicators from the CSDIS Urban Sustainability Metrics Framework. The comparison highlights that despite the slip down of economic performance of Chinese cities following the COVID pandemic, they exhibited consistent progress over indicators that are typically outperformed by international cities, such as Environmental Resources, and Emissions & Consumptions. The case studies of each international cities also show that local policymakers are developing sustainability strategies and initiatives by specifically targeting the prominent local issues while taking advantage of local strengths and focusing on long-term, wholesome transition toward sustainable cities.

Keywords: International Comparison; Sustainability Indicators; Urban Sustainability Case Studies

S 基本子库

SUB DATABASE

中国社会发展数据库（下设 12 个专题子库）

紧扣人口、政治、外交、法律、教育、医疗卫生、资源环境等 12 个社会发展领域的前沿和热点，全面整合专业著作、智库报告、学术资讯、调研数据等类型资源，帮助用户追踪中国社会发展动态、研究社会发展战略与政策、了解社会热点问题、分析社会发展趋势。

中国经济发展数据库（下设 12 专题子库）

内容涵盖宏观经济、产业经济、工业经济、农业经济、财政金融、房地产经济、城市经济、商业贸易等12个重点经济领域，为把握经济运行态势、洞察经济发展规律、研判经济发展趋势、进行经济调控决策提供参考和依据。

中国行业发展数据库（下设 17 个专题子库）

以中国国民经济行业分类为依据，覆盖金融业、旅游业、交通运输业、能源矿产业、制造业等 100 多个行业，跟踪分析国民经济相关行业市场运行状况和政策导向，汇集行业发展前沿资讯，为投资、从业及各种经济决策提供理论支撑和实践指导。

中国区域发展数据库（下设 4 个专题子库）

对中国特定区域内的经济、社会、文化等领域现状与发展情况进行深度分析和预测，涉及省级行政区、城市群、城市、农村等不同维度，研究层级至县及县以下行政区，为学者研究地方经济社会宏观态势、经验模式、发展案例提供支撑，为地方政府决策提供参考。

中国文化传媒数据库（下设 18 个专题子库）

内容覆盖文化产业、新闻传播、电影娱乐、文学艺术、群众文化、图书情报等 18 个重点研究领域，聚焦文化传媒领域发展前沿、热点话题、行业实践，服务用户的教学科研、文化投资、企业规划等需要。

世界经济与国际关系数据库（下设 6 个专题子库）

整合世界经济、国际政治、世界文化与科技、全球性问题、国际组织与国际法、区域研究 6 大领域研究成果，对世界经济形势、国际形势进行连续性深度分析，对年度热点问题进行专题解读，为研判全球发展趋势提供事实和数据支持。